高职高专公共基础课系列教材

信息技术应用(WPS 版)

主　编　宫　蕾　姚东永　郭静博

副主编　马　羽　赵　铮　朱炳奇　杨　宁

西安电子科技大学出版社

内 容 简 介

本书按照项目编排体例，全书分为基础认识篇、实践训练篇、拓展认识篇三部分，介绍了信息基础和技术应用的相关知识。全书由计算机基础知识、操作系统与网络、WPS 文字的基本操作、WPS 文字的高级应用、WPS 表格的基本应用、WPS 表格的数据处理、WPS 演示文稿的使用、多媒体技术、信息技术前沿等 9 个项目组成。

本书可以作为高等院校各专业学生学习“信息技术基础”课程的教材，也可以作为办公人员、广大计算机使用者的参考用书。

图书在版编目(CIP)数据

信息技术应用：WPS 版 / 宫蕾，姚东永，郭静博主编. —西安：西安电子科技大学出版社，2022.9
ISBN 978-7-5606-6653-2

Ⅰ. ①信… Ⅱ. ①宫… ②姚… ③郭… Ⅲ. ①办公自动化—应用软件—教材 Ⅳ. ①TP317.1

中国版本图书馆 CIP 数据核字(2022)第 158068 号

策　　划　李鹏飞　刘　杰
责任编辑　李鹏飞
出版发行　西安电子科技大学出版社(西安市太白南路 2 号)
电　　话　(029) 88202421　88201467　　邮　　编　710071
网　　址　www.xduph.com　　电子邮箱　xdupfxb001@163.com
经　　销　新华书店
印刷单位　陕西天意印务有限责任公司
版　　次　2022 年 9 月第 1 版　2022 年 9 月第 1 次印刷
开　　本　787 毫米×1092 毫米　1/16　印张 15
字　　数　351 千字
印　　数　1～5000 册
定　　价　48.00 元
ISBN　978-7-5606-6653-2 / TP

XDUP 6955001-1

前　言

本书依据普通高等学校计算机应用基础教学大纲，从实际出发，采用“项目-任务”方式编排内容，注重体现工作过程的完整性，目的是使学生理解基础知识，提高解决实际问题的能力，对先进知识及技术产生浓厚兴趣。

本书内容翔实，结构合理。全书分为基础认识篇、实践训练篇、拓展认识篇三个部分，由9个项目组成，具体内容如下：

项目1　计算机基础知识，主要内容包括计算机概论、计算机硬件系统、计算机软件系统、计算机信息表示、计算机安全及产权保护。

项目2　操作系统与网络，主要内容包括操作系统概述、Windows 10 基本操作、计算机网络、物联网技术、网络安全与管理。

项目3　WPS 文字的基本操作，主要包括制作比赛通知、制作图文混排散文文档“背影”两个任务。

项目4　WPS 文字的高级应用，主要包括制作长文档、文档审阅与修订两个任务。

项目5　WPS 表格的基本应用，主要包括制作个人求职简历表、制作图书销售表两个任务。

项目6　WPS 表格的数据处理，主要包括处理学生成绩(一)、处理学生成绩(二)两个任务。

项目7　WPS 演示文稿的使用，主要内容包括制作介绍人工智能应用技术的幻灯片、制作音画同步的音乐幻灯片两个任务。

项目8　多媒体技术，主要内容包括多媒体基础知识、多媒体信息与文件、多媒体信息处理的关键技术、多媒体计算机系统构成。

项目9　信息技术前沿，主要内容包括大数据、云计算、人工智能、区块链。

平顶山职业技术学院宫蕾、姚东永、郭静博担任本书主编，马羽、赵铮、朱炳奇、杨宁担任副主编。具体分工如下：项目 1 由马羽编写，项目 2 由赵铮编写，项目 3、4 由郭静博编写，项目 5、6 由官蕾编写，项目 7、8 由姚东永编写，项目 9 由朱炳奇和杨宁编写。

由于作者水平有限，书中不足之处在所难免，恳请广大读者批评指正。

作　者

2022 年 7 月

目　录

基础认识篇

实践训练篇

拓展认识篇

基础认识篇

项目 1　计算机基础知识

【项目目标】

- 了解计算机的相关基础知识，包括计算机的产生与发展。
- 掌握计算机的硬件、软件组成以及信息表示等内容。
- 养成计算机安全及产权保护意识。

任务 1.1　计 算 机 概 论

1.1.1　计算机的产生

计算机(Computer)俗称电脑，是一种用于高速计算的电子计算机器，既可以进行数值计算，又可以进行逻辑计算，还具有存储记忆功能，是能够按照程序运行，自动、高速处理海量数据的现代化智能电子设备。计算机由硬件系统和软件系统所组成。没有安装任何软件的计算机称为裸机。计算机可分为超级计算机、工业控制计算机、网络计算机、个人计算机等。较先进的计算机有生物计算机、光子计算机、量子计算机等。

世界上第一台电子数字式计算机于1946年2月14日在美国宾夕法尼亚大学研制成功，它的名称叫ENIAC，是电子数字积分式计算机的英文全称Electronic Numberical Integrator and Computer的缩写。ENIAC使用了17 468个真空电子管，耗电174 kW，占地170 m^2，重达30吨，每秒可进行5000次加法运算。虽然它的运算速度还比不上今天最普通的一台微型计算机，但在当时它已是运算速度的绝对冠军，并且其运算的精确度和准确度也是史无前例的。以圆周率(π)的计算为例，中国古代数学家祖冲之利用算筹，耗费15年心血，才把圆周率计算到小数点后7位数。一千多年后，英国人香克斯以毕生精力计算圆周率，才计算到小数点后707位。而使用ENIAC进行计算，仅用40 s就达到了这个纪录，还发现在香克斯的计算中，第528位是错误的。

ENIAC奠定了电子计算机的发展基础，在计算机发展史上具有划时代的意义，它的问世标志着电子计算机时代的到来。ENIAC诞生后，数学家冯·诺依曼提出了重大的改进理论(主要有两点：其一是电子计算机应该以二进制为运算基础，其二是电子计算机应采用“存储程序”方式工作)，并且进一步明确指出了整个计算机的结构应由五个部分组成：运算器、控制器、存储器、输入设备和输出设备。冯·诺依曼的这些理论的提出，解决了计算机运算自动化的问题和速度配合的问题，对后来计算机的发展起到了决定性的作用。直至今天，绝大部分计算机还是基于冯·诺依曼的理论来工作的。

1.1.2　计算机的发展简史

ENIAC 诞生后的短短几十年间，计算机的发展突飞猛进。每一次更新换代都使计算机的体积和耗电量大大减小，功能大大增强，应用领域进一步拓宽，特别是体积小、价格低、功能强的微型计算机的出现，使得计算机迅速普及，进入了办公室和家庭，在办公自动化和多媒体应用方面发挥了很大的作用。目前，计算机的应用已扩展到社会的各个领域。计算机的发展过程可分成以下四个阶段。

1. 第一代：电子管数字机(1946—1958 年)

在硬件方面，逻辑元件采用的是真空电子管，用光屏管或汞延时电路作为存储器，输入或输出主要采用穿孔卡片或纸带；在软件方面，采用的是机器语言和汇编语言。电子管数字机的特点是体积大，功耗大，可靠性差，速度慢(一般为每秒数千次至数万次)，价格昂贵，但为以后的计算机发展奠定了基础。其应用领域以军事和科学计算为主。

2. 第二代：晶体管数字机(1959—1964 年)

20 世纪 50 年代中期，晶体管的出现使计算机生产技术得到了根本性的发展，由晶体管代替电子管作为计算机的基础器件，用磁芯或磁鼓作存储器；在软件方面，出现了 Fortran、Cobol、Algo160 等计算机高级语言。与电子管数字机相比，晶体管数字机的体积缩小，能耗降低，可靠性提高，运算速度提高(一般为每秒数十万次，最高可达三百万次)，性能有很大提升。其应用领域以科学计算和事务处理为主，并开始进入工业控制领域。

3. 第三代：集成电路数字机(1965—1970 年)

在硬件方面，逻辑元件采用中小规模集成电路(MSI、SSI)，主存储器仍采用磁芯；在软件方面，出现了分时操作系统以及结构化、规模化程序设计方法。集成电路数字机的特点是速度更快(一般为每秒数百万次至数千万次)，而且可靠性有了显著提高，价格进一步下降，产品走向通用化、系列化和标准化。这一阶段，集成电路数字机开始进入文字处理和图形图像处理等应用领域。

4. 第四代：大规模集成电路机(1971 年至今)

在硬件方面，逻辑元件采用大规模和超大规模集成电路(LSI 和 VLSI)；在软件方面，出现了数据库管理系统、网络管理系统和面向对象语言等。1971 年，世界上第一台微处理器在美国硅谷诞生，开创了微型计算机的新时代。这一阶段，大规模集成电路机的应用领域从科学计算、事务管理、过程控制逐步走向家庭。

1.1.3　计算机的特点及分类

1. 计算机的主要特点

(1) 运算速度快。

计算机的内部电路组成可以高速准确地完成各种算术运算。当今计算机系统的运算速度已达到每秒万亿次，微机的运算速度也可达每秒亿次，使大量复杂的科学计算问题得以解决。在现代社会里，卫星轨道、大型水坝、24 小时天气等的计算用计算机只需几分钟就可完成。

(2) 计算精确度高。

科学技术的发展特别是尖端科学技术的发展，需要高度精确的计算。计算机控制的导弹之所以能准确地击中预定的目标，与计算机的精确计算是分不开的。一般计算机可以有十几位甚至几十位(二进制)有效数字，计算精度为千分之几至百万分之几，是任何计算工具都望尘莫及的。

(3) 逻辑运算能力强。

计算机不仅能进行精确计算，还具有逻辑运算功能，能对信息进行比较和判断。计算机能把参加运算的数据、程序以及中间结果和最后结果保存起来，并能根据判断的结果自动执行下一条指令以供用户随时调用。

(4) 存储容量大。

计算机内部的存储器具有记忆功能，可以存储大量的信息。这些信息不仅包括各类数据信息，还包括加工这些数据的程序。

(5) 自动化程度高。

由于计算机具有存储记忆功能和逻辑判断能力，所以人们可以将预先编好的程序输入计算机内存，在程序控制下，计算机可以连续、自动地工作，不需要人的干预。

(6) 性价比高。

随着计算机越来越普遍化、大众化，它已成为千家万户不可缺少的电器之一。

2. 计算机的分类

1) 超级计算机

超级计算机(Supercomputer)通常是指由成百上千甚至更多处理器(机)组成的、能计算普通 PC(个人计算机)和服务器不能完成的大型复杂课题的计算机。超级计算机是计算机中功能最强、运算速度最快、存储容量最大的一类计算机，是国家科技发展水平和综合国力的重要标志。超级计算机拥有最强的并行计算能力，主要用于科学计算，在气象、军事、能源、航天、探矿等领域承担大规模、高速度的计算任务。在结构上，虽然超级计算机和服务器都可能是多处理器系统，二者并无实质区别，但是现代超级计算机较多采用集群系统，更注重浮点运算的性能，可看作一种专注于科学计算的高性能服务器，而且价格昂贵。

2) 网络计算机

网络计算机包括服务器、工作站、集线器、交换机、路由器等。其中，集线器、交换机、路由器是特殊的网络计算机。它的硬件基础为 CPU、存储器和接口，软件基础是网络互联操作系统(OS)。

服务器专指某些高性能计算机，能通过网络对外提供服务。相对于普通计算机来说，服务器在稳定性、安全性、性能等方面的要求更高，因此其 CPU、芯片组、内存、磁盘系统、网络等硬件和普通计算机有所不同。服务器是网络的节点，存储、处理了网络上 80%的数据和信息，在网络中起着举足轻重的作用。服务器是为客户端计算机提供各种服务的高性能计算机，其高性能主要表现在高速度的运算、长时间的可靠运行、强大的外部数据吞吐能力等方面。服务器的构成与普通计算机类似，也有处理器、硬盘、内存、系统总线等，但因为它是针对具体的网络应用特别定制的，因而服务器与普通计算机在处理能力、稳定性、可靠性、安全性、可扩展性、可管理性等方面存在很大差异。服务器主要包括网络服务器(DNS、DHCP)、打印服务器、终端服务器、磁盘服务器、邮件服务器、文件服务器等。

工作站是一种以个人计算机和分布式网络计算机为基础，主要面向专业应用领域，具备强大的数据运算与图形、图像处理能力，为满足工程设计、动画制作、科学研究、软件开发、金融管理、信息服务、模拟仿真等专业领域而设计开发的高性能计算机。工作站最突出的特点是具有很强的图形交换能力，因此在图形图像领域，特别是计算机辅助设计领域，得到了迅速的发展。工作站的典型产品为美国 Sun 公司的 Sun 系列工作站。

集线器(Hub)是一种共享介质的网络设备，它的作用可以简单地理解为将一些机器连接起来组成一个局域网。Hub 本身不能识别目的地址，集线器上的所有端口争用一个共享信道的宽带，数据包在以 Hub 为架构的网络上以广播方式进行传输。

交换机(Switch)可按照通信两端传输信息的需要，以人工或设备自动完成的方式把要传输的信息送到符合要求的相应路由上。广义的交换机就是一种在通信系统中完成信息交换功能的设备，它是集线器的升级换代产品，外观上与集线器非常相似，其作用与集线器大体相同。但是两者在性能上有区别：集线器采用的是共享带宽的工作方式，而交换机采用的是独享带宽的方式。

路由器(Router)是一种负责寻径的网络设备，它在互联网中从多条路径中寻找通信量最少的一条网络路径并提供给用户。路由器用于连接多个逻辑上分开的网络，为用户提供最佳的通信路径。路由器利用路由表(路由表包含网络地址以及各地址之间距离的清单)为数据传输选择路径，并利用路由表查找数据包从当前位置到目的地址的正确路径。路由器使用最少时间算法或最优路径算法来调整信息传递的路径。

3) 工业控制计算机

工业控制计算机是一种采用总线结构，对生产过程及其机电设备、工艺装备进行检测与控制的计算机系统的总称，简称工控机。它由计算机和过程输入/输出(I/O)设备两大部分组成。工控机的主要类别有 IPC(PC 总线工业电脑)、PLC(可编程控制系统)、DCS(分散控制系统)、FCS(现场总线系统)及 CNC(计算机数控系统)五种。

IPC 即基于 PC 总线的工业计算机。它的主要特点是价格低，质量高，产量大，软/硬件资源丰富。它的主要组成部分为工业机箱、无源底板及可插入的各种板卡(如 CPU 卡、I/O 卡等)。IPC 采取全钢机壳、机卡压条过滤网、双正压风扇等设计及电磁兼容(Electro Magnetic Compatibility，EMC)技术，以解决工业现场的电磁干扰、振动、灰尘、高/低温等问题。

PLC 采用一类可编程的存储器，用于内部存储程序，执行逻辑运算、顺序控制、定时、计数与算术操作等面向用户的指令，并通过数字式或模拟式输入/输出控制各种机械或生产过程。

DCS 是一种高性能、高质量、低成本、配置灵活的分散控制系统。它可以构成各种独立的控制系统、监控和数据采集系统，能满足各种工业领域对过程控制和信息管理的需求。

FCS 是全数字串行、双向通信系统。系统内测量和控制设备(如探头、激励器和控制器)可相互连接、监测和控制。在工厂网络的分级中，FCS 既作为过程控制(如 PLC、LC 等)和应用智能仪表(如变频器、阀门、条码阅读器等)的局部网，又具有在网络上分布控制应用的内嵌功能。目前，国际上已知的现场总线有 40 余种，比较典型的现场总线有 FF、Profibus、LONworks、CAN、HART、CC-LINK 等。

CNC 是采用微处理器或专用计算机的数控系统，由事先存放在存储器里的系统程序(软件)来实现控制逻辑，实现部分或全部数控功能，并通过接口与外围设备进行连接。

4) 个人计算机

个人计算机包括台式机、一体机、笔记本电脑、平板电脑等。

台式机(Desktop)也叫桌面机，是一种独立的计算机，完全与其他部件无联系。相对于笔记本和上网本，台式机的体积较大，主机、显示器等设备一般都是相对独立的，需要放置在电脑桌或者专门的工作台上，因此命名为台式机。

一体机是由一台显示器、一个计算机键盘和一个鼠标组成的计算机。它的芯片、主板与显示器集成在一起，显示器就是一台计算机，因此只要将键盘和鼠标连接到显示器上就能使用。随着无线技术的发展，一体机的键盘、鼠标与显示器可实现无线连接，机器只有一根电源线。这就解决了一直为人诟病的台式机线缆多而杂的问题。有的一体机还具有电视接收、AV 功能，甚至整合了专用软件，可用于特定行业。

笔记本电脑(Notebook 或 Laptop)也称手提电脑或膝上型电脑，是一种小型、可携带的个人计算机。笔记本电脑除了键盘外，还提供了触控板(Touchpad)或触控点(Pointing Stick)，能够更好地完成定位和输入功能。

平板电脑是一款无须翻盖、没有键盘、大小不等、形状各异却功能完整的电脑。其构成组件与笔记本电脑基本相同，但它利用触笔在屏幕上书写，而不使用键盘和鼠标输入，并且打破了笔记本电脑键盘与屏幕垂直的 J 型设计模式。平板电脑除了拥有笔记本电脑的所有功能外，还支持手写输入或语音输入，且移动性和便携性更胜一筹。

1.1.4 计算机的主要技术指标

对于不同用途的计算机，其对不同部件的性能指标要求有所不同。例如，以科学计算为主的计算机，其对主机的运算速度要求很高；以数据处理为主的计算机，其对主机的内存容量、存取速度和外存储器的读写速度要求较高；用作网络传输的计算机，则要求有很高的 I/O 速度，因此应当有高速的 I/O 总线和相应的 I/O 接口。

1. 运算速度

计算机的运算速度是指计算机每秒钟执行的指令数，单位为每秒百万条指令(简称 MIPS)或者每秒百万条浮点指令(简称 MFLOPS)。计算机的运算速度是用基准程序来测试的。影响运算速度的主要因素如下所述。

1) CPU 的主频

CPU 的主频是指计算机的时钟频率，它在很大程度上决定了计算机的运算速度。例如，Intel 公司的 CPU 主频最高已达 4.4 GHz，AMD 公司的 CPU 主频最高可达 4 GHz。

2) 字长

字长是CPU进行运算和数据处理的最基本、最有效的信息位长度。PC的字长已由8088的准16位(运算用16位，I/O用8位)发展到现在的32位、64位。

3) 指令系统

指令系统是计算机硬件的语言系统，也叫机器语言，是计算机内全部指令的集合。每种机器都设计有一套指令，一般均有数十条到上百条(如：加、浮点加、逻辑与、跳转等)。

2. 存储器的指标

1) 存取速度

内存储器完成一次读(取)或写(存)操作所需的时间称为存储器的存取时间或者访问时间。连续两次读(或写)所需的最短时间称为存储周期。对于半导体存储器来说，存取周期约为几十到几百纳秒。

2) 存储容量

存储容量一般用字节(Byte)来度量。内存容量的增加，对于运行大型软件十分必要，否则运行速度会慢得让人无法忍受。

3. I/O的速度

主机I/O的速度取决于I/O总线的设计。I/O的速度对慢速设备(如键盘、打印机)的影响不大，但对于高速设备的影响十分明显。

1.1.5　计算机应用简介

1. 信息管理

信息管理是以数据库管理系统为基础，辅助管理者提高决策水平，改善运营策略的计算机技术。信息处理包括数据的采集、存储、加工、分类、排序、检索和发布等一系列工作。信息处理已成为当代计算机的主要任务，是现代化管理的基础。信息管理已广泛应用于办公自动化、企事业单位计算机辅助管理与决策、情报检索、图书馆管理、电影电视动画设计、会计电算化等。

2. 过程控制

过程控制是利用计算机实时采集数据、分析数据，按最优值迅速地对控制对象进行自动调节或自动控制。采用计算机进行过程控制，不仅可以大大提高控制的自动化水平，而且可以提高控制的时效性和准确性，从而改善劳动条件，提高产量及产品合格率。当前，计算机过程控制已在机械、冶金、石油、化工、电力等行业得到了广泛应用。

3. 辅助技术

计算机辅助技术包括计算机辅助设计(CAD)、计算机辅助制造(CAM)和计算机辅助教学(CAI)等。

计算机辅助设计(CAD)是指利用计算机系统帮助设计人员进行工程或产品设计，以实现最佳设计效果的一种技术。CAD技术已广泛应用于飞机设计、船舶设计、建筑设计、机械设计、大规模集成电路设计等。采用CAD技术可缩短设计时间，提高工作效率，节省人力、物力和财力，更重要的是可提高设计质量。

计算机辅助制造(CAM)是指利用计算机系统进行产品的加工控制过程，输入的信息是零件的工艺路线和工程内容，输出的信息是刀具的运动轨迹。将 CAD 和 CAM 技术集成，可以实现设计产品生产的自动化，这种技术被称为计算机集成制造系统。目前，有些国家已把 CAD、CAM、计算机辅助测试及计算机辅助工程组成一个集成系统，使设计、制造、测试和管理有机地融为一体，形成了高度的自动化系统，因此产生了自动化生产线和无人工厂。

计算机辅助教学(CAI)是指利用计算机系统进行课堂教学。教学课件可以用 PowerPoint 或 Flash 等软件制作。CAI 不仅能减轻教师的负担，还能使教学内容更生动、形象、逼真，能够以动态的方式演示实验原理或操作过程，激发学生的学习兴趣，提高教学质量，为培养现代化、高质量人才提供有效方法。

4. 机器翻译

1947 年，美国数学家、工程师沃伦 · 韦弗与英国物理学家、工程师安德鲁 · 布思提出了以计算机进行翻译(简称机译)的设想，使机译步入历史舞台。机译被列为 21 世纪世界十大科技难题之一。与此同时，机译技术拥有巨大的应用需求。

机译消除了不同文字和语言间的隔阂，堪称高科技造福人类之举。但机译的译文质量长期以来一直是个问题，离理想目标相差甚远。中国数学家、语言学家周海中教授认为，在人类尚未明了大脑是如何进行语言的模糊识别和逻辑判断的情况下，机译要想达到信、达、雅的程度是不可能的。这一观点道出了制约机译译文质量的瓶颈所在。

5. 多媒体

随着电子技术特别是通信和计算机技术的发展，人们已经有能力把文本、音频、视频、动画、图形和图像等各种媒体综合起来，构成一种全新的概念——多媒体(Multimedia)。多媒体在医疗、教育、商业、银行、保险、行政管理、军事、工业、广播、交流和出版等领域都得到了广泛的应用。

6. 计算机网络

计算机网络是由一些独立的、具备信息交换能力的计算机互联构成，以实现资源共享的系统。计算机在网络方面的应用使人类的交流跨越了时间和空间的障碍。计算机网络已成为人类建立信息社会的物质基础，它给我们的工作和生活带来了极大的便捷。例如，可以在全国范围内使用信用卡、购买火车票和飞机票系统，可以在全球最大的互联网络——Internet 上进行浏览、检索信息、收发电子邮件、阅读书报、玩网络游戏、选购商品、参与众多问题的讨论、实现远程医疗服务等。

1.1.6 计算机的发展趋势

随着科技的进步，各种计算机技术、网络技术的飞速发展，计算机的发展已经进入了一个快速而又崭新的时代，计算机已经从功能单一、体积较大发展到了功能复杂、体积微小、资源网络化等。计算机的未来充满了变数，性能的大幅度提高是不可置疑的，而实现性能的飞跃却有多种途径。不过性能的大幅提升并不是计算机发展的唯一路径，计算机的发展还应当变得越来越人性化，同时也要注重环保等问题。

计算机从出现至今，经历了机器语言、程序语言、简单操作系统和 Linux、Mac OS、BSD、Windows 四代现代操作系统，运行速度也得到了极大提升，第四代计算机的运算速度已经达到几十亿次每秒。计算机也由原来的仅供军事、科研使用发展到人人可拥有。计算机强大的应用功能产生了巨大的市场需求，未来计算机性能应向着巨型化、微型化、网络化、智能化等方向发展。

1. 巨型化

巨型化是指为了适应尖端科学技术的需要，发展高速度、大存储容量和功能强大的超级计算机。未来，人们对计算机的依赖性越来越强，特别是在军事和科研教育方面对计算机的存储空间和运行速度等要求会越来越高。

2. 微型化

微型化是指随着微型处理器(CPU)的出现，计算机的体积缩小，成本降低。而软件行业的飞速发展提高了计算机内部操作系统的便捷度，计算机外部设备也趋于完善。计算机理论和技术的不断完善促使微型计算机很快渗透到全社会的各个行业和部门中，并成为人们生活和学习的必需品。40 年来，计算机的体积不断缩小，台式机、笔记本电脑、掌上电脑、平板电脑等体积逐步微型化，为人们提供便捷的服务。因此，未来的计算机仍会不断趋于微型化，体积将越来越小。

3. 网络化

互联网将世界各地的计算机连接在一起，从此人们进入互联网时代。计算机网络化彻底改变了人类世界。人们通过互联网进行沟通和交流(QQ、微博等)、教育资源共享(文献查阅、远程教育等)、信息查阅共享(百度、谷歌)等，特别是无线网络的出现，极大地提高了人们使用网络的便捷性，未来计算机将会进一步向网络化方向发展。

4. 智能化

智能化是计算机未来发展的必然趋势。现代计算机具有强大的功能和运行速度，但与人脑相比，其智能化程度和逻辑能力仍有待提高。当前，人类不断探索如何让计算机更好地反映人类思维，使计算机具有人类的逻辑思维判断能力，并通过思考与人类沟通和交流，抛弃以往通过编码程序来运行计算机的方法，直接对计算机发出指令。

任务 1.2　计算机硬件系统

1.2.1　主机箱

计算机主机箱内的硬件主要包括主板、电源、中央处理器、随机存取存储器、显卡、声卡、硬盘等。

1. 主板

主板(Motherboard 或 Mainboard，见图 1-1)又称主机板、系统板、逻辑板、母板、底板等，安装在机箱内，是计算机最基本的也是最重要的部件之一。主板一般为矩形电路板，上面安装了组成计算机的主要电路系统，一般有 BIOS 芯片、I/O 控制芯片、键盘和面板控制开关接口、指示灯插接件、扩充插槽、主板及插卡的直流电源供电接插件等元件。

2. 电源

电源(见图 1-2)是向电子设备提供功率的装置，也称电源供应器(Power Supply)。它提供计算机中所有部件所需要的电能。电源功率的大小、电流和电压是否稳定将直接影响计算机的工作性能和使用寿命。

3. 中央处理器

中央处理器(Central Processing Unit，CPU，见图 1-3)是一块超大规模的集成电路，是计算机的运算核心和控制核心。它的功能主要是解释计算机指令以及处理计算机软件中的数据。CPU 主要包括控制器、运算器和高速缓冲存储器及实现它们之间联系的数据、控制及状态的总线。CPU 与内部存储器和输入/输出设备合称为计算机三大核心部件。

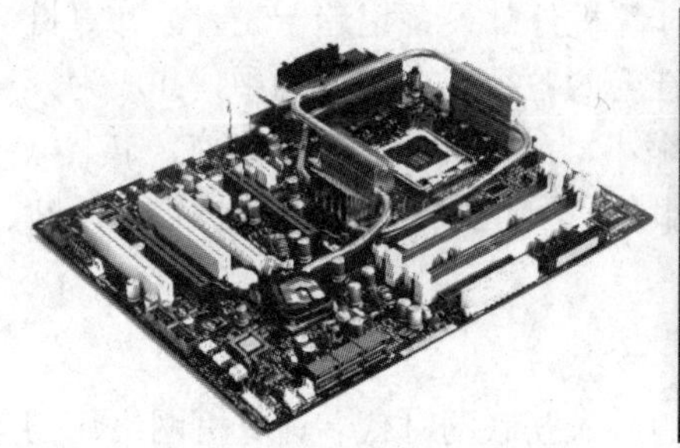

图 1-1　主板

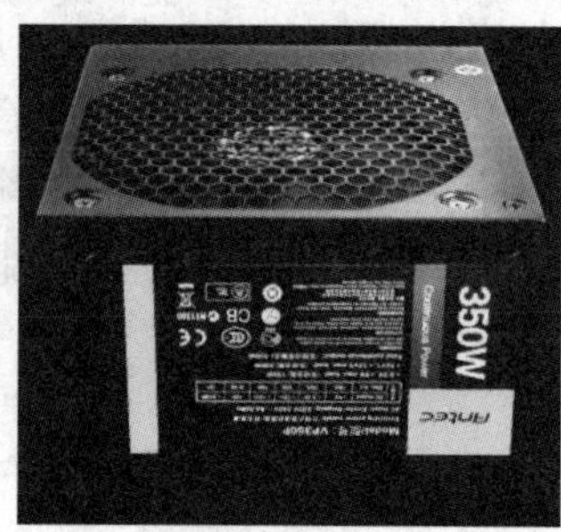

图 1-2　电源

图 1-3　中央处理器

4. 随机存取存储器

随机存取存储器(Random Access Memory，RAM，见图 1-4)是与 CPU 直接交换数据的内部存储器，也叫主存(内存)。它可以随时读写，而且速度很快，通常作为操作系统或其他正在运行中的程序的临时数据存储媒介。这种存储器在断电时将丢失存储内容，故主要用于存储短时间使用的程序。按照存储单元的工作原理，随机存储器又分为静态随机存储器(SRAM)和动态随机存储器(DRAM)两种。

5. 显卡

显卡(Video Card 或 Graphics Card，见图 1-5)的全称为显示接口卡，又称显示适配器，是计算机最基本、最重要的配件之一。显卡作为计算机主机的一个重要组成部分，是计算机进行数/模信号转换的设备，承担输出显示图形的任务。显卡接在计算机主板上，它将计算机的数字信号转换成模拟信号让显示器显示出来，同时显卡还具有图像处理能力，可协助 CPU 工作，提高整体运行速度。对于从事专业图形设计的人来说，显卡非常重要。

6. 声卡

声卡(Sound Card，见图 1-6)也叫音频卡，是多媒体技术中最基本的组成部分，是实现声波/数字信号相互转换的一种硬件。声卡的基本功能是把来自话筒、磁带、光盘的原始声音信号加以转换，输出到耳机、扬声器、扩音机、录音机等声响设备，或通过音乐设备数字接口(MIDI)使乐器发出美妙的声音。

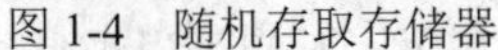

图 1-4　随机存取存储器

图 1-5　显卡

图 1-6　声卡

7. 硬盘

硬盘(见图 1-7)是计算机最主要的存储媒介之一，由一个或者多个铝制或者玻璃制碟片组成。碟片外覆盖有铁磁性材料。硬盘分为固态硬盘(SSD)、机械硬盘(HDD)、混合硬盘(HHD)。SSD 采用闪存颗粒来存储；HDD 采用磁性碟片来存储；HHD 是把磁性硬盘和闪存集成到一起的一种硬盘。

图 1-7　硬盘

1.2.2　输入/输出设备

输入设备主要有键盘、鼠标、麦克风、摄像头等；输出设备主要有显示器、音箱、打印机等。

1. 键盘

键盘(见图 1-8)是最常用也是最主要的计算机输入设备。通过键盘可以将英文字母、汉字、数字、标点符号等输入计算机中，从而向计算机发出命令，输入数据等。

2. 鼠标

鼠标(见图 1-9)是计算机的输入设备，也是计算机显示系统定位横纵坐标的指示器，因形似老鼠而得名。鼠标分为有线鼠标和无线鼠标两种。

图 1-8　键盘

图 1-9　鼠标

3. 麦克风

麦克风(见图 1-10)是将声音信号转换为电信号的能量转换器件，由“Microphone”这英文单词音译而来，也称话筒、微音器。20 世纪初，麦克风由电阻或转换声电发展为电感、电容式转换，大量新的麦克风技术逐渐发展起来，其中包括铝带麦克风、动圈麦克风，以及当前广泛使用的电容麦克风和驻极体麦克风等。

4. 摄像头

摄像头(Camera 或 Webcam，见图 1-11)又称为电脑相机、电脑眼、电子眼等，是一种视频输入设备，被广泛地用于视频会议、远程医疗及实时监控等方面。人们可以彼此通过摄像头在网络进行有影像、声音的交谈和沟通。另外，人们还可以将其用于当前各种流行的数码影像、影音处理。

5. 显示器

显示器(见图 1-12)属于计算机的输出设备，它是一种将一定的电子文件通过特定的传输设备显示到屏幕上再反射到人眼的显示工具。根据制造材料的不同，显示器可分为阴极射线管显示器(CRT)、等离子显示器(PDP)和液晶显示器(LCD)等。

图 1-10　麦克风　　图 1-11　摄像头　　图 1-12　显示器

6. 音箱

音箱(见图 1-13)是整个音响系统的终端，其作用是把音频电能转换成相应的声能，并把它辐射到空间中。音箱担负着把电信号转变成声信号供人的耳朵直接聆听这样一个关键任务。

图 1-13　音箱

7. 打印机

打印机(Printer，见图 1-14)是计算机的输出设备之一，用于将计算机处理结果打印在相关介质上。衡量打印机好坏的指标有三项：打印分辨率、打印速度和打印噪声。打印机的种类很多，按打印元件对纸是否有击打动作，打印机分为击打式打印机和非击打式打印机两种。按打印字符结构，打印机分为全形字打印机和点阵字符打印机两种。按一行字在纸上形成的方式，打印机分为串式打印机和行式打印机两种。按所采用的技术，打印机分为喷墨式、热敏式、激光式、静电式、磁式、发光二极管式打印机等。

图 1-14 打印机

1.2.3 其他外部设备

常用的计算机外部设备有光驱、存储卡、U 盘、移动硬盘等。

1. 光驱

光驱(见图 1-15)是一种读取光盘信息的设备。因为光盘的存储容量大，价格便宜，保存时间长，适宜保存大量的数据，如声音、图像、动画、视频信息、电影等多媒体信息，所以光驱是多媒体电脑不可缺少的硬件配置之一。

2. 存储卡

存储卡(见图 1-16)又称为数码存储卡、数字存储卡、储存卡等，是用于手机、数码照相机、便携式电脑、MP3 和其他数码产品的独立存储介质，一般是卡片的形态。存储卡具有体积小巧、携带方便、使用简单的优点。

图 1-15 光驱

图 1-16 存储卡

3. U 盘

U 盘(见图 1-17)的全称是 USB 闪存驱动器，是一种使用 USB 接口的无需物理驱动器的微型高容量移动存储产品，通过 USB 接口与计算机连接，实现即插即用。U 盘连接到计算机的 USB 接口后，U 盘的资料可与计算机交换。

4. 移动硬盘

移动硬盘(Mobile Hard Disk，见图 1-18)是以硬盘为存储介质、与计算机之间交换大容量数据、强调便携性的存储产品。移动硬盘多采用 USB 接口，可以快速与系统进行数据传输。

图 1-17　U 盘

图 1-18　移动硬盘

任务 1.3　计算机软件系统

1.3.1　计算机操作系统

1. 操作系统的定义

操作系统是方便用户管理和控制计算机软、硬件资源的系统软件(或程序集合)。从用户角度看，操作系统可以看成对计算机硬件的扩充；从人机交互方式看，操作系统是用户与机器的接口；从计算机的系统结构看，操作系统是一种层次、模块结构的程序集合，属于有序分层法，是无序模块的有序层次调用。操作系统在设计方面体现了计算机技术和管理技术的结合。

操作系统是软件，而且是系统软件。它在计算机系统中的作用大致可以从两方面体现：对内，操作系统管理计算机系统的各种资源，扩充硬件的功能；对外，操作系统提供良好的人机界面，方便用户使用计算机。操作系统在整个计算机系统中具有承上启下的作用。

2. 操作系统的组成

一般来说，操作系统由以下几部分组成：

(1) 进程调度子系统：决定哪个进程使用 CPU，对进程进行调度、管理。

(2) 进程间通信子系统：负责各个进程之间的通信。

(3) 内存管理子系统：负责管理计算机内存。

(4) 设备管理子系统：负责管理计算机外部设备，主要由设备驱动程序构成。

(5) 文件子系统：负责管理磁盘上的各种文件和目录。

(6) 网络子系统：负责处理各种与网络有关的东西。

1.3.2　计算机应用软件

1. 应用软件的定义

应用软件是针对用户的某种应用目的所编写的软件，是用户可以使用的各种程序设计语言，以及用各种程序设计语言编制的应用程序的集合，分为应用软件包和用户程序。应用软件可以拓宽计算机系统的应用领域，放大硬件的功能。

2. 常用应用软件

(1) 办公软件：如微软 Office、WPS Office 等。

(2) 图像处理软件：如 Adobe Photoshop、数码大师、影视屏王等。

(3) 媒体播放器：如 Realplayer、Windows Media Player、暴风影音、千千静听等。

(4) 媒体编辑器：如会声会影、声音处理软件 Cool Edit、视频解码器 ffdshow 等。

(5) 媒体格式转换器：如 Moyea FLV to Video Converter、Total Video Converter、Win AVI Video Converter、Win MPG Video Convert、Win MPG IPod Convert、Real Media Editor 等。

(6) 图像浏览工具：如 ACDSee、Google Picasa、XnView 等。

(7) 截图工具：如 Snagit、EPSnap、HyperSnap 等。

(8) 图像 / 动画编辑工具：如 Flash、PhotoShop、GIF Movie Gear、Picasa、光影魔术手等。

(9) 通信工具：如 QQ、MSN、微信等。

(10) 编程 / 程序开发软件：如 JDK、Visual ASM、Microsoft Visual Studio 2020 等。

(11) 翻译软件：如 PowerWord、MagicWin、Systran 等。

(12) 防火墙和杀毒软件：如金山毒霸、卡巴斯基、江民、瑞星、诺顿、360 安全卫士等。

(13) 阅读器：如 CAJ Viewer、Adobe Reader 等。

(14) 输入法：如搜狗、拼音加加、智能 ABC、极品五笔等。

(15) 网络电视：如 PowerPlayer、PPLive、PPMate、PPNtv、PPStream、QQLive 等。

(16) 系统优化/保护工具：如 Windows 清理助手、Windows 优化大师、超级兔子、奇虎 360 安全卫士、数据恢复文件 EasyRecovery 等。

(17) 下载软件：如 Thunder、WebThunder、BitComet、eMule、FlashGet 等。

除此之外，常用的软件还有压缩软件 WINRAR、虚拟光驱 DAEMON Tools、数学公式编辑软件 MathType、文本编辑器 UltraEdit 等。

任务 1.4　计算机信息表示

1.4.1　信息的表示形式

需要处理的信息在计算机中常常被称为数据。所谓数据，是可以由人工或自动化手段加以处理的事实、概念、场景和指示的表示形式，包括字符、符号、表格、声音和图形等。数据可在物理介质上记录或传输，并通过外围设备被计算机接收，经过处理而得到结果。计算机对数据进行解释并赋予一定意义后，使之成为人们能接收的信息。

1. 数据的表示单位

计算机中数据的常用单位有位、字节和字等。

1) 位(bit)

计算机中最小的数据单位是二进制的一个数位，简称为位。一个二进制位可以表示两种状态(0 或 1)，两个二进制位可以表示四种状态(00、01、10、11)。显然，位越多，所表示的状态就越多。

2) 字节(Byte)

字节是计算机中用来表示存储空间大小的最基本单位。一个字节由 8 个二进制位组成。例如，计算机内存的存储容量、磁盘的存储容量等都是以字节为单位进行表示的。

除了用字节为单位表示存储容量外，还可以用千字节(KB)、兆字节(MB)以及十亿字节(GB)等表示存储容量。它们之间存在下列换算关系：

$$1\ \text{B} = 8\ \text{bit}$$
$$1\ \text{KB} = 2^{10}\ \text{B} = 1024\ \text{B}$$
$$1\ \text{MB} = 2^{10}\ \text{KB} = 2^{20}\ \text{B} = 1\ 048\ 576\ \text{B}$$
$$1\ \text{GB} = 2^{10}\ \text{MB} = 2^{30}\ \text{B} = 1\ 073\ 741\ 824\ \text{B}$$

3) 字(Word)

字与计算机中字长的概念有关。字长是指计算机在进行处理时一次作为一个整体进行处理的二进制数的位数，具有这一长度的二进制数则被称为该计算机中的一个字。字通常取字节的整数倍，是计算机进行数据存储和处理的运算单位。

计算机按照字长进行分类，可以分为 8 位机、16 位机、32 位机和 64 位机等。字长越长，计算机所表示数的范围就越大，处理能力也越强，运算精度也就越高。在不同字长的计算机中，字的长度也不相同。例如，在 8 位机中，一个字含有 8 个二进制位，而在 64 位机中，一个字则含有 64 个二进制位。

2. 数制

在人类历史发展的长河中，先后出现过多种不同的计数方法，其中有一些我们至今仍在使用当中，例如十进制和六十进制。

如今，大多数人使用的数字系统是十进制的。这种情况并不奇怪，因为最初人们是用手指来数数的，要是人类进化成 8 个或 12 个手指，也许人类计数的方式会有所不同。

与十进制不同，古代巴比伦人则是使用以 60 为基数的六十进制数字体系，六十进制迄今为止仍用于计时、角度、地理坐标等。使用六十进制，巴比伦人把 75 表示成“1.15”，这和我们把 75 分钟写成 1 小时 15 分钟是一样的。

中美洲的玛雅人使用二十进制数，但又不是一种规则的二十进制。真正的二十进制应该是以 1、20、20^2、20^3 等顺序增加数目，而玛雅体系使用的序列是 1、20、18×20、18×20^2 等，这使得一些计算变得复杂。

在早期的数字系统中，还有一种非常著名的罗马数字沿用至今。钟表的表盘上常常使用罗马数字，此外，它还用来在纪念碑和雕像上标注日期，标注书的页码，或作为提纲条目的标记。现在仍在使用的罗马数字有Ⅰ、Ⅴ、Ⅹ、L、C、D、M，其中Ⅰ表示 1，Ⅴ表示 5，Ⅹ表示 10，L 表示 50，C 表示 100，D 表示 500，M 表示 1000 等。

很长一段时间以来，罗马数字被认为用来做加减法运算非常容易，这也是罗马数字能够在欧洲被长期用于记账的原因。但使用罗马数字做乘除法则是很难的。其实，许多早期出现的数字系统和罗马数字系统相似，它们在做复杂运算时存在一定的不足，随着时间的推移，逐渐被淘汰掉了。

3. 进位计数制和非进位计数制

对多种数制进行分析后，可将数制分为非进位计数制和进位计数制两种。非进位计数制的特点是：表示数值大小的数码与它在数中的位置无关。典型的非进位计数制是罗马数字。例如，在罗马数字中：Ⅰ总是代表 1，Ⅱ总是代表 2，Ⅲ总是代表 3，Ⅳ总是代表 4，Ⅴ总是代表 5 等。

进位计数制的特点是：表示数值大小的数码与它在数中所处的位置有关。例如，十进制数 123.45，数码 1 处于百位上，它代表 $1 \times 10^2 = 100$，即 1 所处的位置具有 10^2 权；2 处于十位上，它代表 $2 \times 10^1 = 20$，即 2 所处的位置具有 10^1 权；3 代表 $3 \times 10^0 = 3$；而 4 处于小数点后第一位，代表 $4 \times 10^{-1} = 0.4$；最低位 5 处于小数点后第二位，代表 $5 \times 10^{-2} = 0.05$。

如上所述，数据用少量的数字符号按先后位置排列成数位，并按照由低到高的进位方式进行计数，我们将这种表示数的方法称之为进位计数制。

在进位计数制中，每种数制都包含有两个基本要素。

(1) 基数：计数制中所用到的数字符号的个数。例如，十进制的基数为 10。

(2) 位权：一个数字符号处在某个位上所代表的数值是其本身的数值乘上所处数位的一个固定常数，这个不同数位有关的固定常数称为位权。

4. 计算机科学中的常用数制

在计算机科学中，常用的数制是十进制、二进制、八进制、十六进制四种。

1) 十进制数及其特点

十进制数(Decimal Notation)的基本特点是基数为 10，用十个数码 0，1，2，3，4，5，6，7，8，9 来表示，且逢十进一，因此对于一个十进制数，各位的位权是以 10 为底的幂。

例如，可以将十进制数$(2836.52)_{10}$表示为

$$(2836.52)_{10} = 2 \times 10^3 + 8 \times 10^2 + 3 \times 10^1 + 6 \times 10^0 + 5 \times 10^{-1} + 2 \times 10^{-2}$$

这个式子称之为十进制数 2836.52 的位权展开式。

2) 二进制数及其特点

二进制数(Binary Notation)的基本特点是基数为 2，用两个数码 0，1 来表示，且逢二进一，因此，对于一个二进制的数而言，各位的位权是以 2 为底的幂。

例如，二进制数$(110.101)_2$可以表示为

$$(110.101)_2 = 1 \times 2^2 + 1 \times 2^1 + 0 \times 2^0 + 1 \times 2^{-1} + 0 \times 2^{-2} + 1 \times 2^{-3}$$

3) 八进制数及其特点

八进制数(Octal Notation)的基本特点是基数为 8，用八个数码 0，1，2，3，4，5，6，7 来表示，且逢八进一，因此，各位的位权是以 8 为底的幂。

例如，八进制数$(16.24)_8$可以表示为

$$(16.24)_8 = 1 \times 8^1 + 6 \times 8^0 + 2 \times 8^{-1} + 4 \times 8^{-2}$$

4) 十六进制数及其特点

十六进制数(Hexadecimal Notation)的基本特点是基数为 16，用十六个数码 0，1，2，3，

4，5，6，7，8，9，A，B，C，D，E，F 来表示，且逢十六进一，因此，各位的位权是以 16 为底的幂。

例如，十六进制数$(5E.A7)_{16}$可以表示为

$$(5E.A7)_{16} = 5 \times 16^1 + E \times 16^0 + A \times 16^{-1} + 7 \times 16^{-2}$$

5) *R* 进制数及其特点

扩展到一般形式，一个 *R* 进制数，基数为 *R*，数码为 *k*，用 0，1，…，*R*-1 共 *R* 个数字符号来表示，且逢 *R* 进一，因此，各位的位权是以 *R* 为底的幂。

一个 *R* 进制数的按位权展开式为

$$(N)_R = k_n \times R^n + k_{n-1} \times R^{n-1} + \cdots + k_0 \times R^0 + k_{-1} \times R^{-1} + k_{-2} \times R^{-2} + \cdots + k_{-m} \times R^{-m}$$

本书中，当各种计数制同时出现的时候，我们用下标加以区别。在其他的教材或参考书中，也有人根据其英文的缩写，将$(2836.52)_{10}$表示为 2836.52D，将$(110.101)_2$、$(16.24)_8$、$(5E.A7)_{16}$分别表示为 110.101B、16.24O、5E.A7H。

5. 计算机中采用二进制的原因

在日常生活中人们不经常使用二进制，因为它不符合人们的固有习惯。但在计算机内部的数是用二进制来表示的，这主要有以下几个方面的原因。

(1) 电路简单，易于表示。计算机是由逻辑电路组成的，逻辑电路通常只有两个状态。例如开关的接通和断开、晶体管的饱和和截止、电压的高与低等。这两种状态正好用来表示二进制的两个数码 0 和 1。若是采用十进制，则需要有十种状态来表示十个数码，实现起来比较困难。

(2) 可靠性高。两种状态表示两个数码，数码在传输和处理中不容易出错，因而使电路更加可靠。

(3) 运算简单。二进制数的运算规则简单，无论是算术运算还是逻辑运算都容易进行。十进制的运算规则相对烦琐。现在我们已经证明，*R* 进制数的算术求和、求积规则各有 *R*(*R*+1)/2 种。如采用二进制，求和、求积运算法只有 3 种，因而简化了运算器等物理器件的设计。

(4) 逻辑性强。计算机不仅能进行数值运算而且能进行逻辑运算。逻辑运算的基础是逻辑代数，而逻辑代数是二进制逻辑。二进制的两个数码 0 和 1，恰好代表逻辑代数中的“真”(True)和“假”(False)。

1.4.2 数制转换

人们习惯于采用十进位计数制，简称十进制。但是由于技术上的原因，计算机内部一律采用二进制表示数据，而在编程中又经常使用十进制，有时为了表述上的方便还会使用八进制或十六进制，因此，了解不同计数制及其相互转换是十分重要的。

1. *R* 进制数转换为十进制数

根据 *R* 进制数的按位权展开式，可以很方便地将 *R* 进制数转化为十进制数。

例 1.1　将$(110.101)_2$、$(16.24)_8$、$(5E.A7)_{16}$转化为十进制数。

解

$$\begin{aligned}(110.101)_2 &= 1 \times 2^2 + 1 \times 2^1 + 0 \times 2^0 + 1 \times 2^{-1} + 0 \times 2^{-2} + 1 \times 2^{-3} \\ &= 6.625\end{aligned}$$

$$(16.24)_8 = 1\times 8^1 + 6\times 8^0 + 2\times 8^{-1} + 4\times 8^{-2}$$
$$= 14.3125$$
$$(5E.A7)_{16} = 5\times 16^1 + E\times 16^0 + A\times 16^{-1} + 7\times 16^{-2}$$
$$= 5\times16^1+14\times16^0+10\times16^{-1}+7\times16^{-2}$$
$$= 94.6523(\text{近似数})$$

2. 十进制数转化为 *R* 进制数

将十进制数转化为 *R* 进制数时，可将此数分为整数和小数部分分别转换：整数部分不断除以 *R* 取余数，直到商为 0，所得的余数按逆序排列；小数部分不断乘以 *R* 取整数，直到小数部分为零或达到要求的精度为止，所得的整数按正序排列。然后，拼接起来即可。

例 1.2 将$(179.48)_{10}$化为二进制数。

解

整数部分179除以2取余（低位→高位）

除数	商	余数
2	179	
2	89	……1
2	44	……1
2	22	……0
2	11	……0
2	5	……1
2	2	……1
2	1	……0
	0	……1

小数部分0.48乘以2取整（高位→低位）

算式	整数
0.48×2=0.96	……0
0.96×2=1.92	……1
0.92×2=1.84	……1
0.84×2=1.68	……1
0.68×2=1.36	……1
0.36×2=0.72	……0
0.72×2=1.44	……1
0.44×2=0.88	

其中，$(179)_{10} = (10110011)_2$，$(0.48)_{10} = (0.0111101)_2$(近似取 7 位)，因此，$(179.48)_{10} = (10110011.0111101)_2$。

从此例可以看出，一个十进制的整数可以精确转化为一个二进制整数，但是一个十进制的小数并不一定能够精确地转化为一个二进制小数。

例 1.3 将$(179.48)_{10}$化为八进制数。

解

整数部分179除以8取余（低位→高位）

除数	商	余数
8	179	
8	22	……3
8	2	……6
	0	……2

小数部分0.48乘以8取整（高位→低位）

算式	整数
0.48×8=3.84	……3
0.84×8=6.72	……6
0.72×8=5.76	……5

其中，$(179)_{10} = (263)_8$，$(0.48)_{10} = (0.365)_8$(近似取 3 位)，因此，$(179.48)_{10} = (263.365)_8$。

例 1.4 将$(179.48)_{10}$化为十六进制数。

解

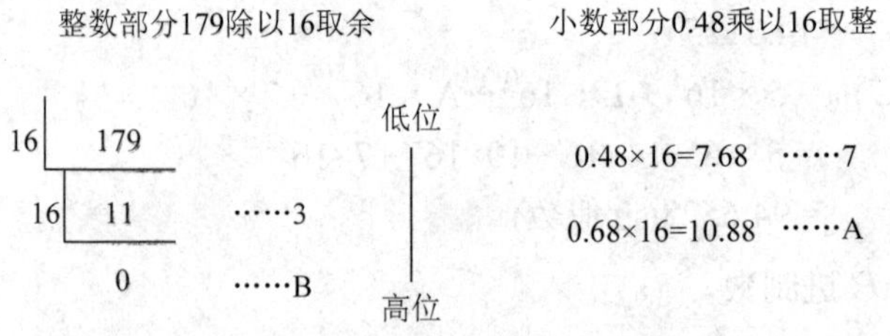

整数部分179除以16取余　　　　小数部分0.48乘以16取整

```
16 | 179            低位      0.48×16=7.68   ……7      高位
   |------           |                                  |
16 | 11    ……3       |       0.68×16=10.88  ……A         |
   |------           |                                  |
     0     ……B      高位                               低位
```

其中，$(179)_{10}=(B3)_{16}$，$(0.48)_{10}=(0.7A)_{16}$(近似取 2 位)，所以，$(179.48)_{10}=(B3.7A)_{16}$。

与十进制数转化为二进制数类似，当将十进制小数转换为八进制或十六进制小数时，同样会遇到不能精确转化的问题。那么，到底什么样的十进制小数才能精确地转化为一个 R 进制的小数呢？事实上，一个十进制纯小数 p 能精确表示成 R 进制小数的充分必要条件是此小数可表示成 $k/(Rm)$的形式(其中，k、m、R 均为整数，$k/(Rm)$为不可约分数)。

3. 二进制数、八进制数、十六进制数之间的转换

因为 $8=2^3$，所以需要 3 位二进制数表示 1 位八进制数，而 $16=2^4$，需要 4 位二进制数表示 1 位十六进制数。由此可以看出，二进制、八进制、十六进制之间的转换比较容易。

1) 二进制数和八进制数之间的转换

二进制数转换成八进制数时，以小数点为中心向左右两边延伸，每三位一组，小数点前不足三位时，前面添 0 补足三位；小数点后不足三位时，后面添 0 补足三位。然后将各组二进制数转换成八进制数。

例 1.5　将$(10110011.011110101)_2$化为八进制数。

解　　$(10110011.011110101)_2 = 010\ 110\ 011.011\ 110\ 101 = (263.365)_8$

八进制数转换成二进制数则可概括为“一位拆三位”，即把一位八进制数写成对应的三位二进制数，然后按顺序连接起来。

例 1.6　将$(1234)_8$化为二进制数。

解　　$(1234)_8 = 1234 = 001\ 010\ 011\ 100 = (1010011100)_2$

2) 二进制数和十六进制数之间的转换

类似于二进制数转换成八进制数，二进制数转换成十六进制数时也是以小数点为中心向左右两边延伸，每四位一组，小数点前不足四位时，前面添 0 补足四位；小数点后不足四位时，后面添 0 补足四位。然后，将各组的四位二进制数转换成十六进制数。

例 1.7　将$(10110101011.011101)_2$转换成十六进制数。

解　　$(10110101011.011101)_2 = 0101\ 1010\ 1011.0111\ 0100 = (5AB.74)_{16}$

十六进制数转换成二进制数时，将十六进制数中的每一位拆成四位二进制数，然后按顺序连接起来。

例 1.8　将$(3CD)_{16}$转换成二进制数。

解　　$(3CD)_{16} = 3CD = 0011\ 1100\ 1101 = (1111001101)_2$

3) 八进制数与十六进制数的转换

关于八进制数与十六进制数之间的转换，通常先转换为二进制数作为过渡，再用上面所讲的方法进行转换。

例 1.9　将$(3CD)_{16}$转换成八进制数。

解　$(3CD)_{16} = 3CD = 0011\ 1100\ 1101 = (1111001101)_2 = 001\ 111\ 001\ 101 = (1715)_8$

表 1-1 提供了二进制数、八进制数、十六进制数之间进行转换时经常用到的数据，熟练掌握这些基本数据是必要的。

表 1-1　二进制数、八进制数、十进制数、十六进制数之间的转换

十进制	二进制	八进制	十六进制	十进制	二进制	八进制	十六进制
0	0000	0	0	8	1000	10	8
1	0001	1	1	9	1001	11	9
2	0010	2	2	10	1010	12	A
3	0011	3	3	11	1011	13	B
4	0100	4	4	12	1100	14	C
5	0101	5	5	13	1101	15	D
6	0110	6	6	14	1110	16	E
7	0111	7	7	15	1111	17	F

1.4.3　数值的表示形式

1. 定点数和浮点数的概念

在计算机中，数值型的数据有两种表示方法，一种叫作定点数，另一种叫作浮点数。所谓定点数，就是在计算机中所有数的小数点位置固定不变。定点数有两种：定点小数和定点整数。定点小数将小数点固定在最高数据位之前，因此它只能表示小于 1 的纯小数。定点整数将小数点固定在最低数据位之后，因此定点整数表示的只是纯整数。由此可见，定点数表示数的范围较小。

为了扩大计算机中数值的表示范围，如将 12.34 表示为 0.1234×10^2，其中 0.1234 叫作尾数，10 叫作基数，可以在计算机内固定下来。2 叫作阶码，若阶码的大小发生变化，则意味着实际数据小数点的移动，我们把这种数据叫作浮点数。由于基数在计算机中固定不变，因此，我们可以用两个定点数分别表示尾数和阶码，从而表示这个浮点数。其中，尾数用定点小数表示，阶码用定点整数表示。

在计算机中，无论是定点数还是浮点数，都有正负之分。在表示数据时，专门有一位或二位表示符号：单符号位用“1”表示负号；用“0”表示正号。双符号位用“11”表示负号；用“00”表示正号。通常情况下，符号位都处于数据的最高位。

2. 定点数的表示方法

一个定点数，在计算机中可用不同的码制来表示，常用的码制有原码、反码和补码三种。不论用什么码制来表示，数据本身的值不会发生变化，数据本身所代表的值叫作真值。下面，就来讨论这三种码制的表示方法。

1) *原码*

原码的表示方法为：如果真值是正数，则最高位为 0，其他位保持不变；如果真值是负数，则最高位为 1，其他位保持不变。

例 1.10　写出 13 和−13 的原码(取 8 位码长)。

解　因为 $13=(1101)_2$，所以 13 的原码是 00001101，−13 的原码是 10001101。

采用原码，优点是转换非常简单，只要根据正负号将最高位置 0 或 1 即可。但原码符号位不能参与运算，在进行加减运算时很不方便，并且 0 的原码有两种表示方法：

+0 的原码是 00000000，−0 的原码是 10000000。

2) *反码*

反码的表示方法为：如果真值是正数，则最高位为 0，其他位保持不变；如果真值是负数，则最高位为 1，其他位按位求反。

例 1.11　写出 13 和−13 的反码(取 8 位码长)。

解　因为 $13=(1101)_2$，所以 13 的反码是 00001101，−13 的反码是 11110010。

反码与原码相比较，符号位虽然可以作为数值参与运算，但计算完后，仍需要根据符号位进行调整。另外 0 的反码同样也有两种表示方法：+0 的反码是 00000000，−0 的反码是 11111111。

为了克服原码和反码的上述缺点，人们又引进了补码表示法。补码的作用在于能把减法运算化成加法运算，现代计算机中一般采用补码来表示定点数。

3) *补码*

补码的表示方法为：若真值是正数，则最高位为 0，其他位保持不变；若真值是负数，则最高位为 1，其他位按位求反，然后整个数加 1。

例 1.12　写出 13 和−13 的补码(取 8 位码长)。

解　因为 $13=(1101)_2$，所以 13 的补码是 00001101，−13 的补码是 11110011。

补码的符号可以作为数值参与运算，且计算完后，不需要根据符号位进行调整。另外，0 的补码表示方法也是唯一的，即 00000000。

3. 浮点数的表示方法

浮点数表示法类似于科学计数法，任一数值均可通过改变其指数部分，使小数点发生移动。例如，23.45 可以表示为 $10^1 \times 2.345$、$10^2 \times 0.2345$、$10^3 \times 0.02345$ 等各种不同形式。

浮点数的一般表示形式为 $N=2^E \times D$，其中，D 称为尾数，E 称为阶码。图 1-19 所示为 m 位浮点数的一般形式。

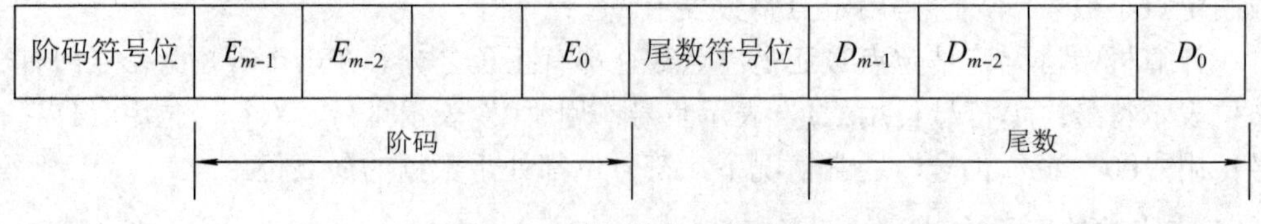

图 1-19　浮点数的一般形式

对于不同的机器，阶码和尾数各占多少位，分别用什么码制进行表示都有具体规定。在实际应用中，浮点数的表示首先要进行规格化，即转换成一个纯小数与 2^m 之积，并且小数点后的第一位是 1。

例 1.13　写出浮点数$(-101.11101)_2$的机内表示(阶码用 4 位原码表示，尾数用 8 位补码表示，阶码在尾数之前)。

解　　$(-101.11101)_2 = 2^3 \times (-0.10111101)_2$

阶码为 3，用原码表示为 0011。

尾数为-0.10111101，用补码表示为 1.01000011。

因此，该数在计算机内表示为 00111.01000011。

1.4.4　信息编码

在计算机中，对非数值的文字和其他符号进行处理时，要对文字和符号进行数字化，即用二进制编码来表示文字和符号。其中西文字符最常用到的编码方案有 ASCII 码、ANSI 编码、EBCDIC 编码、Unicode 编码等。对于汉字，我国也制定了相应的编码方案。

1. ASCII 编码

微机和小型计算机中普遍采用 ASCII 码(American Standard Code for Information Interchange，美国信息交换标准代码)表示字符数据，该编码被 ISO(国际化标准组织)采纳，作为国际上通用的信息交换代码。

ASCII 码由 7 位二进制数组成，由于 $2^7 = 128$，所以能够表示 128 个字符数据。从表 1-2 中，可以看出，ASCII 码具有以下特点：

(1) 表中前 32 个字符和最后一个字符为控制字符，在通信中起控制作用。

(2) 10 个数字字符和 26 个英文字母由小到大排列，且数字在前，大写字母次之，小写字母在最后，这一特点可用于字符数据的大小比较。

(3) 数字 0～9 由小到大排列，ASCII 码分别为 48～57，ASCII 码与数值恰好相差 48。

(4) 在英文字母中，A 的 ASCII 码值为 65，a 的 ASCII 码值为 97，且由小到大依次排列。因此，只要我们知道了 A 和 a 的 ASCII 码，也就知道了其他字母的 ASCII 码。

表 1-2　常用 ASCII 码表

高四位		ASCII非打印控制字符										ASCII 打印字符												
		0000					0001					0010		0011		0100		0101		0110		0111		
		0					1					2		3		4		5		6		7		
低四位		十进制	字符	ctrl	代码	字符解释	十进制	字符	ctrl	代码	字符解释	十进制	字符	十进制	字符	十进制	字符	十进制	字符	十进制	字符	十进制	字符	ctrl
0000	0	0	BLANK NULL	^@	NUL	空	16	►	^P	DLE	数据链路转意	32		48	0	64	@	80	P	96	`	112	p	
0001	1	1	☺	^A	SOH	头标开始	17	◄	^Q	DC1	设备控制 1	33	!	49	1	65	A	81	Q	97	a	113	q	
0010	2	2	☻	^B	STX	正文开始	18	↕	^R	DC2	设备控制 2	34	"	50	2	66	B	82	R	98	b	114	r	
0011	3	3	♥	^C	ETX	正文结束	19	‼	^S	DC3	设备控制 3	35	#	51	3	67	C	83	S	99	c	115	s	
0100	4	4	♦	^D	EOT	传输结束	20	¶	^T	DC4	设备控制 4	36	$	52	4	68	D	84	T	100	d	116	t	
0101	5	5	♣	^E	ENQ	查询	21	§	^U	NAK	反确认	37	%	53	5	69	E	85	U	101	e	117	u	
0110	6	6	♠	^F	ACK	确认	22	■	^V	SYN	同步空闲	38	&	54	6	70	F	86	V	102	f	118	v	
0111	7	7	●	^G	BEL	震铃	23	↨	^W	ETB	传输块结束	39	'	55	7	71	G	87	w	103	g	119	w	
1000	8	8	◘	^H	BS	退格	24	↑	^X	CAN	取消	40	(	56	8	72	H	88	X	104	h	120	x	
1001	9	9	○	^I	TAB	水平制表符	25	↓	^Y	EM	媒体结束	41	)	57	9	73	I	89	Y	105	i	121	y	
1010	A	10	◙	^J	LF	换行/新行	26	→	^Z	SUB	替换	42	*	58	:	74	J	90	Z	106	j	122	z	
1011	B	11	♂	^K	VT	竖直制表符	27	←	^[	ESC	转意	43	+	59	;	75	K	91	[	107	k	123	{	
1100	C	12	♀	^L	FF	换页/新页	28	∟	^\	FS	文件分隔符	44	,	60	<	76	L	92	\	108	l	124	|	
1101	D	13	♪	^M	CR	回车	29	↔	^]	GS	组分隔符	45	-	61	=	77	M	93	]	109	m	125	}	
1110	E	14	♫	^N	SO	移出	30	▲	^6	RS	记录分隔符	46	.	62	>	78	N	94	^	110	n	126	~	
1111	F	15	☼	^O	SI	移入	31	▼	^-	US	单元分隔符	47	/	63	?	79	O	95	_	111	o	127	Δ	^Back space

注：表中的 ASCII 字符可以用“ALT”+“小键盘上的数字键”输入。

ASCII 码是 7 位编码，为了便于处理，在 ASCII 码的最高位前增加一个 0，凑成 8 位的一个字节，所以，一个字节可存储一个 ASCII 码，也就是说一个字节可以存储一个字符。ASCII 码是目前使用最广的字符编码，数据使用 ASCII 码的文件称为 ASCII 文件。表 1-3 为扩充 ASCII 码表。

表 1-3　扩充 ASCII 码表

高四位 / 低四位		扩充ASCII码字符集															
		1000		1001		1010		1011		1100		1101		1110		1111	
		8		9		A/10		B/16		C/32		D/48		E/64		F/80	
		十进制	字符	十进制	字符	十进制	字符	十进制	字符	十进制	字符	十进制	字符	十进制	字符	十进制	字符
0000	0	128	Ç	144	É	160	á	176	░	192	└	208	╨	224	α	240	≡
0001	1	129	ü	145	æ	161	í	177	▒	193	┴	209	╤	225	ß	241	±
0010	2	130	é	146	Æ	162	ó	178	▓	194	┬	210	╥	226	Γ	242	≥
0011	3	131	â	147	ô	163	ú	179	│	195	├	211	╙	227	π	243	≤
0100	4	132	ä	148	ö	164	ñ	180	┤	196	─	212	Ô	228	Σ	244	⌠
0101	5	133	à	149	ò	165	Ñ	181	╡	197	┼	213	╒	229	σ	245	⌡
0110	6	134	å	150	û	166	ª	182	╢	198	╞	214	╓	230	µ	246	÷
0111	7	135	ç	151	ù	167	º	183	╖	199	╟	215	╫	231	τ	247	≈
1000	8	136	ê	152	ÿ	168	¿	184	╕	200	╚	216	╪	232	Φ	248	°
1001	9	137	ë	153	Ö	169	⌐	185	╣	201	╔	217	┘	233	Θ	249	∙
1010	A	138	è	154	Ü	170	¬	186	║	202	╩	218	┌	234	Ω	250	·
1011	B	139	ï	155	¢	171	½	187	╗	203	╦	219	█	235	δ	251	√
1100	C	140	î	156	£	172	¼	188	╝	204	╠	220	▄	236	∞	252	ⁿ
1101	D	141	ì	157	¥	173	¡	189	╜	205	═	221	▌	237	φ	253	²
1110	E	142	Ä	158	₧	174	«	190	╛	206	╬	222	▐	238	ε	254	■
1111	F	143	Å	159	ƒ	175	»	191	┐	207	╧	223	▀	239	∩	255	BLANK FF

注：表中的 ASCII 字符可以用“ALT”+“小键盘上的数字键”输入。

2. ANSI 编码

ANSI 编码是一种扩展的 ASCII 码，使用 8 个 bit 来表示每个符号。8 个 bit 能表示出 256 个信息单元，因此它可以对 256 个字符进行编码。ANSI 码开始的 128 个字符的编码和 ASCII 码定义的一样，只是在最左边加了一个 0。例如，在 ASCII 编码中，字符“a”用 1100001 表示，而在 ANSI 编码中，则用 01100001 表示。除了 ASCII 码表示的 128 个字符，ANSI 码还可以表示另外的 128 个符号(如版权符号、英镑符号、希腊字符等)。

3. EBCDIC 编码

尽管 ASCII 码是计算机世界编码的主要标准，但在许多 IBM 大型机系统上却没有采用。

在 IBM System/360 计算机中，IBM 研制了自己的 8 位字符编码——EBCDIC 码(Extended Binary Coded Decimal Interchange Code，扩展的二十进制交换码)。该编码是对早期的 BCDIC 6 位编码的扩展，其中一个字符的 EBCDIC 码占用一个字节，用 8 位二进制码表示信息，一共可以表示出 256 种字符。

4. Unicode 编码

在假定会有一个特定的字符编码系统能适用于世界上所有语言的前提下，1988 年，几个主要的计算机公司一起开始研究一种替换 ASCII 码的编码，称为 Unicode 编码。基于 ASCII 码是 7 位编码，Unicode 采用 16 位编码，每一个字符需要 2 个字节。这意味着 Unicode 的字符编码范围从 0000h～FFFFh，可以表示 65536(2^{16})个不同字符。

Unicode 编码开始的 128 个字符编码 0000h～007Fh 与 ASCII 码字符一致，这样就能够兼顾已存在的编码方案，并有足够的扩展空间。从原理上来说，Unicode 可以表示现在正在使用的，或者还没有使用的任何语言中的字符。对于国际商业和通信来说，这种编码方式是非常有用的，因为在一个文件中可能需要包含有汉语、英语和日语等不同的文字。Unicode 编码还适用于软件的本地化，也就是针对特定的国家修改软件。使用 Unicode 编码，软件开发人员可以修改屏幕的提示、菜单和错误信息来适应不同的语言和地区。目前，Unicode 编码在 Internet 中使用较为广泛，微软公司和苹果公司也已经在它们的操作系统中支持 Unicode 编码了。

5. 国家标准汉字编码(GB2312—1980)

国家标准汉字编码简称国标码。该编码集的全称是“信息交换用汉字编码字符集 基本集”，国家标准号是“GB2312—1980”。该编码的主要用途是作为汉字信息交换码使用。

GB2312—1980 标准含有 6763 个汉字，其中一级汉字(最常用)3755 个，按汉语拼音顺序排列；二级汉字 3008 个，按部首和笔画排列；另外还包括 682 个西文字符、图符。GB2312—1980 标准将汉字分成 94 个区，每个区又包含 94 个位，每位存放一个汉字。这样每个汉字就有一个区号和一个位号，所以我们也经常将国标码称为区位码。例如，汉字“青”在 39 区 64 位，其区位码是 3964；汉字“岛”在 21 区 26 位，其区位码是 2126。

国标码规定一个汉字用两个字节来表示，每个字节只用前七位，最高位均未作定义。但国标码不同于 ASCII 码，并非汉字在计算机内的真正表示代码，它仅仅是一种编码方案，计算机内部汉字的代码叫作汉字机内码，简称汉字内码。

在计算机中，汉字内码一般都是采用两字节表示，前一字节由区号与十六进制数 A0 相加，后一字节由位号与十六进制数 A0 相加，因此汉字编码两字节的最高位都是 1，这种形式避免了国标码与标准 ASCII 码的二义性(用最高位来区别)。在计算机系统中，由于机内码的存在，输入汉字时就允许用户根据自己的习惯使用不同的输入码，进入计算机系统后再统一转换成机内码存储。

6. 其他汉字编码

我国台湾地区使用的 Big5 汉字编码方案是另外一种汉字编码方案。这种编码不同于国标码，因此在双方的交流中就会涉及汉字内码的转换，特别是 Internet 的发展使人们更加关注这个问题。目前虽然已经推出了许多支持多内码的汉字操作系统平台，但缺乏统一标准，全球汉字信息编码的标准化研究已成为社会发展的必然趋势。

任务 1.5 计算机安全及产权保护

计算机安全与产权保护是指采取一切合理可行的手段，保护计算机信息系统资源、信息资源以及利用计算机取得的知识产权不受自然或人为有害因素的威胁和危害。计算机安全与产权保护主要涉及以下几个方面。

1.5.1　硬件安全

计算机硬件安全主要包括防代码植入、硬件加固等方面。比如 CPU，它是造成电脑性能安全隐患的最大威胁。计算机 CPU 内部集成有运行系统的指令集，这些指令代码都是保密的，若在其中植入了可远程遥控的木马，将会对国计民生产生极大的威胁。因此，防芯片中的代码植入是计算机安全的重要内容。计算机硬件安全的另外一项常用技术就是加固技术，经过加固技术生产的计算机防震、防水、防化学腐蚀，可在野外全天候运行，保证数据的存储与读取安全。

1.5.2　防病毒攻击

计算机病毒是指编制或在计算机程序中插入的破坏计算机功能或者毁坏数据，影响计算机使用，并能自我复制的一组指令或者程序代码。由于传染和发作都可以编制成条件方式，像定时炸弹一样，所以计算机病毒具有极强的隐蔽性和突发性。目前计算机病毒种类已有 7000 到 8000 种，主要在 DOS、Windows、Windows NT、UNIX 等操作系统中传播。1995 年以前的计算机病毒主要破坏 DOS 引导区、文件分配表、可执行文件等。近年来又出现了专门针对 Windows、文本文件、数据库文件的病毒。1999 年令计算机用户担忧的 CIH 病毒，不仅破坏硬盘中的数据，还损坏主板中的 BIOS 芯片。计算机的网络化又加大了病毒的危害性和清除的困难性。

防病毒攻击可采取的措施主要是安装杀毒软件、防火墙，并定期进行病毒库更新和病毒查杀。

1.5.3　防电磁辐射泄密

显示器、键盘、打印机产生的电磁辐射会把计算机信号扩散到几百米甚至千米以外的地方，针式打印机的辐射甚至达到 GSM 手机的辐射量。情报人员可以利用专用接收设备把这些电磁信号接收，然后还原，从而实时监视计算机上的所有操作，并窃取相关信息。另外，硬件泄密甚至涉及电源，电源泄密的原理是通过市电电线，把计算机产生的电磁信号沿电源线传出去，情报人员利用特殊设备从电源线上就可以把信号截取下来还原。

应对电磁辐射泄密的对策主要有以下几种：采用红黑电源防止通过电源产生电磁辐射泄密；对显示屏、打印机等采用电磁辐射屏蔽处理，防止辐射的扩散。

1.5.4　采用加密和认证的方式提高网络安全

1. 加密技术

加密技术是电子商务采取的基本安全措施，交易双方可根据需要在信息交换的阶段使用。加密技术分为两类，对称加密和非对称加密。

对称加密又称私钥加密，即信息的发送方和接收方用同一个密钥去加密和解密数据。对称加密的最大优势是加/解密速度快，适合对大量数据进行加密，但密钥管理困难。如果进行通信的双方能够确保专用密钥在密钥交换阶段未曾泄露，那么机密性和报文完整性就可以通过这种加密方法加密涉密信息、随报文一起发送报文摘要或报文散列值来实现。

非对称加密又称公钥加密，是使用一对密钥分别来完成加密和解密操作，其中一个公开发布(即公钥)，另一个由用户自己秘密保存(即私钥)。信息交换的过程是：甲方生成一对密钥并将其中的一把作为公钥向其他交易方公开，得到该公钥的乙方使用该密钥对信息进行加密后再发送给甲方，甲方用自己保存的私钥对加密信息进行解密。

2. 认证技术

认证技术是用电子手段证明发送者和接收者身份、文件完整性的技术，即确认双方的身份信息在传送或存储过程中未被篡改过。认证技术主要涉及数字签名和数字证书两方面。

数字签名也称电子签名，如同出示手写签名一样，能起到电子文件认证、核准和生效的作用。其实现方式是把散列函数和公开密钥算法结合起来，发送方从报文文本中生成一个散列值，并用自己的私钥对这个散列值进行加密，形成发送方的数字签名；然后，将这个数字签名作为报文的附件和报文一起发送给报文的接收方；报文的接收方从接收到的原始报文中计算出散列值，再用发送方的公开密钥来对报文附加的数字签名进行解密；如果这两个散列值相同，那么接收方就能确认该数字签名是发送方的。数字签名机制提供了一种身份鉴别方法，以解决伪造、抵赖、冒充、篡改等问题。

数字证书是一个经证书授权中心数字签名，包含公钥拥有者信息以及公钥的文件。数字证书的最主要构成：一个用户公钥和密钥所有者的用户身份标识符；被信任的第三方签名。被信任的第三方一般是用户信任的证书权威机构，如政府部门或金融机构。用户以安全的方式向公钥证书权威机构提交公钥并得到证书，然后用户就可以公开这个证书。任何需要用户公钥的人都可以得到此证书，并通过相关的信任签名来验证公钥的有效性。数字证书通过标志交易各方身份信息的一系列数据，提供一种验证各自身份的方式，用户可以用它来识别对方的身份。

1.5.5　定期备份

数据备份的重要性毋庸置疑，无论防范措施做得多么严密，也无法完全防止网络攻击的情况出现。如果遭到致命的攻击，操作系统和应用软件可以重装，而重要的数据就只能靠日常备份了。因此，无论采取多么严密的防范措施，也要随时备份重要数据，做到有备无患！

项目 2　操作系统与网络

【项目目标】

- 了解计算机操作系统的功能及发展。
- 掌握 Windows 10 操作系统的相关操作知识。
- 掌握计算机网络的相关知识。

任务 2.1　操作系统概述

2.1.1　操作系统的功能

操作系统(Operating System，OS)是管理和控制计算机硬件与软件资源的计算机程序，是直接运行在“裸机”上的最基本的系统软件，任何其他软件都必须在操作系统的支持下才能运行。根据使用环境和运行环境的不同，各大 IT 公司纷纷推出自己的操作系统，目前市场占有率最高的是微软的 Windows 操作系统。这里主要介绍 Windows 10 操作系统的相关操作。

如图 2-1 所示，操作系统在计算机系统中位于底层硬件与用户之间，是两者沟通的桥梁。用户可以通过操作系统的用户界面输入命令；操作系统对命令进行解释，驱动硬件设备，实现用户要求。

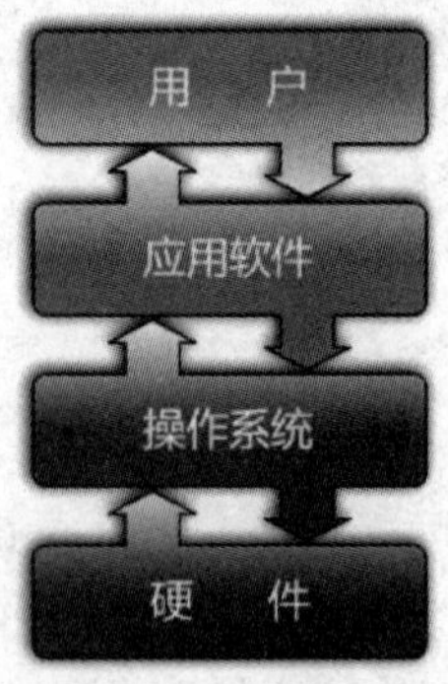

图 2-1　操作系统在计算机系统中的位置

计算机的操作系统具备以下功能：

1. 资源管理

资源管理主要包括内存管理、处理器管理、设备管理和信息管理。

内存管理就是负责把内存单元分配给需要内存的程序，以便让程序执行；在程序执行结束后将程序占用的内存单元收回，以便再次使用。对于提供虚拟存储的计算机系统，操作系统还要与硬件配合做好页面调度工作，根据执行程序的要求分配页面，在执行中完成将页面调入和调出内存以及回收页面等工作。

处理器管理又称处理器调度，在一个允许多个程序同时执行的系统里，操作系统会根据一定的策略将处理器交替地分配给系统内等待运行的程序。一道等待运行的程序只有在获得了处理器后才能运行。一道程序在运行中若遇到某个事件，如启动外部设备而暂时不能继续运行下去，或发生一个外部事件等，操作系统就要来处理相应的事件，然后将处理器重新分配。

设备管理功能主要是分配和回收外部设备以及控制外部设备按用户程序的要求进行操作。非存储型外部设备(如打印机、显示器等)可以直接作为一个设备分配给一个用户程序，在使用完毕后回收，以便给另一个有需求的用户使用。存储型外部设备(如磁盘、磁带等)则用于给用户提供存储空间以存放文件和数据。存储型外部设备的管理与信息管理是密切结合的。

信息管理主要是向用户提供一个文件系统。一般来说，一个文件系统向用户提供创建文件、撤销文件、读写文件、打开和关闭文件等功能。有了文件系统后，用户可按文件名存取数据，而无须知道这些数据存放在哪里。这种做法不仅便于用户使用，还有利于用户共享公共数据。此外，文件建立时允许创建者规定使用权限，以保证数据的安全性。

2. 虚拟内存

虚拟内存是计算机系统内存管理的一种技术。虚拟内存使得应用程序认为自己拥有连续的、可用的内存(一个连续、完整的地址空间)，而实际上，虚拟内存通常被分隔成多个物理内存碎片，还有部分暂时存储在外部磁盘存储器上，在需要时进行数据交换。

在早期的单用户单任务操作系统(如DOS)中，每台计算机只有一个用户，每次运行一个程序，且程序不是很大，单个程序完全可以存放在实际内存中。这时虚拟内存并没有太大的用处。随着程序占用的存储器容量的增大和多用户、多任务操作系统的出现，在设计程序时，程序所需要的存储量与计算机系统实际配备的主存储器的容量之间往往存在着矛盾。例如，在某些低档的计算机中，物理内存的容量较小，而某些程序却需要很大的内存才能运行。又如，在多用户多任务系统中，多个用户或多个任务更新全部主存，要求同时执行独段程序，这些同时运行的程序到底占用实际内存中的哪一部分在编写程序时是无法确定的，必须等到程序运行时才动态分配。在程序运行时，分配给每个程序一定的运行空间，由地址转换部件将编程时的地址转换成实际内存的物理地址。如果分配的内存不够，则只调入当前正在运行的或将要运行的程序块(或数据块)，其余部分暂时驻留在辅存中。

3. 进程管理

进程管理指的是操作系统调整复数进程的功能。不管是常驻程序还是应用程序，它们都以进程为标准执行单位。最早的冯·诺依曼结构计算机中，每个 CPU 最多只能同时执行一个进程。早期的操作系统(如 DOS)也不允许任何程序打破这个限制，且 DOS 同时只能执行一个进程(虽然 DOS 自己宣称拥有终止并等待驻留(TSR)的能力，可以部分且艰难地解决这个问题)。现代的操作系统即使只拥有一个 CPU，也可以利用多进程(Multitask)功能同时执行复数进程。

大部分计算机只包含一个 CPU，在单内核(Core)情况下多进程只是简单迅速地切换各进程，让每个进程都能够执行。在多内核或多处理器的情况下，所有进程通过许多协同技术在各处理器或内核上转换。同时执行的进程越多，每个进程能分配到的时间比率就越小。很多操作系统在遇到此问题时会出现音效断续或鼠标跳格的情况(称作崩溃，这是一种操作系统只能不停地执行自己的管理程序并耗尽系统资源的状态，其他使用者或硬件的程序皆无法执行)。进程管理通常实现了分时的概念，大部分操作系统可以通过指定不同的特权等级，为每个进程改变所占的分时比例。特权越高的进程，执行优先级越高，单位时间内占的比例也越高。交互式操作系统也提供某种程度的回馈机制，让直接与使用者交互的进程拥有较高的特权值。

4. 程序控制

一个用户程序的执行自始至终是在操作系统的控制下进行的。用户针对需要解决的问题用某一种程序设计语言编写了一个程序后，将该程序连同对它执行的要求输入计算机内，操作系统根据要求控制这个程序的执行直到结束。操作系统控制用户的执行主要有以下内容：调入相应的编译程序，将用某种程序设计语言编写的源程序编译成计算机可执行的目标程序，分配内存资源将程序调入内存并启动，按用户指定的要求处理执行中出现的各种事件，与操作员联系并请示有关意外事件的处理等。

5. 人机交互

操作系统的人机交互功能是决定计算机系统“友善性”的一个重要因素。人机交互功能主要靠可输入/输出的外部设备和相应的软件来完成。可供人机交互使用的设备主要有键盘、显示器、鼠标、各种模式识别设备等。与这些设备相应的软件就是操作系统提供人机交互功能的部分。人机交互部分的主要作用是控制有关设备的运行、理解并执行通过人机交互设备传来的各种相关命令和要求。

2.1.2 操作系统的分类

根据不同的分类方法，将操作系统分成以下几类。

(1) 按应用领域，分为桌面操作系统(如 Windows XP)、服务器操作系统(如 Windows Server)、嵌入式操作系统(如 VxWorks)。

(2) 按所支持的用户数，分为单用户操作系统(如 MS-DOS、OS/2)、多用户操作系统(如 UNIX、Linux、MVS)。

(3) 按源码开放程度，分为开源操作系统(如 Linux、Free BSD)和闭源操作系统(如 Mac OSX、Windows)。

(4) 按硬件结构，分为网络操作系统(如 NetWare、Windows NT、OS/2 warp)、多媒体操作系统(如 Amiga)和分布式操作系统(如 Amoeba、Mach、Chorus)等。

(5) 按操作系统环境，分为批处理操作系统(如 MVX、DOS/VSE)、分时操作系统(如 Linux、UNIX、XENIX、Mac OSX)和实时操作系统(如 iEMX、VRTX、RTOS，Windows RT)。

(6) 按存储器寻址宽度，分为 8 位、16 位、32 位、64 位、128 位操作系统。早期的操作系统一般只支持 8 位和 16 位存储器寻址宽度，现代的操作系统如 Linux 和 Windows 7 都支持 32 位和 64 位。

2.1.3　常用的计算机操作系统

1. Microsoft Windows

Microsoft Windows 是微软公司制作和研发的一套桌面操作系统，它问世于 1985 年，起初仅仅是 MS-DOS 模拟环境，后续的系统版本由于微软不断地更新升级，成了人们最喜爱的操作系统之一。Microsoft Windows 采用了图形化模式 GUI，比起从前的 DOS 需要键入指令的使用方式更为人性化。随着计算机硬件和软件的不断升级，微软的 Windows 也在不断升级，架构从 16 位、32 位到 64 位，系统版本从最初的 Windows 1.0 到大家熟知的 Windows 95、Windows 98、Windows 2000、Windows XP、Windows Vista、Windows 7、Windows 8、Windows 8.1 和 Windows Server 企业级服务器操作系统。2009 年 4 月 14 日，微软正式停止对 Windows XP 的免费主流支持服务，不再提供免费更新和修复安全漏洞，推出了 Windows 10 系统，使用 Windows 7、Windows 8、Windows 8.1 的用户可免费升级至 Windows 10。Windows 10 图标及界面如图 2-2 所示。

图 2-2　Windows 10 图标与操作系统界面

2. Mac OS

Mac OS 操作系统是苹果机专用系统，是基于 UNIX 内核的图形化操作系统，由苹果公司自行开发。苹果机的操作系统已经发展到 OS10，代号为 MAC OSⅩ(Ⅹ为 10 的罗马数字写法)，这是苹果机诞生以来最大的变化。新系统非常可靠，它的许多特点和服务都体现了苹果公司的理念。另外，疯狂肆虐的计算机病毒几乎都是针对 Windows 的。由于 Mac 的架构与 Windows 不同，所以很少受到病毒的袭击。Mac OSⅩ操作系统界面非常独特，突出了形象的图标和人机对话。图 2-3 所示为 Mac OSⅩ图标与操作系统界面。

图 2-3　Mac OS X 图标与操作系统界面

3. VxWorks

VxWorks 操作系统是美国 Wind River 公司于 1983 年设计开发的一种嵌入式实时操作系统(RTOS)，是嵌入式开发环境的关键组成部分。该系统具有良好的持续发展能力、高性能的内核以及友好的用户开发环境，在嵌入式实时操作系统领域占据一席之地。它以良好的可靠性和卓越的实时性被广泛地应用在通信、军事、航空、航天等需要高精尖技术及实时性要求极高的领域(如卫星通信、军事演习、弹道制导、飞机导航等)。美国的 F-16 和 FA-18 战斗机、B-2 隐形轰炸机、爱国者导弹，甚至 1997 年 4 月在火星表面登陆的火星探测器、2008 年 5 月登陆的“凤凰号”和 2012 年 8 月登陆的“好奇号”都使用了 VxWorks。其图标和操作系统启动界面如图 2-4 所示。

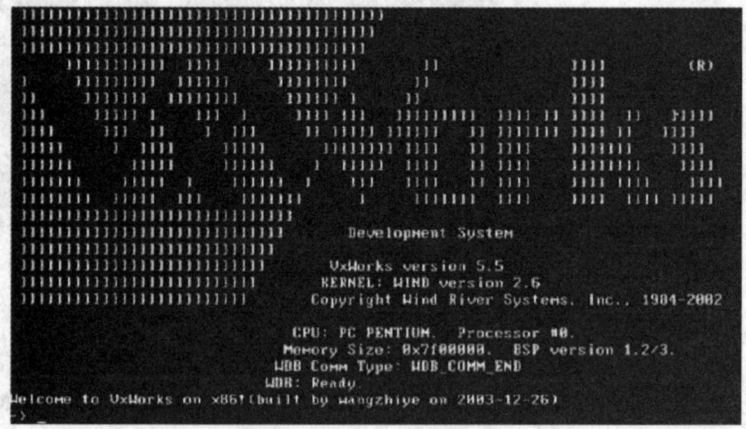

图 2-4　VxWorks 图标与操作系统启动界面

4. UNIX

UNIX 操作系统具有多任务、多用户的特征，于 1969 年在美国 AT&T 公司的贝尔实验室开发出来(其图标见图2-5)。参与开发的人有肯·汤普逊、丹尼斯·里奇、布莱恩·柯林汉、道格拉斯·麦克罗伊、麦克·列斯克与乔伊·欧桑纳。目前它的商标权由国际开放标准组织所拥有，只有符合单一UNIX规范的UNIX系统才能使用UNIX这个名称，否则只能称为类UNIX(UNIX-like)。

图2-5　UNIX操作系统图标

5. Linux

Linux是一套免费使用和自由传播的类UNIX操作系统，是一个基于POSIX和UNIX的多用户、多任务、支持多线程和多CPU的操作系统。它能运行主要的UNIX工具软件、应用程序和网络协议。Linux支持32位和64位硬件。Linux继承了UNIX以网络为核心的设计思想，是一个性能稳定的多用户网络操作系统。Linux操作系统图标如图2-6所示。

图2-6　Linux操作系统图标

6. ubuntu

ubuntu(乌班图)是一个以桌面应用为主的Linux操作系统，其名称来自非洲南部的祖鲁语或豪萨语的“ubuntu”一词，意思是“人性”“我的存在是因为大家的存在”(是一种非洲传统的价值观，类似于我国的仁爱思想)。ubuntu基于Debian发行版和Gnome桌面环境。与Debian的不同之处在于，ubuntu每6个月更新一次，其目标在于为一般用户提供一个最新的、稳定的、只使用自由软件的操作系统。

Kubuntu与Xubuntu是ubuntu计划正式支援的衍生版本，分别将KDE与Xfce桌面环境带入ubuntu。Edubuntu是一个为学校教学环境而设计，并且让小孩在家中也可以轻松学会使用的衍生版本。2013年，ubuntu正式发布面向智能手机的移动操作系统。ubuntu的图标与操作系统界面如图2-7所示。

图 2-7　ubuntu 图标与操作系统界面

7. 红旗 Linux

红旗 Linux 是由北京中科红旗软件技术有限公司开发的一系列 Linux 发行版，包括桌面版、工作站版、数据中心服务器版、HA 集群版和红旗嵌入式 Linux 等产品。在中国各软件专卖店可以购买到光盘版，同时官方网站也提供光盘镜像免费下载。红旗 Linux 是中国较大、较成熟的 Linux 发行版之一。红旗服务器操作系统的最新版本为 V8.1，红旗 Linux 桌面操作系统的最新版本为 V11。可以在红旗官方社区 http://www.linuxsir.cn 下载镜像文件并安装系统。红旗 Linux 图标与操作系统界面如图 2-8 所示。

图 2-8　红旗 Linux 图标与操作系统界面

8. 银河麒麟

银河麒麟操作系统(Kylin OS)是由国防科技大学、中软公司、联想公司、浪潮集团和民族恒星公司合作研制的商业闭源服务器操作系统，于 2001 年开始使用。银河麒麟操作系统是 863 计划重大攻关科研项目，目标是打破国外操作系统的垄断，研发一套具有自主知识产权的服务器操作系统。该系统具有高安全、跨平台、中文化的特点。2010 年 12 月

16 日，两大国产操作系统(民用的中标 Linux 操作系统和解放军研制的银河麒麟操作系统)在上海正式宣布合并，双方共同以“中标麒麟”的新品牌统一出现在市场上。银河麒麟图标与操作系统界面如图 2-9 所示。

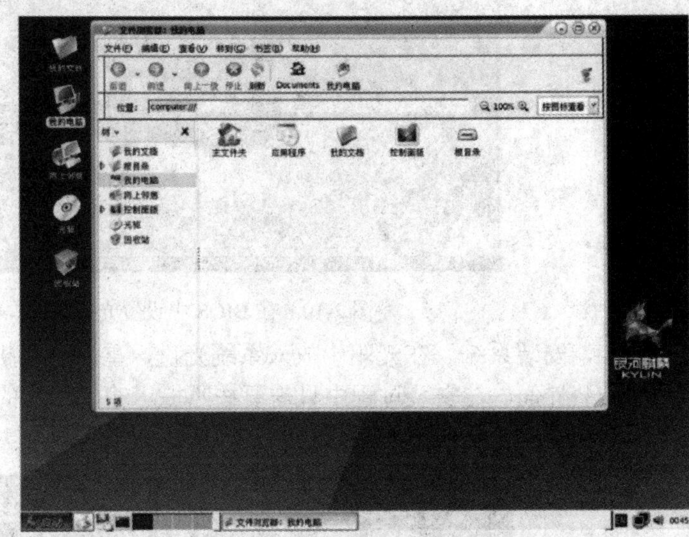

图 2-9　银河麒麟操作系统图标与系统界面

任务 2.2　Windows 10 基本操作

2.2.1　Windows 10 操作系统的安装

根据微软官方推荐，安装 Windows 10 的最低配置要求如表 2-1 所示。

表 2-1　安装 Windows 10 的最低配置要求

硬件名称	基本要求	建议与基本描述
处理器(CPU)	1 GHz 以上	安装 64 位 Windows 10 需要更高 CPU 支持
内存	1 GB 以上	安装 64 位 Windows 10 需要 2 GB 以上
硬盘	16 GB 以上	安装 64 位 Windows 10 需要至少 20 GB
显卡	DirectX 9 显示支持 WDDM 驱动程序	如果低于此标准，Aero 主题特效可能无法实现

Windows 的操作系统的安装可以通过光驱进行，也可以通过 U 盘进行，还可以采取其他特殊方法。这里以 Windows 10 操作系统为例，介绍通过光驱和 U 盘进行安装的方法。

1. 光驱安装

第一步，在 BIOS 中设置计算机为从光驱启动。在计算机启动时按热键(不同计算机的配置不同，一般为【F2】键)进入 BIOS 设置界面，在启动项设置中设置启动项的第一顺序为光驱启动，保存后退出。各种主板的 BIOS 界面有不同的显示风格。图 2-10 为某主板的 BIOS 光驱启动设置方式。

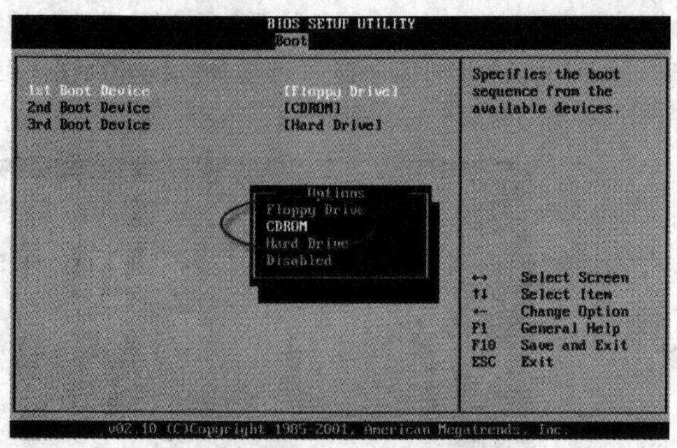

图 2-10　在 BIOS 中设置光驱启动

第二步，安装系统。在光驱中放入系统光盘，重启计算机，BIOS 会自动引导从光盘进入系统安装界面。在安装过程中只需要按照提示输入相应的序列号、设置项内容，单击【下一步】按钮即可完成整个系统的安装。图 2-11 所示为其中的一个安装界面。

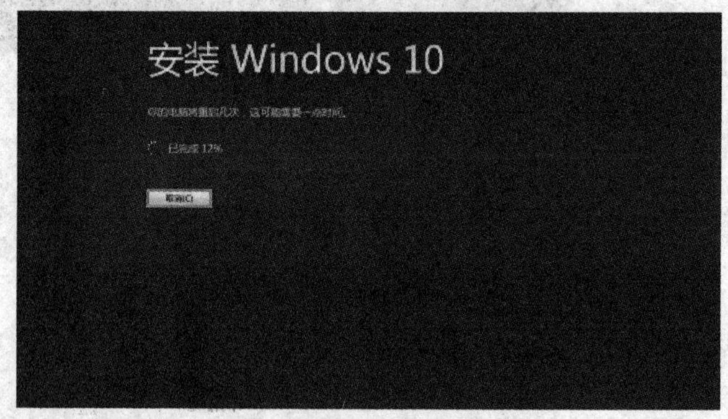

图 2-11　Windows 10 安装界面

第三步，安装驱动程序。系统集成了部分常用的硬件驱动程序，但由于计算机配置的差异性和硬件的更新换代，大部分时候需要在系统安装完成后再进行驱动程序的安装或更新。驱动程序的安装由以下三种途径完成：

(1) 使用计算机自带的驱动光盘进行驱动安装；

(2) 使用 Windows 7 的驱动更新功能，通过网络完成更新或安装；

(3) 借助第三方软件通过网络完成更新或安装。

2. U 盘安装

将制作好的 U 盘启动盘插入需要安装 Windows 10 操作系统的计算机上，启动计算机进入安装程序。计算机一般会直接进入安装系统，进入后按照安装导向进行安装。当安装界面出现欢迎类字样时，表示系统安装完成。接着在安装操作系统页面选择语言、时间与键盘首选项，单击【下一步】，将进入新安装的 Windows 10 操作系统。

2.2.2　注册并登录 Microsoft 账户

在 Windows 10 中，系统集成了很多 Microsoft 服务，都需要使用 Microsoft 账户才能使用。使用 Microsoft 账户可以登录并使用任何 Microsoft 应用程序和服务，如 Outlook.com、Hotmail、Office 365、One Drive、Skype、Xbox 等。登录 Microsoft 账户后，可以在多个 Windows 10 设备上同步设置内容。

进入【设置】，如图 2-12 所示。选择【账户】，继续选择【电子邮件和账户】，如图 2-13 所示。

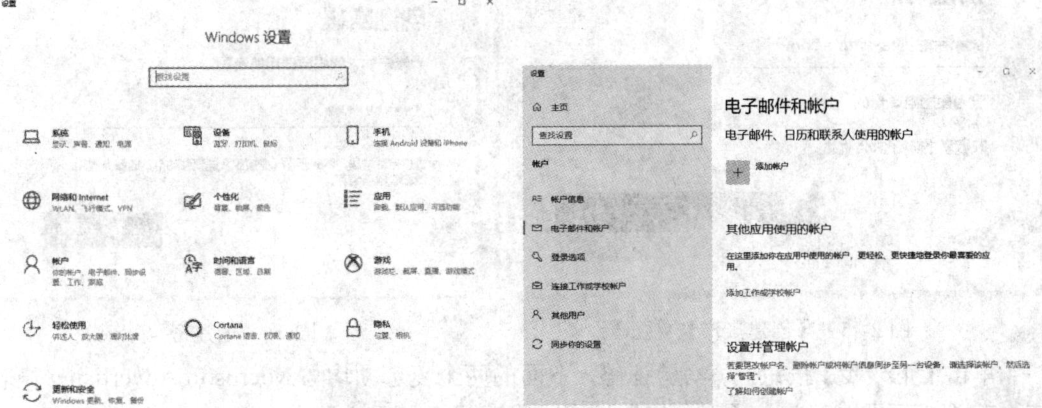

图 2-12　进入【设置】　　　图 2-13　添加账户

单击【添加账户】，弹出如图 2-14 所示的【登录】对话框，选择【Outlook.com】账户。

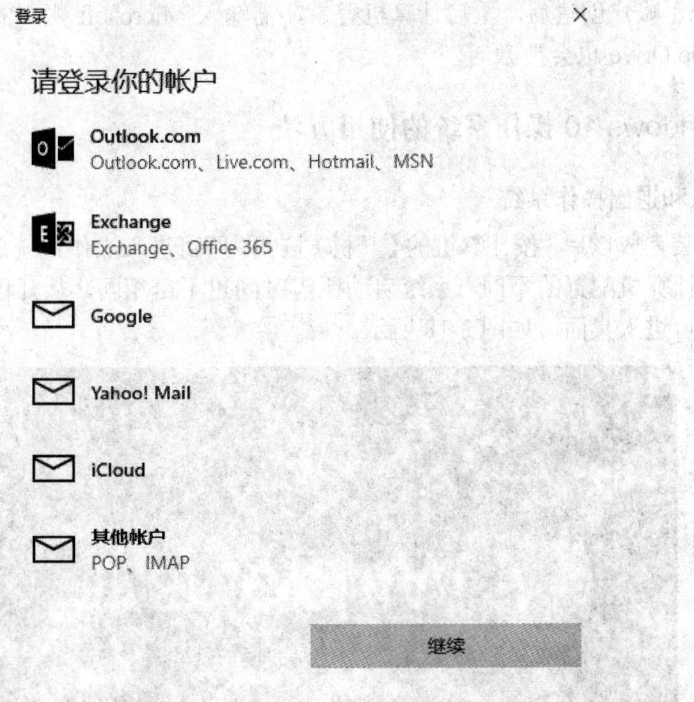

图 2-14　【登录】对话框

输入新账户的电子邮件地址。这里需要用微软 Outlook 邮箱或 Hot mail 邮箱，如果没有，则单击【获取新的电子邮件地址】，转到【创建账户】界面，如图 2-15 所示。

单击【下一步】按钮，如图 2-16 所示，设置好电话号码。安全信息会通过此号码帮助找回密码，所以必须记住。

图 2-15　【创建账户】界面

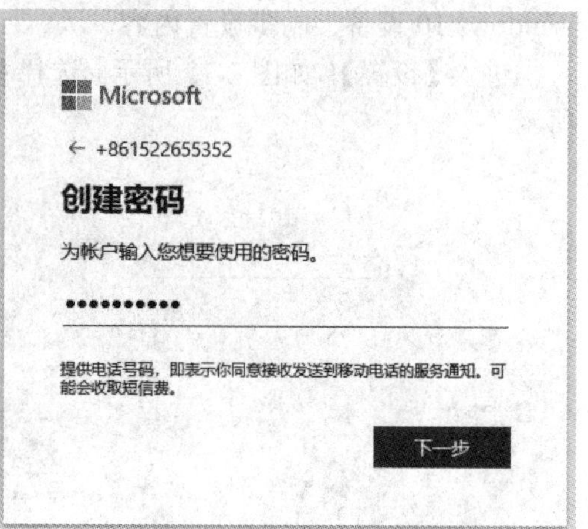

图 2-16　创建密码

单击【下一步】按钮，填写验证码，下面的两个复选项均与 Microsoft Advertising 微软广告有关，可不选。单击【下一步】按钮，显示【添加用户】完成页面。

单击【完成】按钮，即可完成该账户的添加，这时会返回【电脑设置】的【管理其他用户】界面，可看到刚刚添加的用户。

Microsoft 账户创建后，重启计算机登录，需输入 Microsoft 账户的密码，进入计算机桌面时，One Drive 也会被激活。

2.2.3　Windows 10 操作系统的使用方法

1. 进入和退出操作系统

系统安装完成以后，按计算机的【开机】按钮，即可进入操作系统启动界面，如图 2-17 所示。根据计算机配置的不同，系统启动所需时间也不尽相同，从几秒到几十秒不等，启动完成后即可进入桌面，如图 2-18 所示。

图 2-17　Windows 10 启动界面

图 2-18　Windows 10 桌面

进入系统后，单击【开始】按钮，选择【关机】，如图 2-18 所示，关闭系统。也可利用【Win+D】快捷键快速退出程序。

2. 磁盘管理器

Windows 10 磁盘管理器能够创建、删除分区，格式化硬盘，进行基本磁盘和动态磁盘之间的转换等。使用【Win+R】键打开运行窗口，在文本框中输入“diskmgmt.msc”,打开 Windows 10 磁盘管理器，如图 2-19 所示。

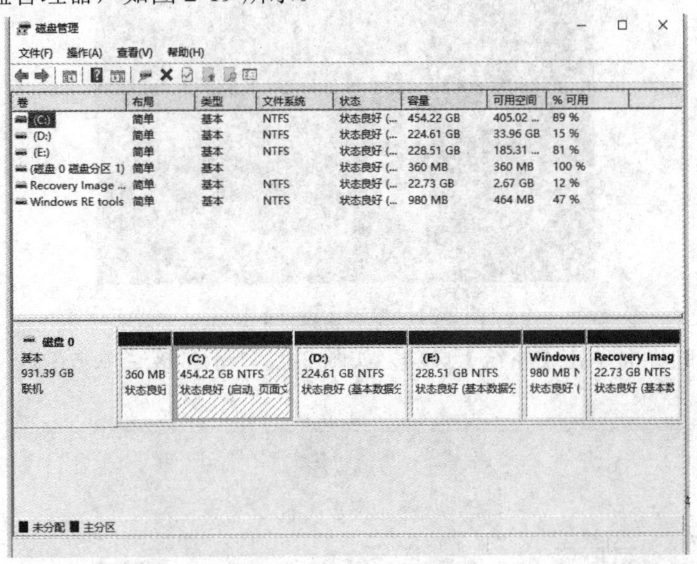

图 2-19　磁盘管理器

3. 时间线

时间线是 Windows 10 的新功能，是基于时间的新的任务视图。时间线可以按照时间顺序把使用过的应用排列展示。可以通过时间线功能按照时间顺序查看所有打开过的应用和文档信息。如果内容太多，找不到相应的文件或程序，可以通过右上角的搜索功能进行搜索。时间线功能极大地简化了任务流程。

开启时间线功能的操作步骤如下：

(1) 单击【开始】按钮，如图 2-20 所示；在弹出的界面中选择【设置】按钮，如图 2-21 所示。

图 2-20　单击【开始】按钮

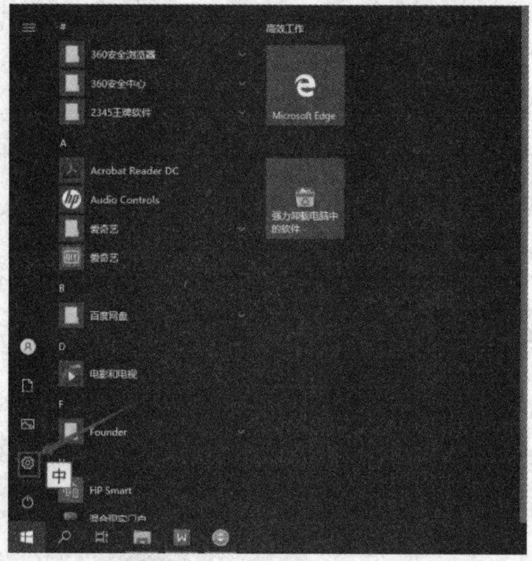

图 2-21　单击【设置】按钮

(2) 在打开的界面单击【系统】选项，如图 2-22 所示；接着单击【多任务处理】按钮，如图 2-23 所示。

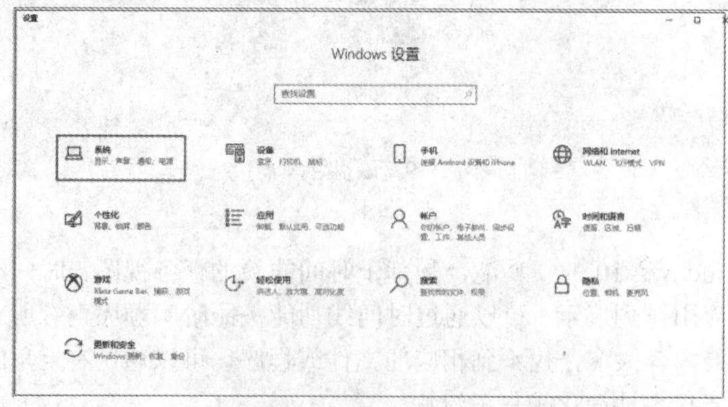

图 2-22　选择【系统】选项

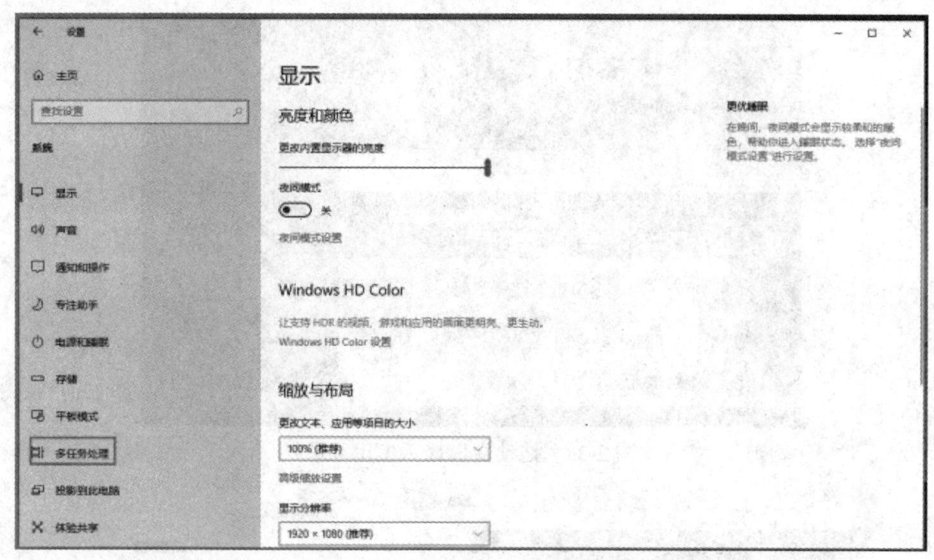

图 2-23　单击【多任务处理】按钮

(3) 进入【多任务处理】界面，选择打开按钮，开启时间线功能，如图 2-24 所示。

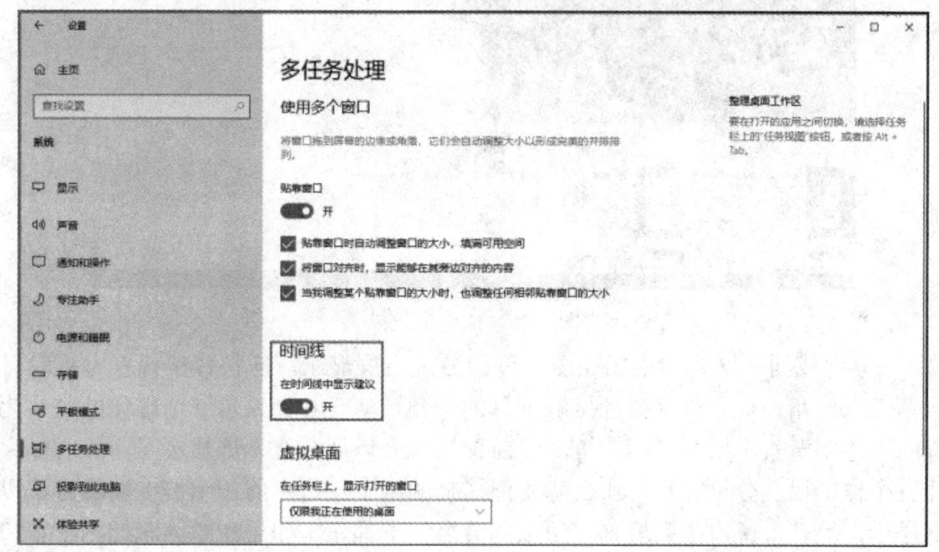

图 2-24　开启时间线功能

4. 分屏显示

在同时运行多个任务时，需要把几个窗口同时显示在屏幕上，这样操作会比较方便，而且可以避免频繁切换窗口，这就需要用到分屏显示功能。分屏显示就是把计算机屏幕划分为多个分屏的显示方式，一般可分为二分屏、三分屏、四分屏。

(1) 二分屏。按住鼠标左键拖动某个窗口到屏幕左边缘或右边缘，直到鼠标指针接触屏幕边缘，显示一个虚化的大小为二分之一屏的半透明背景(如图 2-25 所示)，松开鼠标左键，当前窗口就以二分之一屏显示了。同时其他窗口会在另半侧屏幕中显示缩略窗口，点击想要在另外二分之一屏显示的窗口，它就会在另外半侧屏幕上以二分之一屏显示，如图 2-26 所示。

图 2-25　拖动窗口显示虚化背景

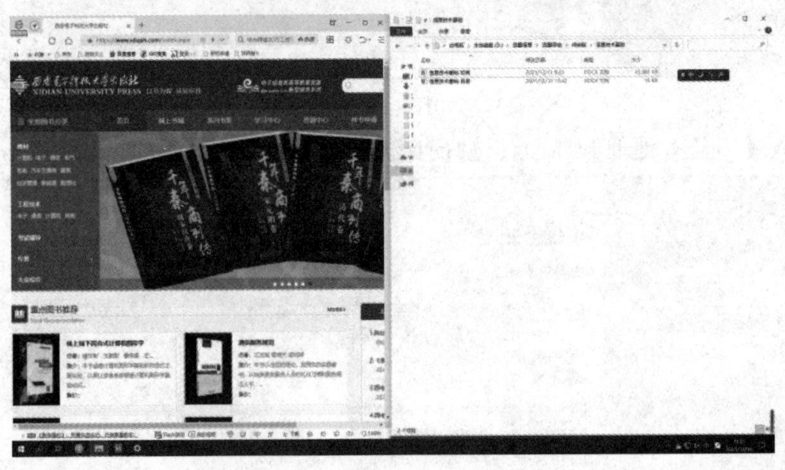

图 2-26　二分屏效果

(2) 三分屏或四分屏。如果想让窗口以四分之一屏显示，应按住鼠标左键拖动某个窗口到屏幕任意一角，直到鼠标指针接触屏幕的一角，就会看到显示一个虚化的大小为四分之一屏的半透明背景。松开鼠标左键，当前窗口就会以四分之一屏显示了。这时如果想要同时让三个窗口以三分屏显示，那么就要把其余的两个窗口中的一个按上面的方法以二分之一屏显示，另一个窗口拖到屏幕一角以四分之一屏显示。如果想要同时让四个窗口以四分屏显示，应把四个窗口都拖动到屏幕一角以四分之一屏显示。要想恢复窗口原始大小，只需把窗口从屏幕边缘或屏幕一角拖离即可。

5. 电脑锁屏

按【Win+L】快捷键可直接对计算机进行锁屏操作。

6. 屏幕录制

按【Win+R】快捷键开启运行对话框，在其中输入“psr.exe”后按回车键，就可以开始录制屏幕了。

7. 截屏功能

按【Win+Shift+S】快捷键，屏幕会显示截图范围及形状选项面板(有矩形截图、任意形状截图、窗口截图和全屏幕截图)，如图 2-27 所示。截图完成后，图片会自动保存在剪贴板中。

图 2-27　截屏功能

8. 屏幕键盘(虚拟键盘)

按【Win+R】快捷键开启运行对话框，在其中输入“osk”后按回车键，就可以打开屏幕键盘(虚拟键盘)，如图 2-28 所示。

图 2-28　屏幕键盘(虚拟键盘)

任务 2.3　计 算 机 网 络

2.3.1　计算机网络简介

1. 计算机网络概述

1) 计算机网络的定义

计算机网络，是指将地理位置不同的、具有独立功能的多台计算机及其外部设备，通过通信线路连接起来，在网络操作系统、网络管理软件及网络通信协议的管理和协调下，实现资源共享和信息传递的计算机系统。

从逻辑功能上看，计算机网络是以传输信息为基础目的，用通信线路将多个计算机连接起来的计算机系统的集合，一个计算机网络的组成包括传输介质和通信设备。

从用户角度看，计算机网络存在着一个能为用户自动管理的网络操作系统，由它调用完成用户所调用的资源，而整个网络像一个大的计算机系统一样，对用户是透明的。

简单地说，计算机网络就是通过电缆、电话线或无线通信将两台及以上的计算机互联起来的集合。

2) 计算机网络的分类

由于计算机网络自身的特点，其分类方法有多种。根据不同的分类原则，可以得到不同类型的计算机网络。

(1) 按覆盖范围分类。按网络所覆盖的地理范围的不同，计算机网络可分为局域网(LAN)、城域网(MAN)和广域网(WAN)。

局域网(Local Area Network，LAN)是将较小地理区域内的计算机或数据终端设备连接在一起的通信网络。局域网的特点是分布距离近、传输速率高、数据传输可靠。它常用于组建一个办公室、一栋楼、一个楼群、一个校园或一个企业的计算机网络。局域网覆盖的地理范围比较小，一般在几十米到几千米之间，主要用于实现短距离的资源共享。

城域网(Metropolitan Area Network，MAN)是一种大型的 LAN，它的覆盖范围介于局域网和广域网之间，一般为几千米至上万米，城域网的覆盖范围在一个城市内，它将位于一个城市之内不同地点的多个计算机局域网连接起来实现资源共享。城域网所使用的通信设备和网络设备的功能要求比局域网高，以便有效地覆盖整个城市的地理范围。一般在一个大型城市中，城域网可以将多个学校、企事业单位、公司和医院的局域网连接起来实现共享资源。

广域网(Wide Area Network，WAN)是在一个广阔的地理区域内进行数据、语音、图像信息传输的计算机网络。由于远距离数据传输的带宽有限，因此广域网的数据传输速率比局域网要慢得多。广域网可以覆盖一个城市、一个国家甚至于全球。因特网(Internet)是广域网的一种，但它不是一种具有独立性的网络，Internet 将同类或不同类的物理网络(局域网、城域网与广域网)互联，并通过高层协议实现不同类网络间的通信。

(2) 按在网络中所处的地位分类。按照网络中计算机所处的地位不同，可以将计算机网络分为对等网和基于客户机/服务器模式的网络。

在对等网中，所有的计算机的地位是平等的，没有专用的服务器。每台计算机既作为服务器，又作为客户机；既为别人提供服务，也从别人那里获得服务。由于对等网没有专用的服务器，所以在管理对等网时，只能分别管理，不能统一管理，导致管理起来很不方便。对等网一般应用于计算机较少、安全要求不高的小型局域网。

在基于客户机/服务器模式的网络中，存在两种角色的计算机，一种是服务器，一种是客户机。服务器一方面负责保存网络的配置信息，另一方面负责为客户机提供各种各样的服务。因为整个网络的关键配置都保存在服务器中，所以管理员在管理网络时只需要修改服务器的配置，就可以实现对整个网络的管理。客户机需要获得某种服务时，向服务器发送请求，服务器接到请求后，会向客户机提供相应的服务。服务器的种类很多，有邮件服务器、Web 服务器、目录服务器等，不同的服务器为客户机提供不同的服务。我们在构建网络时，一般选择配置较好的计算机，并安装相关服务，它就成了服务器。客户机主要用于向服务器发送请求，获得相关服务(如客户机向打印服务器请求打印服务，向 Web 服务器请求 Web 页面等)。

(3) 按传播方式分类。按照传播方式不同，计算机网络可分为“广播式网络”和“点-点网络”两大类。

广播式网络是指网络中的计算机或者设备使用一个共享的通信介质进行数据传播，网络中的所有节点都能收到任一节点发出的数据信息。

目前，广播式网络的传输方式有3种：

① 单播：采用一对一的发送形式将数据发送给目的节点。

② 组播：采用一对一组的发送形式将数据发送给网络中的某一组主机。

③ 广播：采用一对所有的发送形式将数据发送给网络中所有目的节点。

点-点网络是指两个节点之间的通信方式是点对点的。如果两台计算机之间没有直接连接的线路，那么它们之间的分组传输就要通过中间节点接收、存储、转发，直至目的节点。点-点传播方式主要应用于WAN中。通常采用的拓扑结构有星型、环型、树型、网状型。

(4) 按传输介质分类。按传输介质不同，网络可分为有线网(Wired Network)和无线网(Wireless Network)两类。

① 有线网采用的传输介质主要包括：

· 双绞线：其特点是比较经济，安装方便，但传输率和抗干扰能力一般，广泛应用于局域网中。

· 同轴电缆：俗称细缆，现在逐渐被淘汰。

· 光纤：其特点是传输距离长，传输效率高，抗干扰性强，是高安全性网络的理想选择。

② 无线网主要有以下几种形式：

· 无线电话网：是一种很有发展前景的连网方式。

· 语音广播网：价格低廉，使用方便，但安全性差。

· 无线电视网：普及率高，但无法在一个频道上和用户进行实时交互。

· 微波通信网：通信保密性和安全性较好。

· 卫星通信网：能进行远距离通信，但价格昂贵。

(5) 按传输技术分类。计算机网络数据依靠各种通信技术进行传输。根据网络传输技术不同，计算机网络可分为以下5种：

① 普通电信网：包括普通电话线网、综合数字电话网、综合业务数字网等。

② 数字数据网：利用数字信道提供的永久或半永久性电路来传输数据信号的数字传输网络。

③ 虚拟专用网：指客户基于数字数据网(DDN)智能化的特点，利用DDN的部分网络资源所形成的一种虚拟网络。

④ 微波扩频通信网：是电视传播和企事业单位组建企业内部网和接入Internet的一种方法，在移动通信中十分重要。

⑤ 卫星通信网：是近年发展起来的空中通信网络。与地面通信网络相比，卫星通信网具有许多独特的优点。

3) 计算机网络的功能

计算机网络的主要功能包括资源共享、网络通信、分布处理、集中管理、负载均衡等。

(1) 资源共享。共享的资源主要包括：

① 硬件资源：包括各种计算机、大容量存储设备、计算机外部设备(如彩色打印机、静电绘图仪)等。

② 软件资源：包括各种应用软件、工具软件、系统开发所用的支撑软件、语言处理程序、数据库管理系统等。

③ 数据资源：包括数据库文件、数据库、办公文档资料、企业生产报表等。

④ 信道资源：通信信道可以理解为电信号的传输介质。信道资源是计算机网络中最重要的共享资源之一。

(2) 网络通信。网络通信可以传输各类信息，包括数据信息、图形、图像、声音、视频流等多媒体信息。

(3) 分布处理。把要处理的任务分散到各个计算机上运行，而不是集中在一台大型计算机上。这样不仅可以降低软件设计的复杂性，还可以大大提高工作效率，降低成本。

(4) 集中管理。在没有联网的条件下，每台计算机都是一个“信息孤岛”。在管理这些计算机时，必须分别管理，而计算机联网后，可以在某个中心位置实现对整个网络的管理(数据库情报检索系统、交通运输部门的订票系统、军事指挥系统等)。

(5) 负载均衡。当网络中某台计算机的任务负载太重时，可通过网络和应用程序的控制和管理，将作业分散到网络中的其他计算机中，由多台计算机共同完成。

4) 计算机网络的应用

(1) 商业应用。计算机网络在商业中的应用主要体现在以下几个方面：

① 实现资源共享，最终打破地理位置束缚。主要运用客户机服务器模型。

② 提供强大的通信媒介，如电子邮件、视频会议等。

③ 电子商务活动，如为各种不同供应商购买子系统提供商品购买接口，客户可以通过网络平台进行产品订购与支付(如书店、超市等)。

(2) 家庭应用。计算机网络的家庭应用主要体现在以下几个方面：

① 访问远程信息，如浏览 Web 页面获取艺术、商务、烹饪、政府、健康、历史、爱好、娱乐、科学、运动、旅游等信息。

② 个人之间的通信，如微信、邮件、视频电话等。

③ 交互式娱乐，如视频点播、即时评论及参加电视直播网络互动、网络游戏等。

④ 广义的电子商务，如以电子方式支付账单、管理银行账户、处理投资等。

(3) 移动用户。以无线网络为基础，以移动终端为媒介，进行诸如车队信息调度、货车位置监控、快递实时信息获取等。

当然，计算机网络在军事、民生等其他领域还有丰富的应用，可以说，现代社会已经离不开网络。因为有网络，人们的生活才变得如此便捷。

2. 计算机网络与互联网的发展历史

1) 计算机网络的发展历史

计算机网络从产生到发展，总体来说可以分成 4 个阶段。

(1) 远程终端联机阶段。20 世纪 60 年代末到 20 世纪 70 年代初为计算机网络发展的萌芽阶段。其主要特征是：为了增加系统的计算能力和资源共享，把小型计算机连成实验性的网络。第一个远程分组交换网叫 ARPANET，是由美国国防部于 1969 年建成的，第一次实现了由通信网络和资源网络复合构成的计算机网络系统，标志着计算机网络的真正产生。ARPANET是这一阶段的典型代表。

(2) 计算机网络阶段。20世纪70年代中后期是局域网络发展的重要阶段。其主要特征是：局域网作为一种新型的计算机体系结构开始进入产业部门。局域网技术是从远程分组交换通信网络和I/O总线结构计算机系统派生出来的。1974年，英国剑桥大学计算机研究所开发了著名的剑桥环(Cambridge Ring)局域网；1976年，美国Xerox公司的Palo Alto研究中心推出以太网(Ethernet)，它成功地采用了夏威夷大学ALOHA无线电网络系统的基本原理，使之发展成为第一个总线竞争式局域网络。这些网络的成功实现，一方面标志着局域网络的产生；另一方面，它们形成的以太网及环网，对以后局域网络的发展起到了导航的作用。

(3) 计算机网络互联阶段。整个20世纪80年代是计算机局域网络的发展时期。其主要特征是：局域网完全在硬件上实现了ISO的开放系统互联通信模式协议的能力。计算机局域网及其互联产品的集成，使得局域网与局域网互联，局域网与各类主机互联，以及局域网与广域网互联的技术越来越成熟。综合业务数据通信网络(ISDN)和智能化网络(IN)的发展，标志着局域网络的飞速发展。1980年2月，IEEE(美国电气和电子工程师学会)下属的802局域网络标准委员会宣告成立，并相继提出IEEE801.5～802.6等局域网络标准草案，其中的绝大部分内容已被国际标准化组织(ISO)正式认可。局域网的国际标准的诞生标志着局域网协议及其标准化的确定，为局域网的进一步发展奠定了基础。

(4) 国际互联网与信息高速公路阶段。20世纪90年代初到现在是计算机网络飞速发展的阶段。其主要特征是：计算机网络化、协同计算能力发展以及全球互联网络的盛行。计算机的发展已经完全与网络融为一体，体现了"网络就是计算机"的口号。目前，计算机网络已经真正进入各行各业，被其广泛应用。另外，虚拟网络光纤分布式数据接口(FDDI)及异步传输(ATM)技术的应用，使网络技术蓬勃发展并迅速走向市场，走进平民百姓的生活。

2) *互联网的发展历史*

20世纪60年代末，美国军方为了自己的计算机网络在受到袭击时，即使部分网络被摧毁，其余部分仍能保持通信联系，便由美国国防部的高级研究计划局(ARPA)建设了一个军用网，叫作"阿帕网"(ARPANET)。阿帕网于1969年正式启用，当时仅连接了4台计算机，供科学家们进行计算机联网实验用。这就是互联网的前身。

要了解国际互联网，就不可避免地要提及互联网发展过程中出现的几个重要事件。国际互联网的发展与信息技术发展息息相关，技术标准的制定以及技术上的创新是决定国际互联网得以顺利发展的重要因素。网络的主要功能是交换信息，而采取什么样的信息交换方式则是网络早期研究人员面临的首要问题。1961年，麻省理工学院(MIT)的克兰罗克(Kleinrock)教授在其发表的一篇论文中提出了包交换思想，并在理论上证明了包交换技术(Packet switching)对于电路交换技术在网络信息交换方面具有可行性。不久，包交换技术就获得了大多数研究人员的认同，当时APRPANET采用的就是这种信息交换技术。包交换思想的确立在国际互联网的发展史上是第一个具有里程碑意义的事件，因为包交换技术使得网络上的信息传输不仅在技术上更为便捷，而且还在经济上更为可行。

第二个里程碑是信息传输协议(TCP/IP)的制定。网络在类型上有多种，诸如卫星传输网络、地面无线电传输网络等。信息的传输在同类型的网络内部不存在问题，而要在不同类型的网络之间进行信息传输在技术上存在很大困难。为了解决这个问题，美国国防部高级研究计划局(DARPA)研究人员卡恩(Kahn)在 1972 年提出了开放式网络架构思想，并根据这一思想设计出沿用至今的 TCP/IP 传输协议标准。由于兼容性是技术上一个重要的特征，因而标准的制定对于国际互联网的顺利发展具有重要的意义。同时，TCP/IP 标准中的开放性理念也是网络能够发展成为如今的“网中网”——Internet 一个决定性因素(Internet 是互联网的一个特例，是世界上最大的互联网)。

第三个里程碑事件是互联网页(World Wide Web，又叫万维网)技术的出现。早期在网络上传输数据信息或者查询资料需要在计算机上进行许多复杂的指令操作，这些操作只有那些对计算机非常了解的技术人员能熟练运用。特别是当时软件技术并不发达，软件操作界面过于单调，计算机对于多数人只是一种高深莫测的神秘之物，因而当时“上网”只局限在高级技术研究人员范围之内。

WWW 技术是由瑞士高能物理研究实验室(CERN)的程序设计员提姆 · 伯纳斯-李(Tim Berners-Lee)最先开发的，它的主要功能是采用一种超文本格式(Hypertext)把分布在网上的文件链接在一起。这样，用户可以很方便地在大量排列无序的文件中调用自己所需的文件。1993 年，美国伊利诺伊大学的国家超级应用软件研究中心(NCSA)设计出了一个采用 WWW 技术的应用软件 Mosaic，这也是国际互联网史上第一个网页浏览器软件。该软件除了具有方便人们上网查询资料的功能，还有支持呈现图像的重要功能，图像功能的实现使得网页的浏览更具直观性和人性化，可以说，如果网页的浏览没有图像这一功能，国际互联网不可能在短时间内获得如此巨大的进展。随着技术的发展，网页的浏览还具有支持动态的图像传输、声音传输等多媒体功能，这就为网络电话、网络电视、网络会议等提供了一种新型、便捷、费用低廉的通信传输基础工具创造了有利条件。

当今社会互联网已经潜移默化地进入了人们的生活，虽然目前网络还存在一定的问题，但可以肯定的是，国际互联网仍将以一种不可预见的速度飞快地向前发展。

2.3.2　计算机网络的体系结构

1. 通信协议的概念与层次结构

1) 通信协议的基本概念

通信协议(Communications Protocol)是指双方实体完成通信或服务所必须遵循的规则和约定。协议定义了数据单元使用的格式、信息单元应该包含的信息与含义、连接方式、信息发送和接收的时序，从而确保网络中的数据顺利地传送到确定的地方。

在计算机通信中，通信协议用于实现计算机与网络连接之间的标准。如果没有统一的通信协议，计算机之间的信息传递就无法识别。通信协议是指通信各方事前约定的通信规则，可以简单地理解为各计算机之间进行相互会话所使用的共同语言。两台计算机在进行通信时，必须使用通信协议。

2) 通信协议的三要素

通信协议主要由以下三个要素组成：

(1) 语法：“如何讲”，数据的格式、编码和信号等级(电平的高低)。

(2) 语义：“讲什么”，数据内容、含义以及控制信息。

(3) 定时规则(时序)：明确通信的顺序、速率匹配和排序。

3) 通信协议的层次结构

由于网络节点之间联系复杂，因此在制订协议时通常把复杂成分分解成简单成分，再将它们复合起来。最常用的复合技术就是采用层次结构。通信协议层次结构的特点如下：

(1) 结构中的每一层都规定有明确的服务及接口标准。

(2) 把用户的应用程序作为最高层。

(3) 除了最高层外，中间的每一层都向上一层提供服务，同时又是下一层的用户。

(4) 把物理通信线路作为最底层，物理通信线路使用从最高层传送来的参数，是提供服务的基础。

2. OSI 参考模型及各层功能

为了使不同计算机厂家生产的计算机能够相互通信，以便在更大的范围内建立计算机网络，国际标准化组织(ISO)在 1978 年提出了“开放系统互联参考模型”，即著名的 OSI/RM 模型(Open System Interconnection/Reference Model)。它将计算机网络体系结构的通信协议划分为七层，自下而上依次为物理层(Physics Layer)、数据链路层(Data Link Layer)、网络层(Network Layer)、传输层(Transport Layer)、会话层(Session Layer)、表示层(Presentation Layer)和应用层(Application Layer)，如图 2-29 所示。

下面四层完成数据传送服务，上面三层面向用户。对于每一层，至少制定了两项标准：服务定义和协议规范。服务定义给出了该层所提供的服务的准确定义；协议规范详细描述了该协议的动作和各种有关规程，以保证提供服务。上下层之间进行交互所遵循的约定叫作接口，同一层之间的交互所遵循的约定叫作协议。

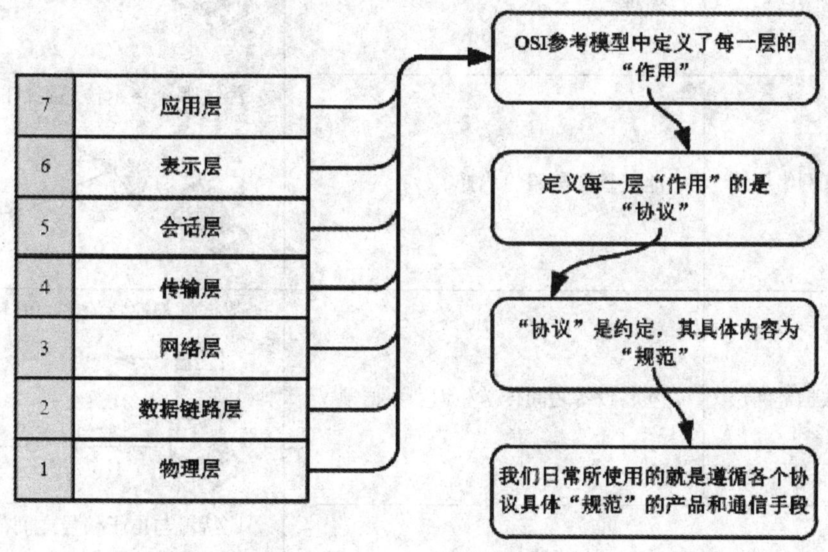

图 2-29 OSI 参考模型

OSI 参考模型对通信协议中必要的功能做了很好的归纳，但它终究是一个模型，只是对各层做了一系列粗略的定义，并没有对协议和接口做详细的描述。所以要想了解更多的协议细节，就要参考每个协议的具体规范。平常所见的那些通信协议大都对应 OSI 参考模型中七个分层中的一层。OSI 参考模型中各层的功能如表 2-2 所示。

表 2-2　OSI 参考模型各层功能

层	分层名称	功　能	每层功能概览
7	应用层	为应用程序提供服务，并规定应用程序中通信的相关细节。包括电子邮件，文件传输，远程登录，HTTP 协议等	针对每个应用的协议 电子邮件 ↔ 电子邮件协议 远程登录 ↔ 远程登录协议 文件传输 ↔ 文件传输协议
6	表示层	将应用程序处理的信息转化为适合网络传输的格式，或将来自下一层的数据转化为上一层应用程序能够处理的数据	接收不同表现形式的信息，如文字流、图像、声音等 网络标准格式
5	会话层	负责建立、断开通信连接(数据流动的逻辑通路)，以及数据的分割等数据传输相关的管理	何时建立连接，何时断开连接以及保持多久的连接
4	传输层	起到可靠传输的作用，只在通信双方的节点上进行传输，无须在路由器上进行处理	是否有数据丢失
3	网络层	地址管理与路由选择	经过哪个路由传递到目的地址
2	数据链路层	互联设备之间传送和识别数据帧	数据帧与比特流之间的转换 0101 分段转发
1	物理层	以“0”“1”代表电压的高低灯光的闪灭，界定连接器和网线的规格	比特流与电子信号之间的切换 0101 → 0101 连接器与网线的规格

3. TCP/IP 体系结构

TCP/IP 是 Transmission Control Protocol/Internet Protocol 的简写，中译名为传输控制协

议/因特网互联协议，又名网络通信协议，是 Internet 最基本的协议、Internet 国际互联网络的基础，由网络层的 IP 协议和传输层的 TCP 协议组成。TCP/IP 定义了电子设备如何连入因特网，以及数据如何在它们之间传输的标准。TCP/IP 协议并不完全符合 OSI 的七层参考模型，协议采用了四层的层级结构，每一层都呼叫它的下一层所提供的协议来完成自己的需求。通俗而言：TCP 负责发现传输的问题，一有问题就发出信号，要求重新传输，直到所有数据安全正确地传输到目的地。而 IP 是给因特网的每一台联网设备规定一个地址。TCP/IP 协议结构与 OSI 的对应关系如表 2-3 所示。

表 2-3 TCP/IP 协议结构与 OSI 的对应关系

<table>
<tr><th>TCP/IP</th><th>OSI</th></tr>
<tr><td rowspan="3">应用层</td><td>应用层</td></tr>
<tr><td>表示层</td></tr>
<tr><td>会话层</td></tr>
<tr><td>传输层</td><td>传输层</td></tr>
<tr><td>网络层</td><td>网络层</td></tr>
<tr><td rowspan="2">网络接口层</td><td>数据链路层</td></tr>
<tr><td>物理层</td></tr>
</table>

TCP/IP 由四个层次组成：网络接口层、网络层、传输层、应用层：

1) 网络接口层

TCP/IP 的网络接口层包括 OSI 模型的物理层和数据链路层。物理层用于定义物理介质的以下特性：

(1) 机械特性。

(2) 电子特性。

(3) 功能特性。

(4) 规程特性。

数据链路层负责接收 IP 数据包并通过网络发送，或者从网络上接收物理帧，抽出 IP 数据包，交给 IP 层。

(1) ARP 是地址转换协议，通过已知的 IP，寻找对应主机的 MAC 地址。

(2) RARP 是反向地址转换协议，通过 MAC 地址确定 IP 地址。比如无盘工作站和 DHCP 服务。

常见的接口层协议有 Ethernet 802.3、Token Ring 802.5、X.25、Frame relay、HDLC、PPP ATM 等。

2) 网络层

网络层负责相邻计算机之间的通信。其功能包括三方面：

(1) 处理来自传输层的分组发送请求，收到请求后，将分组装入 IP 数据报，填充报头，选择去往信宿机的路径，然后将数据报发往适当的网络接口。

(2) 处理输入数据报。首先检查其合法性，然后进行寻径——假如该数据报已到达信宿机，则去掉报头，将剩余部分交给适当的传输协议；假如该数据报尚未到达信宿机，则转发该数据报。

(3) 处理路径、流控、拥塞等问题。网络层协议包括：IP(Internet Protocol)协议、ICMP(Internet Control Message Protocol)控制报文协议、ARP(Address Resolution Protocol)地址转换协议和 RARP(Reverse ARP)反向地址转换协议。

IP 是网络层的核心，通过路由选择将下一条 IP 封装后交给接口层。IP 数据报是无连接服务。ICMP 是网络层的补充，可以回送报文，用来检测网络是否通畅。Ping 命令就是发送 ICMP 的 echo 包，通过回送的 echo relay 进行网络测试。

3) *传输层*

传输层提供应用程序间的通信。其功能包括：格式化信息流、提供可靠传输。为实现可靠传输，传输层协议规定接收端必须发回确认，并且假如分组丢失，必须重新发送，即耳熟能详的“三次握手”过程，从而提供可靠的数据传输。

传输层协议主要包括：传输控制协议 TCP(Transmission Control Protocol)和用户数据报协议 UDP(User Datagram Protocol)。

4) *应用层*

TCP/IP 的应用层包括 OSI 模型的会话层、表示层和应用层，它向用户提供一组常用的应用程序，如电子邮件、文件传输访问、远程登录等。远程登录 Telnet 使用 Telnet 协议提供在网络其他主机上注册的接口。Telnet 会话提供了基于字符的虚拟终端。文件传输访问 FTP 使用 FTP 协议来提供网络内机器间的文件复制功能。

应用层协议主要包括如下几个：FTP、Telnet、DNS、SMTP、NFS、HTTP。

(1) FTP(File Transfer Protocol)是文件传输协议，一般上传下载用 FTP 服务，数据端口是 20H，控制端口是 21H。

(2) Telnet 是用户远程登录服务，使用 23H 端口，采用明码传送，保密性差，简单方便。

(3) DNS(Domain Name Service)是域名解析服务，提供域名到 IP 地址之间的转换，使用端口 53。

(4) SMTP(Simple Mail Transfer Protocol)是简单邮件传输协议，用来控制信件的发送和中转，使用端口 25。

(5) NFS(Network File System)是网络文件系统，用于网络中不同主机间的文件共享。

(6) HTTP(HyperText Transfer Protocol)是超文本传输协议，用于实现互联网中的 WWW 服务，使用端口 80。

OSI 模型与 TCP/IP 协议族的对应关系如表 2-4 所示。

表 2-4　OSI 模型与 TCP/IP 协议族对应关系

OSI 中的层	功　能	TCP/IP 协议族
应用层	文件传输，电子邮件，文件服务，虚拟终端	TFTP，HTTP，SNMP，FTP，SMTP，DNS，Telnet 等
表示层	数据格式化，代码转换，数据加密	没有协议
会话层	解除或建立与别的接点的联系	没有协议
传输层	提供端对端的接口	TCP，UDP
网络层	为数据包选择路由	IP，ICMP，OSPF，EIGRP，IGMP

2.3.3　互联网技术

1. 互联网技术概述

1) 互联网的基本概念

互联网是由使用公用语言互相通信的计算机连接而成的网络，即局域网、广域网及单机按照一定的通信协议组成的国际计算机网络。互联网始于 1969 年的美国，是全球性的网络，是一种公用信息的载体，这种大众传媒比以往的任何一种通信媒体都要快。将计算机网络互相连接在一起的方法可称作“网络互联”，在网络互联基础上发展出覆盖全世界的全球性互联网络称“互联网”，即是“互相连接在一起的网络”。互联网并不等同万维网(World Wide Web)，万维网只是一种基于超文本相互连接而成的全球性系统，是互联网所能提供的服务之一。单独提起互联网，一般都是互联网或接入其中的某网络，有时将其简称为网或网络(the Net)，可以通信、社交、网上贸易。

2) 互联网、因特网、万维网三者的关系

互联网、因特网、万维网三者的关系是：互联网包含因特网，因特网包含万维网。凡是能彼此通信的设备组成的网络就叫互联网。所以即使仅有两台计算机，无论用何种技术使其彼此通信，也叫互联网。

因特网是互联网的一种。因特网是由上千万台设备组成的互联网。因特网使用 TCP/IP 协议让不同的设备可以彼此通信。但使用 TCP/IP 协议的网络并不一定是因特网，一个局域网也可以使用 TCP/IP 协议。若要判断自己是否接入的是因特网，首先是看计算机是否安装了 TCP/IP 协议，其次看是否拥有一个公网地址(所谓公网地址，就是所有私网地址以外的地址)。因特网是基于 TCP/IP 协议实现的，TCP/IP 协议由很多协议组成，不同类型的协议又被放在不同的层。其中，位于应用层的协议就有很多，比如 FTP、SMTP、HTTP。

只要应用层使用的是 HTTP 协议，就称为万维网(World Wide Web)。之所以在浏览器里输入百度网址时，能看见百度网提供的网页，就是因为个人浏览器和百度网的服务器之间使用的是 HTTP 协议。

3) 互联网+

国内“互联网+”理念的提出，最早可以追溯到 2012 年 11 月，易观国际董事长兼首席执行官于扬在易观第五届移动互联网博览会首次提出“互联网+”的理念。2015 年 3 月，全国两会上，全国人大代表马化腾提交了《关于以“互联网+”为驱动，推进我国经济社会创新发展的建议》的议案，对经济社会的创新提出了建议和看法。

“互联网+”是两化融合的升级版，将互联网作为当前信息化发展的核心特征提取出来，并与工业、商业、金融业等服务业全面融合。其中的关键就是创新，只有创新才能让这个“+”真正有价值、有意义。因此，“互联网+”被认为是创新 2.0 下的互联网发展新形态、新业态，是知识社会创新 2.0 推动下的经济社会发展新形态的演进。

通俗来说，“互联网+”就是“互联网+各个传统行业”，但这并不是简单地将两者相加，而是利用信息通信技术以及互联网平台，让互联网与传统行业进行深度融合，创造新的发展生态。

“互联网+”有六大特征：

(1) 跨界融合。“+”就是跨界、就是变革、就是开放、就是重塑融合。融合本身也指代身份的融合，客户消费转化为投资，伙伴参与创新等，不一而足。

(2) 创新驱动。中国粗放的资源驱动型增长方式早就难以为继，必须转变到创新驱动发展这条正确的道路上来。这正是互联网的特质，用互联网思维来求变、自我革命，也更能发挥创新的力量。

(3) 重塑结构。信息革命化、全球化，互联网也已打破了原有的社会结构、经济结构、地域结构、文化结构。

(4) 尊重人性。人性的光辉是推动科技进步、经济增长、社会进步、文化繁荣的最根本的力量。互联网的力量之强大最根本地来源于对人性的最大限度的尊重、对人体验的敬畏、对人的创造性发挥的重视。

(5) 开放生态。关于“互联网+”，生态是非常重要的特征，而生态的本身就是开放的。推进“互联网+”，其中一个重要的方向就是把过去制约创新的环节化解掉，把孤岛式创新连接起来，让研发由人性决定市场驱动，让努力的创业者有机会实现价值。

(6) 连接一切。连接是有层次的，可连接性是有差异的，连接的价值相差很大，但是连接一切是“互联网+”的目标。

2. 互联网的工作原理

1) *网络的层次*

每台接入互联网的计算机都属于某个网络，即使是用户家中的计算机也不例外。如用户可以使用调制解调器拨号连接到一个互联网服务提供商(ISP)的网络上。工作中，用户所处网络可能属于某个局域网(LAN)，但很可能还通过与公司签订合同的 ISP 连接到互联网上。当连接到 ISP 时就成为互联网络的一部分了。这个 ISP 可以再连接到更大的网络并成为更大网络的一部分。互联网就是这样由网络连成的网络。多数大型通信公司都拥有自己的专用主干网，主干网将各地区连接起来，并在每个地区设置一个入网点(POP)，本地用户往往使用本地电话或专线经由 POP 接入该公司的网络。实际上并不存在一个总控网络，几个大型网络是通过网络接入点(NAP)互相连接的。互联网的层次结构如图 2-30 所示。

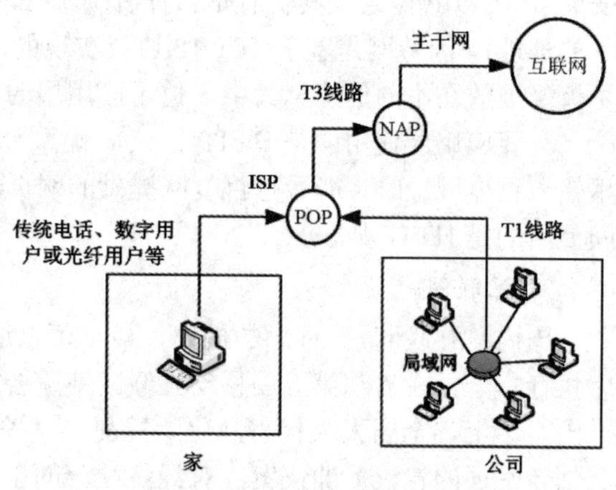

图 2-30　互联网层次结构

2) TCP/IP 协议

计算机网络是由许多计算机组成的，要实现网络内的计算机之间传输数据，必须要做两件事：明确数据传输目的地址和保证数据迅速可靠传输的措施。这是因为数据在传输过程中很容易丢失或传错，Internet 使用一种专门的计算机语言(协议)，以保证数据安全、可靠地到达指定的目的地，这种语言分两部分：TCP(Transmission Control Protocol)传输控制协议和 IP(Internet Protocol)网间协议。

TCP/IP 协议所采用的通信方式是分组交换方式，就是数据在传输时分成若干段，每个数据段称为一个数据包，TCP/IP 协议的基本传输单位是数据包。TCP/IP 协议包括两个主要的协议，即 TCP 协议和 IP 协议。这两个协议可以联合使用，也可以与其他协议联合使用，它们在数据传输过程中主要完成以下功能：

(1) 首先由 TCP 协议把数据分成若干个数据包，给每个数据包写上序号，以便接收端把数据还原成原来的格式。

(2) IP 协议给每个数据包写上发送主机和接收主机的地址，一旦写上源地址和目的地地址，数据包就可以传送数据了。IP 协议还具有利用路由算法进行路由选择的功能。

(3) 数据包可以通过不同的传输途径(路由)进行传输，由于路径不同，加上其他的原因，可能出现顺序颠倒、数据丢失、数据失真甚至重复的现象。这些问题都由 TCP 协议来处理，TCP 具有检查和处理错误的功能，必要时还可以请求发送端重发。

简言之，IP 协议负责数据的传输，而 TCP 协议负责数据的可靠传输。

3. 互联网的网络地址

1) IP 地址

IP 地址是 Internet 主机的一种数字型标识，它由两部分构成，一部分是网络标识(Net ID)，另一部分是主机标识(Host ID)。

目前所使用的 IP 协议版本规定：IP 地址的长度为 32 位，以“点分十进制”表示，如 172.16.0.0。地址格式为 IP 地址 = 网络地址 + 主机地址；或 IP 地址 = 主机地址 + 子网地址 + 主机地址。Internet 的网络地址可分为三类(A 类、B 类、C 类)，每一类网络中 IP 地址的结构即网络标识长度和主机标识长度都不同。

(1) A 类地址的表示范围为 0.0.0.0～126.255.255.255，默认网络掩码为 255.0.0.0，A 类地址分配给规模特别大的网络使用。A 类网络用第一组数字表示网络本身的地址，后面三组数字作为连接于网络上的主机的地址。分配给具有大量主机(直接个人用户)而局域网络个数较少的大型网络，如 IBM 公司的网络。

(2) B 类地址的表示范围为 128.0.0.0～191.255.255.255，默认网络掩码为 255.255.0.0，B 类地址分配给一般的中型网络。B 类网络用第一、二组数字表示网络的地址，后面两组数字代表网络上的主机地址。

(3) C 类地址的表示范围为 192.0.0.0～223.255.255.255，默认网络掩码为 255.255.255.0，C 类地址分配给小型网络，如一般的局域网和校园网，它可连接的主机数量是最少的，采用把所属的用户分为若干的网段进行管理。C 类网络用前三组数字表示网络的地址，最后一组数字作为网络上的主机地址。

实际上，还存在着 D 类地址和 E 类地址。这两类地址用途比较特殊，在这里只是简单介绍一下：D 类地址称为广播地址，供特殊协议向选定的节点发送信息时用；E 类地址保留给将来使用。

2) 域名、域名系统和域名服务器

前面讲到，IP 地址是一种数字型网络标识和主机标识。数字型标识对计算机网络来讲是最有效的，但是对使用网络的人来说有不便记忆的缺点，为此人们研究出一种字符型标识，这就是域名。目前所使用的域名是一种层次型命名法，例如：

第 n 级子域名.…第二级子域名.第一级子域名
这里一般取 $2 \leqslant n \leqslant 5$。

域名可以以一个字母或数字开头和结尾，并且中间的字符只能是字母、数字和连字符，标号必须小于 255。经验表明，为了简便和便于记忆，每个标号小于或等于 8 个字符，但这不是必需的。第一级子域名是一种标准化的标号，如表 2-5 所示。

表 2-5　一级域名符号及意义

序号	域　名	含　义
1	.com	商业组织
2	.edu	教育机构
3	.gov	政府部门
4	.mil	军事部门
5	.net	主要网络支持中心
6	.country code	国家(采用国际通用两字符编码)

NIC(网络信息中心)将第一级域名的管理特权分派给指定管理机构，各管理机构再对其管理下的域名空间继续划分，并将各子部分管理特权授予子管理机构。如此下去，便形成层次型域名，由于管理机构是逐级授权的，所以最终的域名都得到 NIC 承认，成为 Internet 网络中的正式名字。Internet 地址中的第一级域名和第二级域名由 NIC 管理，我国国家级域名(cn)由中国科学院计算机网络中心(NCFC)进行管理，第三级以下的域名由各个子网的 NIC 或具有 NIC 功能的节点自己负责管理。

域名在使用时要注意几点：

(1) 域名在整个 Internet 中必须是唯一的，当高级子域名相同时，低级子域名不允许重复。

(2) 大小写字母在域名中没有区别。

(3) 一台计算机可以有多个域名(通常用于不同的目的)，但只能有一个 IP 地址。

(4) 主机的 IP 地址和主机的域名对通信协议来说具有相同的作用，从使用的角度看，两者没有区别。但是，当用户所使用的系统没有域名服务器时，只能使用 IP 地址不能使用域名。

(5) 为主机确定域名时应尽量使用有意义的符号。

域名系统：即把域名翻译成 IP 地址的软件。从功能上说，域名系统相当于一本电话簿，已知一个姓名就可以查到一个电话号码，它与电话簿的区别是它可以自动完成查找过程。完整的域名系统应该具有双向查找功能。

域名服务器：就是装有域名系统的主机。

4. 互联网的接入方式

在互联网接入方式中，目前可供选择的接入方式主要有 PSTN、ISDN、DDN、LAN、ADSL、VDSL、Cable-Modem、PON 和 LMDS 等九种。

1) PSTN

公用电话交换网(Published Switched Telephone Network，PSTN)是普遍的窄带接入方式，即通过电话线，利用当地运营商提供的接入号码，拨号接入互联网。PSIN 特点是使用方便，只需有效的电话线及自带调制解调器(Modem)的 PC 就可完成接入。运用于一些低速率的网络应用(如网页浏览查询，聊天，收发 E-mail 等)，主要适合于临时性接入或无其他宽带接入场所的使用。缺点是速率低，无法实现一些高速率要求的网络服务，其次是费用较高(接入费用由电话通信费和网络使用费组成)。

2) ISDN

综合业务数字网(Integrated Services Digital Network，ISDN)俗称“一线通”。它采用数字传输和数字交换技术，将电话、传真、数据、图像等多种业务综合在一个统一的数字网络中进行传输和处理。用户利用一条 ISDN 用户线路，可以在上网的同时拨打电话、收发传真，就像两条电话线一样。ISDN 基本速率接口有两条信息通路和一条信令通路，简称 2B+D，当有电话拨入时，它会自动释放一个 B 信道来进行电话接听。主要适合于普通家庭用户使用。缺点是速率仍然较低，无法实现一些高速率要求的网络服务，而且费用也比较高。

3) DDN

数字数据网(Digital Data Network，DDN)是利用数字信道传输数据信号的数据传输网，它的传输媒介有光缆、数字微波、卫星信道以及用户端可用的普通电缆和双绞线。利用数字信道传输数据信号与传统的模拟信道相比，具有传输质量高、速度快、带宽利用率高等一系列优点。

4) LAN

局域网(Local Area Network，LAN)是指在某一区域内(一般是方圆几千米以内)由多台计算机互联成的计算机组。局域网可以实现文件管理、应用软件共享、打印机共享、工作组内的日程安排、电子邮件和传真通信服务等功能。局域网是封闭型的，可以由办公室内的两台计算机组成，也可以由一个公司内的上千台计算机组成。局域网还有诸如高可靠性、易扩缩和易于管理及安全等多种特性。

5) ADSL

非对称数字用户线路(Asymmetric Digital Subscriber Line，ADSL)因上行和下行带宽不对称而得名。它采用频分复用技术把普通的电话线分成了电话、上行和下行三个相对独立的信道，从而避免了相互之间的干扰。即使边打电话边上网，也不会发生上网速率和通话质量下降的情况。

6) VDSL

甚高速数字用户环路(Very-high-bit-rate Digital Subscriber Loop，VDSL)是 ADSL 的快速版本，适用于家庭、个人等用户的大多数网络应用需求，满足一些宽带业务，包括 IPTV、视频点播(VOD)、远程教学、可视电话、多媒体检索、局域网互联、互联网接入等。

7) Cable-Modem

线缆调制解调器 Cable-Modem 是一种基于有线电视网络铜线资源的接入方式，具有专线上网的连接特点，允许用户通过有线电视网实现高速接入互联网。适用于拥有有线电视网的家庭、个人或中小团体。它的特点是上网速率较高，接入方式简便(通过有线电缆传输数据，不需要布线)，可实现各类视频服务、高速下载等。它的缺点是 Cable-Modem 是基于有线电视网络的架构的，属于网络资源分享型，当用户激增时，速率就会下降且不稳定，扩展性不够。

8) PON

无源光纤网络(Passive Optical Network，PON)是一种点对多点的光纤传输和接入技术，局端到用户端最大距离为 20 km。它的特点是接入速率高，可以实现各类高速率的互联网应用(如视频服务、高速数据传输、远程交互等)。

9) LMDS

无线网络(Local Multi-point Distribution Service，LMDS)是一种有线接入的延伸技术，使用无线射频(RF)技术进行数据收发，减少使用电线连接，因此无线网络系统既可达到建设计算机网络系统的目的，又可让设备自由安排和搬动。在公共开放的场所或者企业内部，无线网络一般会作为已存在有线网络的一个补充方式，装有无线网卡的计算机通过无线手段方便接入互联网。

各种不同接入方式的性能对比如表 2-6 所示。

表 2-6　不同接入方式性能对比

序号	插入方式	传输介质	上传速率	下载速率	用户终端设备
1	PSTN	电话线	33.4 kb/s	33.4 kb/s	Modem
2	ISDN	电话线	128 kb/s	128 kb/s	路由器
3	DDN	电话线	2 Mb/s	2 Mb/s	DTU+路由器
4	LAN	双绞线	10 Mb/s	10 Mb/s	网卡
5	ADSL	电话线	1 Mb/s	8 Mb/s	ADSL modem
6	VDSL	电话线	19.2 Mb/s	55 Mb/s	VDSL modem
7	Cable-Modem	有线电视同轴电缆	10 Mb/s	10 Mb/s	Cable Modem
8	PON	光纤	155 Mb/s	155 Mb/s	ONT/ONU
9	LMDS	微波	155 Mb/s	155 Mb/s	无线网卡

5. 网络互联

1) 网络互联的基本概念

网络互联是指将两个以上的计算机网络，通过一定的方法，将分布在不同地理位置的网络、网络设备连接起来，构成更大规模的网络系统，以实现网络的数据资源共享。与网络互联相关的几个名词解释如下：

(1) 互连(Interconnection)是指网络在物理上的连接，两个网络之间至少有一条在物理上连接的线路，它为两个网络的数据交换提供了物质基础和可能性，但并不能保证两个网络一定能够进行数据交换，这要取决于两个网络的通信协议是不是相互兼容。

(2) 互联(Internetworking)是指网络在物理和逻辑上，尤其是逻辑上的连接。

(3) 互通(Intercommunication)是指两个网络之间可以交换数据。

(4) 互操作(Interoperability)是指网络中不同计算机系统之间具有透明地访问对方资源的能力。

2) 网络互联的层次

进行网络互联时，每一层使用不同的互联设备执行不同的功能。

(1) 物理层：用于不同地理范围内的网段的互联。工作在物理层的网络设备是中继器、集线器。

(2) 数据链路层：用于互联两个或多个同一类的局域网，传输帧。工作在数据链路层的网间设备是桥接器(或网桥)、交换机。

(3) 网络层：主要用于广域网的互联中。工作在网络层的网间设备是路由器、第三层交换机。

(4) 传输层及以上高层：用于在高层之间进行不同协议的转换。工作在第三层的网间设备称为网关。

3) 网络互联的形式

网络互联的形式主要有四种形式：局域网与局域网(LAN-LAN)互联，局域网与广域网互联(LAN-WAN)，局域网与广域网与局域网互联(LAN-WAN-LAN)，广域网与广域网(WAN-WAN)互联。

(1) LAN-LAN：又分为同构 LAN 互联和异构 LAN 互联。同构网络互联是指符合相同协议的局域网的互联，主要采用的设备有中继器、集线器、网桥、交换机等。而异构网的互联是指两种不同协议的局域网的互联，主要采用的设备为网桥、路由器等设备。

(2) LAN-WAN：这是最常见的方式之一，用来连接的设备是路由器或网关。

(3) LAN-WAN-LAN：这是将两个分布在不同地理位置的 LAN 通过 WAN 实现互联，连接设备主要有路由器和网关。

(4) WAN-WAN：通过路由器和网关将两个或多个广域网互联起来，可以使分别连入各个广域网的主机资源能够实现共享。

4) 网络互联的方式

为将不同种类网络互联为一个网络，需要利用网间连接器或通过互联网实现互联。

利用网间连接器实现网络互联时，一个网络的主要组成部分是节点和主机，按照互联的级别不同，又可以分为以下两类。

(1) 节点级互联：这种连接方式较适合于具有相同交换方式的网络互联，常用的连接设备有网卡和网桥。

(2) 主机级互联：这种互联方式主要适用于在不同类型的网络间进行互联的情况，常见的网间连接器有网关。

通过互联网进行网络互联时，在两个计算机网络中，为了连接各种类型的主机，需要多个通信处理设备构成一个通信子网，然后将主机连接到子网的通信处理设备上。当要在两个网络间进行通信时，源网可将分组发送到互联网上，再由互联网把分组传送给目标网。

两种转换方式的比较：

当利用网关把 A 和 B 两个网络进行互联时，需要两个协议转换程序，其中之一用于 A 网协议转换为 B 网协议，另一程序则进行相反的协议转换。用这种方法来实现互联时，所需协议转换程序的数目与网络数目 n 的平方成比例，即程序数为 $n(n-1)$。但利用互联网来实现网络互联时，所需的协议转换程序数目与网络数目 n 成比例，即程序数为 $2n$。当所需互联的网络数目较多时，后一种方式可明显地减少协议转换程序的数目。

任务 2.4 物联网技术

2.4.1 物联网的概念

物联网的定义：通过射频识别(RFID)、红外感应器、全球定位系统、激光扫描器等信息传感设备，按约定的协议，把任何物品与互联网连接起来，进行信息交换和通信，以实现智能化识别、定位、跟踪、监控和管理的一种网络。物联网的概念于 1999 年提出，物联网就是“物物相连的互联网”，这有两层意思：第一，物联网的核心和基础仍然是互联网，是在互联网基础上的延伸和扩展的网络；第二，其用户端延伸和扩展到了任何物品与物品之间，进行信息交换和通信。

在过去的二十多年，互联网技术和应用取得了巨大突破，随着全球经济信息技术革命的深入和 5G 网络的建设，出现了物联网。物联网被称为世界信息产业第三次浪潮，代表下一个信息发展的重要方向。

2.4.2　物联网的体系结构

物联网具备三个特征：一是全面感知，即利用 RFID、传感器、二维码等随时随地获取物体的信息；二是可靠传递，通过各种电信网络与互联网的融合，将物体的信息实时准确地传递出去；三是智能处理，利用云计算、模糊识别等各种智能计算技术，对海量数据和信息进行分析和处理，对物体实施智能化的控制。

在业界，物联网大致被公认为有三个层次：底层是用来感知数据的感知层；第二层是数据传输的网络层；最上面是应用层。

1. 感知层

感知层包括传感器等数据采集设备，数据接入到网关之前的传感器网络。

对于目前关注和应用较多的射频识别技术(RFID)来说，张贴安装在设备上的 RFID 标签和用来识别 RFID 信息的扫描仪、感应器属于物联网的感知层。在这一类物联网中被检测的信息是 RFID 标签内容。如高速公路不停车收费系统、超市仓储管理系统等都是基于这一类结构的物联网。

用于战场环境信息收集的智能微尘网络，感知层由智能传感节点和接入网关组成。智能节点感知信息(温度、湿度、图像等)，并自行组网传递到上层网关接入点，由网关将收集到的感应信息通过网络层提交到后台处理。环境监控、污染监控等应用是基于这一类结构的物联网。

感知层是物联网发展和应用的基础，RFID 技术、传感和控制技术、短距离无线通信技术是感知层涉及的主要技术。其中又包括芯片研发，通信协议研究，RFID 材料，智能节点供电等细分技术。西安优势微电子的“唐芯一号”是国内自主研发的首片短距离物联网通信芯片。通信协议的研究机构主要有伯克利大学。Perpetuum 公司针对无线节点的自主供电已经研发出通过采集振动能供电的产品，而 Powermat 公司也推出了一种无线充电平台。

2. 网络层

网络层建立在现有的移动通信网和互联网基础上。物联网通过各种接入设备与移动通信网和互联网相连，如手机付费系统中由刷卡设备将内置手机的 RFID 信息采集上传到互联网，网络层完成后台鉴权认证并从银行网络划账。

网络层包括信息存储查询、网络管理等功能。

网络层中的感知数据管理与处理技术是实现以数据为中心的物联网的核心技术。感知数据管理与处理技术包括传感网数据的存储、查询、分析、挖掘、理解以及基于感知数据决策和行为的理论和技术。云计算平台作为海量感知数据的存储、分析平台，是物联网网络层的重要组成部分，也是应用层众多应用的基础。

在产业链中，通信网络运营商在物联网网络层占据重要的地位，而正在高速发展的云计算平台将是物联网发展的又一助力。

3. 应用层

应用层利用经过分析处理的感知数据，为用户提供丰富的特定服务。物联网的应用可分为监控型(物流监控、污染监控)、查询型(智能检索、远程抄表)、控制型(智能交通、智能家居、路灯控制)、扫描型(手机钱包、高速公路不停车收费)等。

应用层是物联网发展的目的。软件开发、智能控制技术会为用户提供丰富多彩的物联网应用。各种行业和家庭应用的开发将会推动物联网的普及，也给整个物联网产业链带来利润。

目前已有不少物联网范畴的应用，譬如通过一种感应器感应到某个物体触发信息，然后按设定程序通过网络完成一系列动作。例如，当你早上拿车钥匙出门上班，在计算机旁待命的感应器检测到之后就会通过互联网络自动发起一系列事件：通过短信或者喇叭自动报今天的天气；在计算机上显示快捷通畅的开车路径并估算路上所花时间；同时通过短信或者即时聊天工具告知你的同事你将马上到达……又如，已经投入试点运营的高速公路不停车收费系统、基于 RFID 的手机钱包付费应用等。

2.4.3 物联网的应用

物联网用途广泛，遍及智能交通、环境保护、政府工作、公共安全、平安家居、智能消防、工业监测、老人护理、个人健康、花卉栽培、水系监测、食品溯源、敌情侦察和情报搜集等多个领域。

国际电信联盟在 2005 年的一份报告曾描绘“物联网”时代的图景：当司机出现操作失误时汽车会自动报警；公文包会提醒主人忘带了什么东西；衣服会“告诉”洗衣机对颜色和水温的要求等。亿博物流咨询生动地介绍物联网在物流领域内的应用，如一家物流公司应用了物联网系统的货车，当装载超重时，汽车会自动告知超载了，并且超载了多少，但空间还有剩余，告知轻重货怎样搭配；当搬运人员卸货时，一只货物包装可能会大叫“你扔疼我了”，或者说“亲爱的，请你不要太野蛮，可以吗？”；当司机在和别人扯闲话时，货车会装作老板的声音怒吼“笨蛋，该发车了！”等。

物联网把新一代 IT 技术充分运用在各行各业之中，具体地说，就是把感应器嵌入和装备到电网、铁路、桥梁、隧道、公路、建筑、供水系统、大坝、油气管道等各种物体中，然后将“物联网”与现有的互联网整合起来，实现人类社会与物理系统的整合。在这个整合的网络当中，存在能力超级强大的中心计算机群，能够对整合网络内的人员、机器、设备和基础设施实施实时的管理和控制。在此基础上，人类可以以更加精细和动态的方式管理生产和生活，达到“智慧”状态，提高资源利用率和生产力水平，改善人与自然的关系。

毫无疑问，如果“物联网”时代来临，人们的日常生活将发生翻天覆地的变化。然而，不谈什么隐私权和辐射问题，单就把所有物品都植入识别芯片这一点来看，现在还不太现实。人们正走向“物联网”时代，但这个过程可能需要很长的时间。

任务 2.5　网络安全与管理

2.5.1　网络安全

网络安全是指网络系统的硬件、软件及其系统中的数据受到保护，不因偶然的或者恶意的原因遭受破坏、更改、泄露，系统连续、可靠、正常地运行，网络服务不中断。

从网络运行和管理者角度来说，希望对本地网络信息的访问、读写等操作受到保护和控制，避免出现陷门、病毒、非法存取、拒绝服务和网络资源非法占用、非法控制等威胁，制止和防御网络黑客的攻击。对国家安全保密部门来说，他们希望对非法的、有害的或涉及国家机密的信息进行过滤和防堵，避免机要信息泄露，避免对社会产生危害，给国家造成巨大损失。

随着计算机技术的迅速发展，在计算机上处理的业务也由基于单机的数学运算、文件处理；简单连接的内部网络的内部业务处理、办公自动化等发展到基于复杂的内部网、企业外部网、全球互联网的企业级计算机处理系统和世界范围内的信息共享、业务处理。在系统处理能力提高的同时，系统的连接能力也在不断地提高。但在连接能力、信息流通能力提高的同时，网络连接的安全问题也日益突出。整体的网络安全主要表现在以下几个方面：网络物理安全、网络拓扑结构安全、网络系统安全、应用系统安全和网络管理安全等。

因此计算机安全问题，像每家每户的防火防盗问题一样，做到防患于未然。网络安全的一般解决措施是使用防火墙和杀毒软件，如图 2-31 所示。

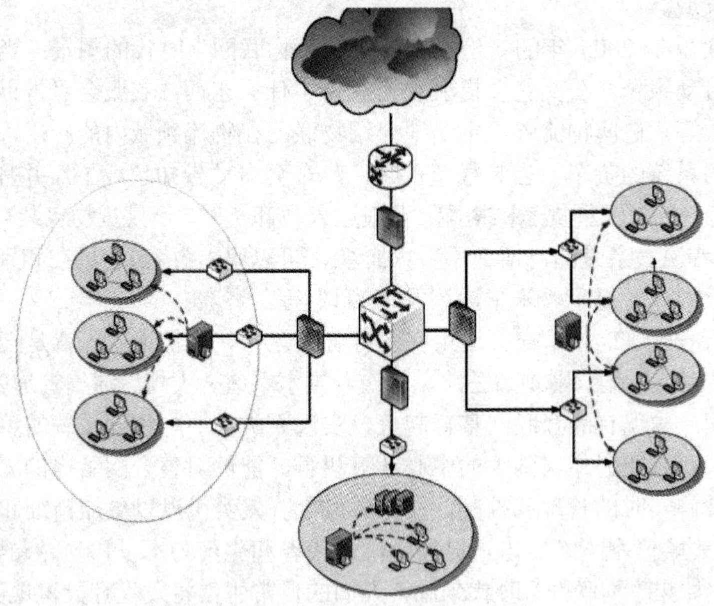

图 2-31　网络安全解决措施示例

2.5.2 防火墙技术

防火墙技术，最初是针对互联网不安全因素所采取的一种保护措施。顾名思义，防火墙就是用来阻挡外部不安全因素影响的内部网络屏障，其目的是防止未经授权的外部网络用户的访问。它是计算机硬件和软件的结合，使网络与网络之间建立起一个安全网关(Security Gateway)，从而保护内部网免受非法用户的入侵。防火墙主要由服务访问政策、验证工具、包过滤和应用网关四个部分组成。防火墙是一个位于计算机和它所连接的网络之间的软件或硬件(其中硬件防火墙用的很少，只有国防部等地才用，因为它价格昂贵)，该计算机流入流出的所有网络通信均要经过此防火墙。

防火墙有网络防火墙和计算机防火墙的提法。网络防火墙是指在外部网络和内部网络之间设置网络互联设备。这种防火墙又称筛选路由器。网络防火墙检测进入信息的协议、目的地址、端口(网络层)及被传输的信息形式(应用层)等，滤除不符合规定的外来信息。网络防火墙也对用户网络向外部网络发出的信息进行检测。计算机防火墙是指在外部网络和用户计算机之间设置的防火墙。计算机防火墙可以是用户计算机的一部分。计算机防火墙通过检测接口规程、传输协议、目的地址及/或被传输的信息结构等，将不符合规定的进入信息剔除。计算机防火墙对用户计算机输出的信息进行检查，并加上相应协议层的标志，用以将信息传送到接收用户计算机(或网络)中去。

使用防火墙的好处有：保护脆弱的服务，控制对系统的访问，集中的安全管理，增强保密性，记录和统计网络利用数据以及非法使用数据情况。

防火墙的设计通常有两种基本设计策略：第一，允许任何服务除非被明确禁止；第二，禁止任何服务除非被明确允许。一般采用第二种策略。

从技术角度来看，目前有两类防火墙，即标准防火墙和双穴网关。标准防火墙使用专门的软件，并有要求比较高的管理水平，在信息传输上有一定的延迟。双穴网关是标准防火墙的扩充，也称应用层网关，它是一个单独的系统，能够同时完成标准防火墙的所有功能。它的优点是能够运行比较复杂的应用，同时防止在互联网和内部系统之间建立任何直接的连接，可以确保数据包不能直接从外部网络到达内部网络。

随着防火墙技术的进步，在双穴网关的基础上又演化出两种防火墙配置，一种是隐蔽主机网关，一种是隐蔽智能网关。目前，技术比较复杂而且安全级别较高的防火墙是隐蔽智能网关，它将网关隐藏在公共系统之后使其免遭直接攻击。隐蔽智能网关提供了对互联网服务几乎透明的访问，同时又阻止了外部未授权访问者对专用网络的非法访问。

2.5.3 计算机病毒的防御

1. 计算机病毒的危害

计算机病毒(Computer Virus)在《中华人民共和国计算机信息系统安全保护条例》中被明确定义，病毒指“编制者在计算机程序中插入的破坏计算机功能或者破坏数据，影响计算机使用并且能够自我复制的一组计算机指令或者程序代码”。与医学上的“病毒”不同，计算机病毒不是天然存在的，是某些人利用计算机软件和硬件所固有的脆弱性编制的一组指令集或程序代码。它能通过某种途径潜伏在计算机的存储介质(或程序)里，当条件达到时即被激活，通过修改其他程序的方法将自己精确复制或可能演化的形式放入其他程序中，从而感染其他程序，对计算机资源进行破坏。所谓的计算机病毒就是人为造成的，对用户的危害性很大。

计算机病毒具有如下特性：

1) 繁殖性

计算机病毒可以像生物病毒一样进行繁殖，当正常程序运行的时候，它也在运行且自身复制。是否具有繁殖、感染的特征是判断一个程序为计算机病毒的首要条件。

2) 破坏性

计算机中毒后，可能会导致正常的程序无法运行，把计算机内的文件删除或进行不同程度的损坏。通常表现为增、删、改、移。

3) 传染性

计算机病毒不但本身具有破坏性，更有害的是具有传染性，一旦病毒被复制或产生变种，其传播速度之快令人难以预防。计算机病毒会通过各种渠道从已被感染的计算机扩散到未被感染的计算机，在某些情况下造成被感染的计算机工作失常甚至瘫痪。是否具有传染性是判断一个程序是否为计算机病毒的最重要条件。

4) 潜伏性

有些病毒像定时炸弹一样，什么时间发作是预先设计好的。一个编制精巧的计算机病毒程序，进入系统后一般不会马上发作，病毒可以静静地躲在磁盘或磁带里待上几天，甚至几年，一旦时机成熟，得到运行机会，就会四处繁殖、扩散，发生危害。潜伏性的第二种表现是指，计算机病毒的内部往往有一种触发机制，不满足触发条件时，计算机病毒除了传染外不做什么破坏。触发条件一旦得到满足，有的在屏幕上显示信息、图形或特殊标识，有的则执行破坏系统的操作，如格式化磁盘、删除磁盘文件、对数据文件做加密、封锁键盘以及使系统锁死等。

5) 隐蔽性

计算机病毒具有很强的隐蔽性，有的可以通过病毒软件检查出来，有的根本就查不出来，有的时隐时现、变化无常，这类病毒处理起来通常很困难。

6) 可触发性

因某个事件或数值的出现，诱使病毒实施感染或进行攻击的特性称为可触发性。为了隐蔽自己，病毒必须潜伏，少做动作。如果完全不动，一直潜伏的话，病毒既不能感染也不能进行破坏，便失去了杀伤力。病毒既要隐蔽又要维持杀伤力，它必须具有可触发性。病毒的触发机制就是用来控制感染和破坏动作的频率的。病毒具有预定的触发条件，这些条件可能是时间、日期、文件类型或某些特定数据等。病毒运行时，触发机制检查预定条件是否满足，如果满足，启动感染或破坏动作，使病毒进行感染或攻击；如果不满足，则病毒继续潜伏。

2. 计算机病毒的防御方法

目前，反病毒技术所采取的基本方法，同医学上对付生理病毒的方法极其相似，即：发现病毒—提取标本—解剖病毒—研制疫苗。

所谓发现病毒，就是靠外观检查法和对比检查法来检测是否有病毒存在。如看看是否有异常画面、文件容量是否改变、C 盘引导扇区是否已经感染病毒等。一旦发现了新的病毒，反病毒专家就会设法提取病毒的样本，并对其进行解剖。通过解剖，可以发现病毒的个体特征，即病毒本身所独有的特征字节串。这种特征字节串是从任意地方开始的、连续的、不长于 64 个字节的，并且是不含空格的。这种字节被视为病毒的遗传基因。有了特征字节串就可以进一步建立病毒特征字节串的数据库，进而研制出反病毒软件，即病毒疫苗。

当用户使用反病毒软件时，实际上是反病毒软件在进行特征字节串扫描，以发现病毒数据库中的已知病毒。但这种反病毒软件也有缺点，即对已发现的病毒，能采取改变程序的方法予以应付，而对未发现的病毒则无能为力。所以，用户只能通过不断升级反病毒软件版本，来对付新的病毒。采取解剖技术反病毒，只能视为“亡羊补牢”却不能“防患于未然”。

3. 计算机网络病毒防御的常用技术

计算机网络中最主要的软、硬件实体就是服务器和工作站，所以防治计算机网络病毒应该首先考虑这两个部分，另外加强综合治理也很重要。

1) 基于服务器的防治技术

网络服务器是计算机网络的中心，是网络的支柱。网络瘫痪的一个重要标志就是网络服务器瘫痪。网络服务器一旦被击垮，造成的损失是灾难性的、难以挽回和无法估量的。目前基于服务器防治病毒的方法大都采用防病毒可装载模块(NLM)，以提供实时扫描病毒的能力。有时也结合利用在服务器上的插防毒卡等技术，目的在于保护服务器不受病毒的攻击，从而切断病毒进一步传播的途径。

2) 基于工作站的防治技术

工作站就像是计算机网络的大门，只有把好这道大门，才能有效防止病毒的侵入。工作站防治病毒的方法有三种：

(1) 软件防治。即定期或不定期地用反病毒软件检测工作站的病毒感染情况。软件防治可以不断提高防治能力，但需人为地经常启动软盘防病毒软件，因而不仅给工作人员增加了负担，而且很有可能在病毒发作后才能检测到。

(2) 在工作站上插防病毒卡。防病毒卡可以达到实时检测的目的，但防病毒卡的版本升级不方便，从实际应用的效果看，对工作站的运行速度有一定的影响。

(3) 在网络接口卡上安装防病毒芯片。它将工作站存取控制与病毒防护合二为一，可以更加实时有效地保护工作站及通向服务器的桥梁。但这种方法同样也存在芯片上的软件版本升级不便的问题，而且对网络的传输速度也会产生一定的影响。

上述三种方法，都是防病毒的有效手段，应根据网络的规模、数据传输负荷等具体情况选用。

3) 加强计算机网络的综合管理

计算机网络病毒的防治，单纯依靠技术手段是不可能有效地杜绝和防止其蔓延，只有把技术手段和管理机制紧密结合起来，提高人们的防范意识，才有可能从根本上保护网络系统的运行安全。目前网络病毒防治技术基本处于被动防御的状态，但管理上应该积极主动。首先应从硬件设备及软件系统的使用、维护、管理和服务等各个环节制定出严格的规章制度，对网络系统的管理员及用户加强法制教育和职业道德教育，规范工作程序和操作规程，严惩从事非法活动的集体和个人。其次，应有专人负责具体事务，及时检查系统中出现病毒的症状，汇报出现的新问题、新情况。在网络工作站上经常做好病毒检测的工作，把好网络的第一道大门。除在服务器主机上采用防病毒手段外，还要定期用杀毒软件检查服务器的病毒情况。最重要的是，应制定严格的管理制度和网络使用制度，提高自身的防毒意识；应跟踪网络病毒防治技术的发展，尽可能采用行之有效的新技术、新手段，建立“防杀结合、以防为主、以杀为辅、软硬互补、标本兼治”的最佳网络病毒安全模式。

2.5.4 网络管理

网络管理(Network Management)包括对硬件、软件和人力的使用、综合与协调，以便对网络资源进行监视、测试、配置、分析、评价和控制，这样就能以合理的价格满足网络的一些需求，如实时运行性能、服务质量等。另外，当网络出现故障时能及时报告和处理，并协调、保持网络系统的高效运行等。常见的网络管理方式有以下几种。

1. SNMP

SNMP(Simple Network Management Protocol，简单网络管理协议)首先是由 Internet 工程任务组织(Internet Engineering Task Force)(IETF)的研究小组为了解决 Internet 上的路由器管理问题而提出的，是目前常用的环境管理协议。SNMP 可以在 IP，IPX，AppleTalk，OSI 以及其他用到的传输协议上使用。它们提供了一种从网络设备中收集网络管理信息的方法，也为设备向网络管理工作站报告问题和错误提供了一种方法。通过将 SNMP 嵌入数据通信设备(如交换机或集线器中)，就可以从一个中心站管理这些设备，并以图形方式查看信息。

2. RMON

RMON(Remote Network Monitoring，远端网络监控)最初的设计是用来解决从一个中心点管理各局域分网和远程站点的问题。RMON 规范是由 SNMP MIB 扩展而来。RMON 中，网络监视数据包含了一组统计数据和性能指标，它们在不同的监视器(或称探测器)和控制台系统之间相互交换，结果数据可用来监控网络利用率，以用于网络规划、性能优化和协助网络错误诊断。

3. WBM

WBM(Web-Based Management，基于 Web 的网络管理)是一种全新的网络管理模式，融合了网络管理技术，允许网络管理人员使用任何一种 Web 浏览器，在网络任何节点上方便迅速地配置、控制以及存取网络和它的各个部分。比传统网络管理更直接、更易于使用的图形界面降低了对网络管理操作和维护人员的特别要求。WBM 的基本实现方案有两种：一种是基于代理的解决方案；另一种是嵌入式解决方案。基于代理的解决方案是在网络管理平台之上叠加一个 Web 服务器，使其成为浏览器用户的网络管理的代理者，网络管理平台通过 SNMP 或 CMIP 与被管设备通信、收集、过滤、处理各种管理信息，维护网络管理平台数据库；嵌入式解决方案是将 Web 能力嵌入到被管设备之中，每个设备都有自己的 Web 地址，使得管理人员可以通过浏览器和 HTTP 协议直接进行访问和管理。

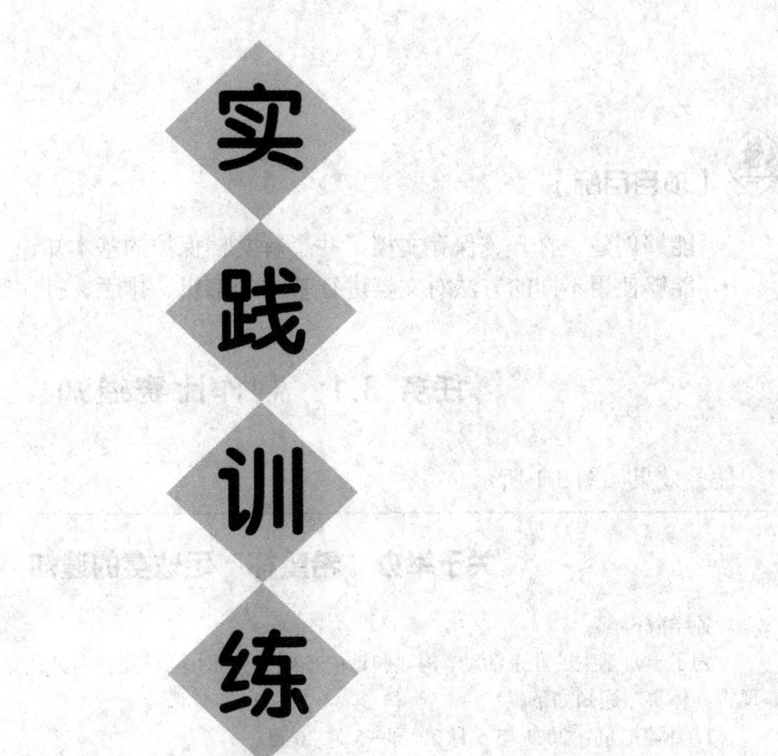

实践训练篇

项目 3　WPS 文字的基本操作

【项目目标】

- 能够创建、打开、保存文档，并了解文档保护的基本知识。
- 能够使用不同的方法对文档进行基本的编辑、排版、打印等操作。

任务 3.1　制作比赛通知

任务效果如图 3-1 所示。

关于举办“希望杯”足球赛的通知

各学院：

为了丰富学生的业余活动，构建和谐的校园文化氛围，学生会研究决定举办“希望杯”足球赛，现将具体事项通知如下。

1. 比赛时间：2021 年 5 月 20 日—5 月 30 日。
2. 比赛地点：足球场。
3. 参加方式：比赛采用自愿报名的方式，以学院为单位报名。
4. 报名地点：学生会办公室(学生活动中心 205 室)。
5. 比赛形式：初赛以抽签方式分为两组，采用循环积分制，分别取前两名；决赛以单场淘汰制进行。
6. 组队要求：每个学院限报 20 人。
7. 主办团体：校学生会。

请各学院将参赛队员名单于 5 月 19 日 12:00 之前交至学生会办公室，并于 5 月 20 日晚 19:00 在学生活动中心 301 室举行足球赛抽签会议，各学院足球队负责人准时到会。

请各学院认真 积极准备报名参赛，在比赛中赛出好成绩。

特此通知。

学生会

2021 年 5 月 3 日

图 3-1　比赛通知的效果图

3.1.1 新建一个 WPS 文档并保存

新建 WPS 有两种常用方法。

方法 1：在电脑桌面上找到 WPS Office 图标，双击图标启动软件。

方法 2：在【开始】菜单中选择【所有程序】|【WPS Office】命令，启动软件。

软件启动后建立一个空白文档。为了方便打开文档和防止文档内容丢失，先将文档进行更名保存。操作步骤如下：

步骤 1 在文档左上角的【文件】下拉列表中选择【保存】命令，打开【另存文件】对话框，如图 3-2 所示。

步骤 2 在【文件名】文本框中输入“通知”，单击【保存】按钮。

至此，新建了一个文档名为“通知.doc”的文档。

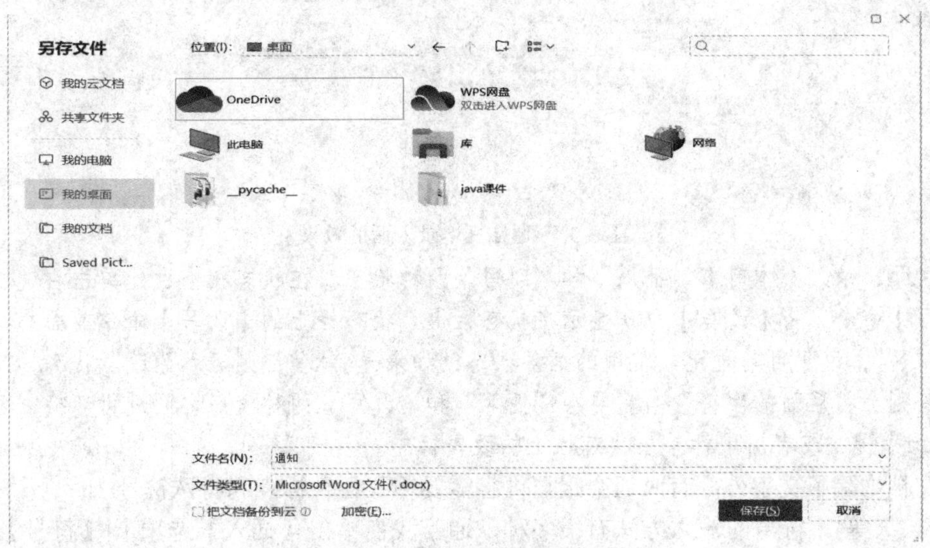

图 3-2 【另存文件】对话框

3.1.2 录入通知文本

在文本录入之前，最好先设置好使用的中文输入法。使用快捷键【Ctrl+Shift】来选择一种中文输入法。如果文本中需要交替录入英文和中文，可使用快捷键【Ctrl+Space】进行中英文输入法的快速切换。

经常使用的中文输入法可以通过【控制面板】中的【输入法】来定义热键或者将其设置为第一种中文输入法，这样以后在切换输入法时就很方便。

文件建立之后，文档上有一个闪动的光标，这就是插入点，也就是文本的输入位置。选择好输入法后，直接输入文字即可。

由于目前的办公软件都具有强大的排版功能，因此，在文字和符号录入过程中，原则上首先进行单纯录入，然后运用排版功能进行有效排版。录入的基本原则是：不要随便按回车键和空格键，即

(1) 不要用空格键进行字间距的调整以及标题居中、段落首行缩进的设置。

(2) 不要用回车键进行段落间距的排版，当一个段落结束时，才按回车键。

(3) 不要用连续按回车键产生空行的方法进行内容分页的设置。

通知文本录入后的效果如图 3-3 所示。

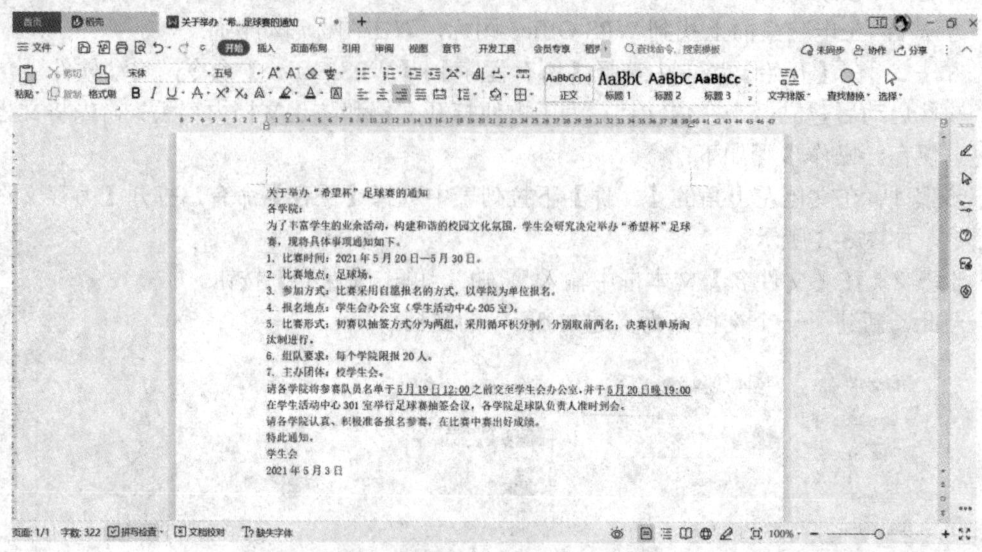

图 3-3　通知文本录入后的效果

说明：录入文本时有“插入”和“改写”两种状态。在状态栏空白处单击右键，选择【改写】命令，将【改写】命令显示在状态栏上。状态栏上的【改写】命令前面的符号如果是“×”，说明目前是比较常用的插入状态；如果是“√”，则表示为改写状态，此时输入字符则会将后面的字符覆盖。要在“插入”和“改写”两种状态之间进行切换，可以按【Insert】键，或者用鼠标单击状态栏上的改写标志。

文档中除了文字外，有时还会根据内容需要输入各种标点和特殊符号(如×、♂、※、◎、№、§等)。符号的输入方法有很多种，通常我们单击【插入】选项卡|【符号】命令|【其他符号】命令，弹出【符号】对话框，如图 3-4 所示。

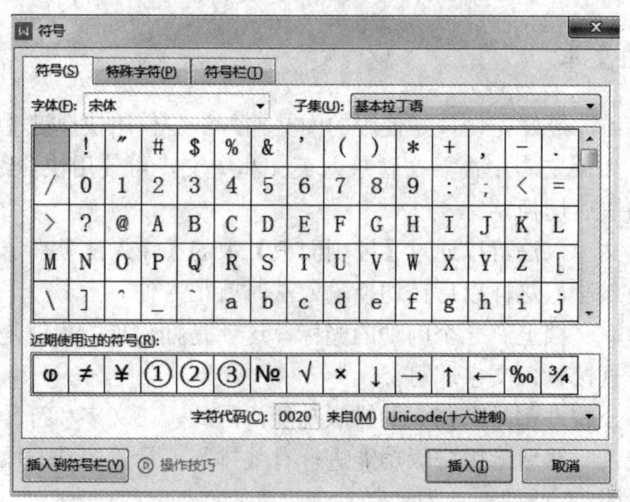

图 3-4　【符号】对话框

3.1.3　编辑通知内容

文本的编辑是指文本字符的选定、修改、删除、复制、粘贴和移动等。

操作 1　选择文本。

选择文本有多种方法，常用的有鼠标拖动法和选择栏法。

方法 1：鼠标拖动法。如果要选择连续的文本，则将光标定位在起点，拖动鼠标到终点选中文本；如果选择不连续的文本，使用【Ctrl】键的同时拖动鼠标即可。

方法 2：选择栏法。选择栏的位置在文本左边的空白区域，单击鼠标左键选择栏选择一行，双击选择一段，三击选择全文。

操作 2　修改文本。一般来说，修改文本是将光标定位到错误字符之后按【BackSpace】或定位到错误字符之前按【Delete】。也可以先选取出错的文本，然后直接输入新的文本，这样既可以删除所选文本，又在所选文本处插入新的内容。

操作 3　复制、移动和删除文本。

首先必须选择所要操作的文本，然后才能进行复制、移动、删除操作。常用的操作方法有鼠标拖动法和快捷键法见表 3-1。

表 3-1　复制、移动、删除文本的方法

操作	鼠标拖动法	快捷键法
移动文本	移动鼠标将所选内容拖动到新的位置	按【Ctrl+X】复制文本，在目标位置按【Ctrl+V】粘贴文本
复制文本	按住【Ctrl】键不松手，然后移动鼠标将所选内容拖动到新位置	按【Ctrl+C】复制文本，在目标位置按【Ctrl+V】粘贴文本
删除		【Delete】

说明：“粘贴”通常是将复制或剪切的内容原封不动地放置到目标位置，有时若只想要其中的文字，而不要其格式，则可以使用“选择性粘贴”。复制文本内容后，单击【开始】选项卡|【粘贴】命令右侧的下拉箭头，在打开的下拉列表中单击【选择性粘贴】命令，在【选择性粘贴】对话框中选择【无格式文本】就可以只要文字，而不带原来的格式。

操作 4　撤销和恢复。

WPS 文字提供了撤销和恢复操作，可以对错误操作予以反复纠正，操作方法见表 3-2。

表 3-2　撤销和恢复操作的方法

操作	工具栏按钮	快捷键
撤销	“撤销”按钮 ↶	【Ctrl+Z】
恢复	“恢复”按钮 ↷	【Ctrl+Y】或【F4】键

3.1.4　设置通知的字体和段落格式

在【开始】选项卡的【字体】功能组设置文本字体、字号、字型、文字效果、字间距等；在【段落】功能组中设置段落对齐、缩进、段间距、段前距、段后距等，如图 3-5 所示。

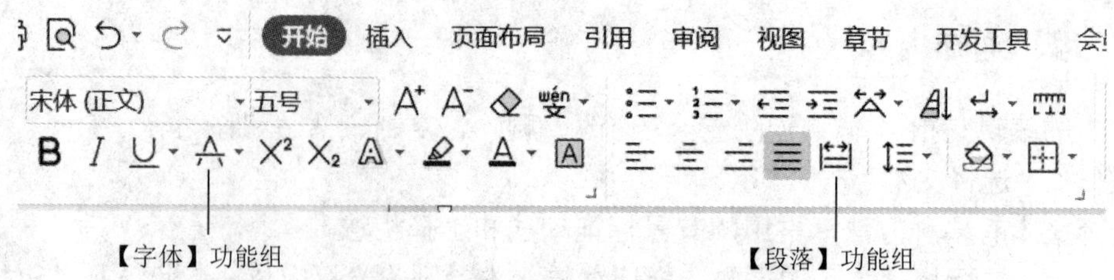

图 3-5 【字体】功能组和【段落】功能组

选中标题，在【字体】功能组的【字体】中将字体设置为“微软雅黑”，在【字号】中将字号设置为“小三”，在【段落】功能组中将文本设置为“居中”，如图 3-6 所示。

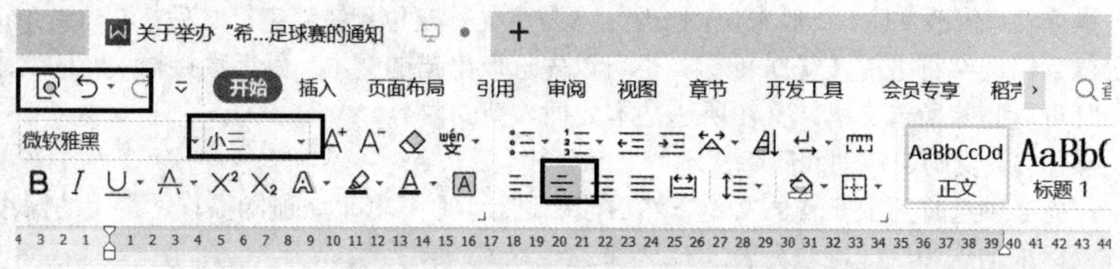

图 3-6 标题的设置效果

在【字体】功能组的右下角单击三角符号，可以打开【字体】对话框，如图 3-7(a)所示；点击【字符间距】选项卡，如图 3-7(b)所示。

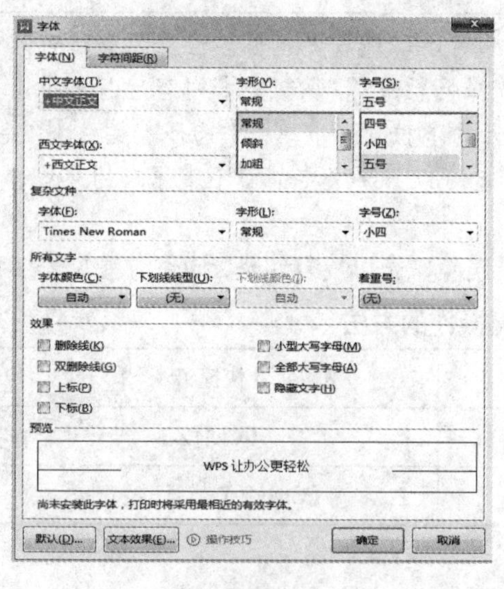

(a)【字体】选项卡

(b)【字符间距】选项卡

图 3-7 【字体】对话框

在【段落】功能组的右下角单击三角符号，可以打开【段落】对话框，如图 3-8(a)所示，点击【换行和分页】选项卡，如图 3-8(b)所示。

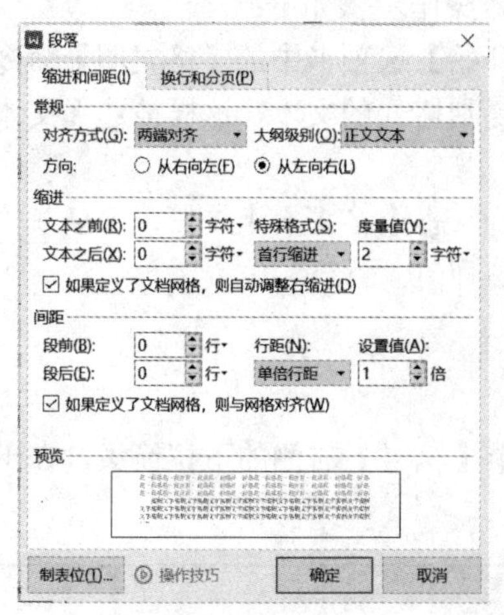

(a)【段落】选项卡　　(b)【换行和分页】选项卡

图 3-8　【段落】对话框

本例中按照下面的要求对文本进行字体和段落的格式设置：

(1) 正文为“宋体”“小四号”；

(2) 正文除第一段，均缩进两字；

(3) 第 10 段中的“5 月 19 日 12:00”及“5 月 20 日晚 19:00”加下画线；

(4) 最后两行设置为“右对齐”。

按照以上要求的字体和段落格式设置之后，比赛通知文档的效果图如图 3-9 所示。

关于举办“希望杯”足球赛的通知

各学院：

为了丰富学生的业余活动，构建和谐的校园文化氛围，学生会研究决定举办“希望杯”足球赛，现将具体事项通知如下。

比赛时间：2021 年 5 月 20 日—5 月 30 日。

比赛地点：足球场。

参加方式：比赛采用自愿报名的方式，以学院为单位报名。

报名地点：学生会办公室（学生活动中心 205 室）。

比赛形式：初赛以抽签方式分为两组，采用循环积分制，分别取前两名；决赛以单场淘汰制进行。

组队要求：每个学院限报 20 人。

主办团体：校学生会。

请各学院将参赛队员名单于 5 月 19 日 12:00 之前交至学生会办公室，并于 5 月 20 日晚 19:00 在学生活动中心 301 室举行足球赛抽签会议，各学院足球队负责人准时到会。

请各学院认真、积极准备报名参赛，在比赛中赛出好成绩。

特此通知。

学生会

2021 年 5 月 3 日

图 3-9　字体和段落设置后的效果

当一篇文章中某些字体和段落的格式相同时，为提高排版效率，又能达到风格一致的效果，可使用【格式刷】按钮复制文本格式。具体操作步骤如下：

首先选择要被复制格式的文本，然后单击【开始】选项卡中的【格式刷】命令，这时光标变成刷子形状，用刷子形状的光标选择需要复制格式的文本，这样被选择文本的格式就与原文本的格式相同了。

说明：单击【格式刷】按钮，只能复制一次；双击【格式刷】按钮，可以多次复制格式。想结束格式复制时，再次单击【格式刷】按钮即可。

3.1.5　设置通知中的编号

选中正文第 2～7 段，单击【段落】功能组中【编号】右侧的下拉箭头，在下拉列表中选择编号的格式，如图 3-10 所示。

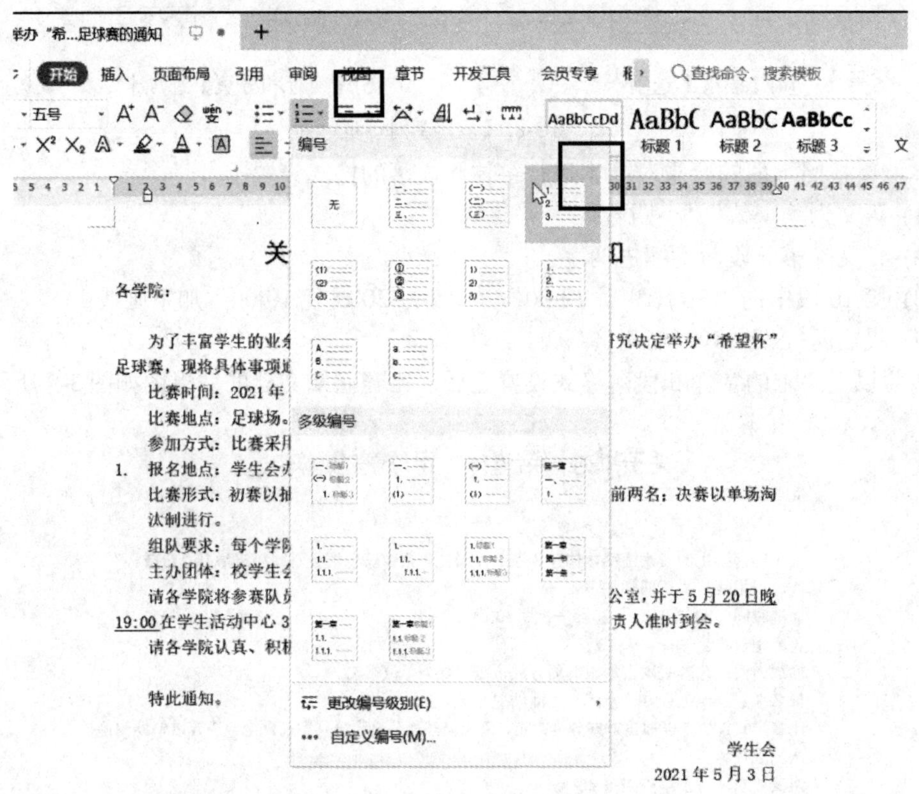

图 3-10　编号设置

至此，完成比赛通知的制作。

如果没有找到符合要求的编号，可以选择一种接近目标的编号，进行自定义设置。在如图 3-10 所示的编号设置菜单中选择【自定义编号】命令，弹出【项目符号和编号】对话框，如图 3-11 所示。选中一个要自定义设置的编号形式，单击【自定义】按钮，弹出【自定义编号列表】对话框，如图 3-12 所示。将【编号格式】文本框中“①.”后的点号“.”改为顿号“、”，注意不要将带域的部分删除掉。此时在【预览】框中可以看到结果。单击

【确定】按钮，完成设置。

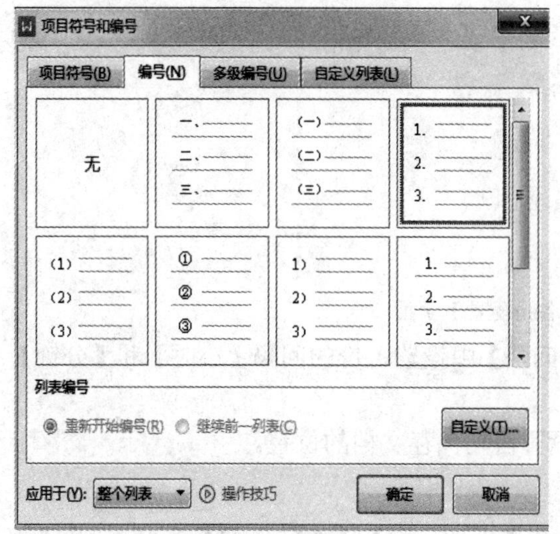

图 3-11 【项目符号和编号】对话框

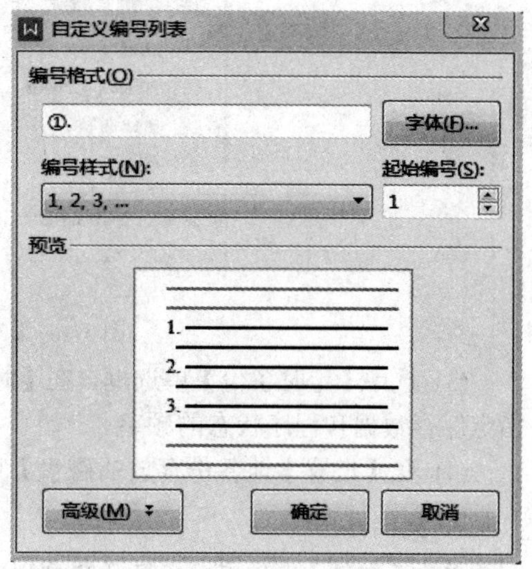

图 3-12 【自定义编号列表】对话框

3.1.6 拓展

1. 自动保存文档

(1) 单击【文件】按钮，在打开列表中选择【备份与恢复/备份中心】命令，进入【备份中心】页面，如图 3-13 所示。

图 3-13 【备份中心】页面

(2) 在【本地备份】中单击【本地备份设置】按钮，进入【本地备份配置】页面，如图 3-14 所示。

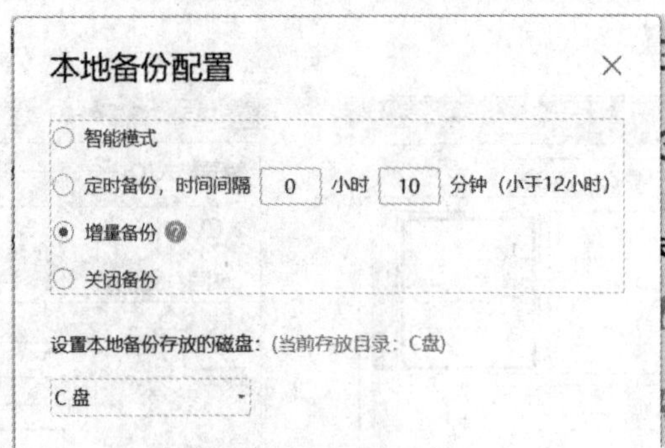

图 3-14 【本地备份配置】页面

(3) 选中【定时备份】单选框，在【时间间隔】中设置备份的间隔【小时】和【分钟】，指定保存数据和程序状态的频率。

(4) 在【设置本地备份存放的磁盘】中设置自动保存文档的位置。

2. 文档保护

单击【文件】选项卡，在打开的列表中选择【文档加密】|【密码加密】命令，进入【密码加密】页面，如图 3-15 所示。

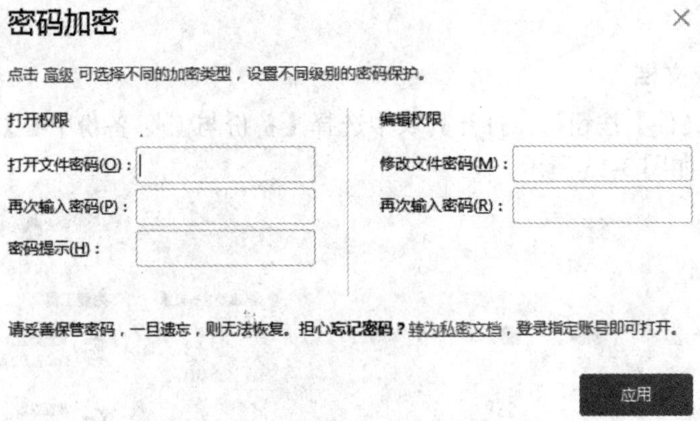

图 3-15 【密码加密】页面

在此可以设置密码，对文档进行加密保护，防止文档被他人看到或修改。

3. 拼写和语法

WPS 文字具有联机校对的功能，文本录入完成后，有时会出现一些不同颜色的波浪线。对于英文来说，拼写和语法功能能够发现一些很明显的单词、短语或语法错误。如果出现单词拼写错误，则英文单词下面自动加上红色波浪线；如果有语法错误，则英文句子下面自动加上绿色波浪线。但是对于中文来说，此项功能不太准确，用户可以选择忽略。

4. 查找文本——以查找“办公信息”为例

单击【开始】选项卡中的【查找替换】图标，弹出【查找和替换】对话框，在【查找】选项卡的【查找内容】文本框中输入“办公信息”，如图 3-16(a)所示，重复单击【查找下一处】按钮即可详细定位到每一处“办公信息”出现的地方。

5. 替换文本——以将“办公信息”替换为“办公信息自动化”为例

对于一个比较长的文档来说，如果把文本用手动的方法一个一个地替换可能会漏掉一部分文本。但是利用替换功能就可以进行自动全部替换，单击【查找和替换】对话框的【替换】选项卡，在【查找内容】文本框中输入“办公信息”，在【替换为】文本框中输入“办公信息自动化”，如图 3-16(b)所示，单击【全部替换】按钮，就会对文档中所有出现的“办公信息”进行替换。

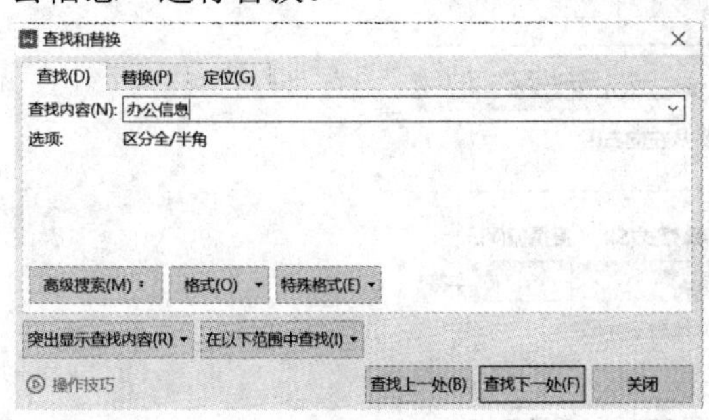

(a)【查找】选项卡

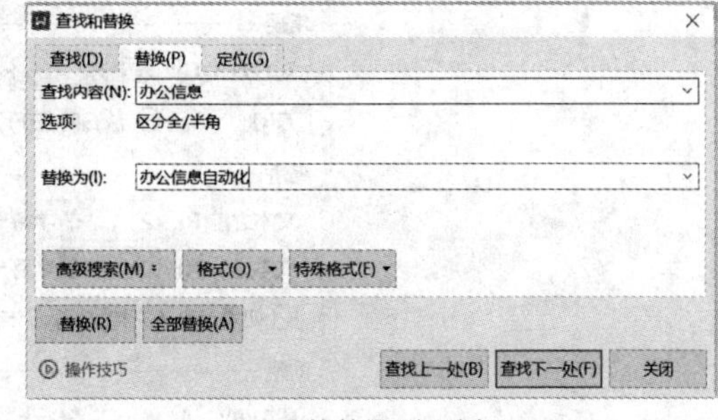

(b)【替换】选项卡

图 3-16 【查找和替换】对话框

6. 使用制表位

通常情况下，用段落可以设置文本的对齐方式，但在某些特殊的文档中，有时候需要在一行中有多种对齐方式，如图 3-17 所示的四个题目，其选项 A、B、C、D 对齐。

13. 第一台电子计算机是 1946 年在美国研制的，该机的英文缩写名是（　　）。

A. ENIAC　　B. EDVAC　　C. EDSAC　　D. MARK－Ⅱ

14. 以下软件中，（　　）不是操作系统软件。

A. Windows XP　　B. UNIX　　C. Linux　　D. Microsoft Office

15. 世界上首次提出存储程序计算机体系结构的是（　　）。

A. 莫奇莱　　B. 艾仑 · 图灵　　C. 乔治 · 布尔　　D. 冯 · 诺依曼

16. 世界上第一台电子数字计算机采用的主要逻辑部件是（　　）。

A. 电子管　　B. 晶体管　　C. 继电器　　D. 光电管

图 3-17 使用制表位的试题

WPS 文字中的制表位就是可以在一行内实现多种对齐方式的工具。 制表位的设置通常有标尺法和精确设置两种方法。

1) 标尺法

例如，试卷中有选择题和判断题，在制作试卷选择题答案选项时，往往需要对其多个答案选项进行纵向对齐。单击【视图】选项卡，勾选【标尺】复选框，选中所有的答案行，先将其设定为首行缩进 2 个字符，单击标尺最左端，出现左对齐制作符时，在标尺 10、20 和 30 字符处分别单击鼠标，这时会在标尺上出现三个左对齐的符号，如图 3-18 所示。在答案的 B、C、D 符号前分别按【Tab】键即可实现如图 3-17 所示的效果。

图 3-18 添加上制表符后的标尺

2) 精确设置法

标尺法的缺点是不能精确地设置其制表位的位置；而采用精确设置法可以精确地设置制表位。如上例，选中所有的答案行，单击【开始】选项卡中【段落】功能组右下角的启动按钮，弹出【段落】对话框，如图 3-19 所示。

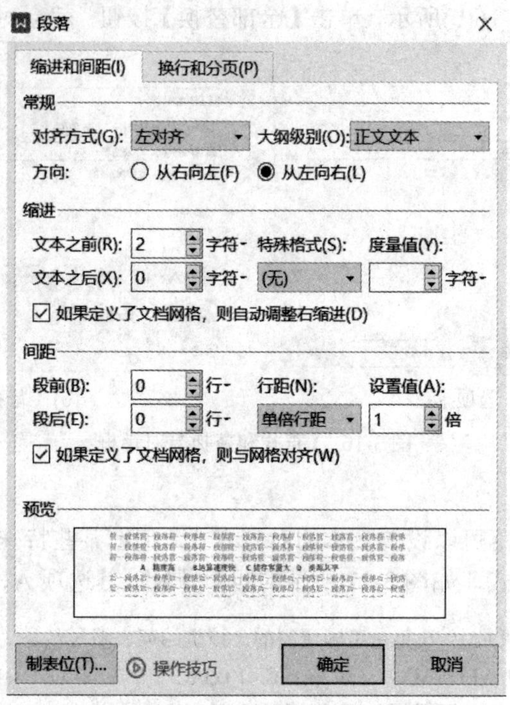

图 3-19 【段落】对话框

单击【制表位】按钮，弹出【制表位】对话框，在【制表位位置】中分别输入 10、20、30 字符，对齐方式选中【左对齐】，前导符选中【1 无】，每输入一个都单击一下【设置】按钮，如图 3-20 所示。

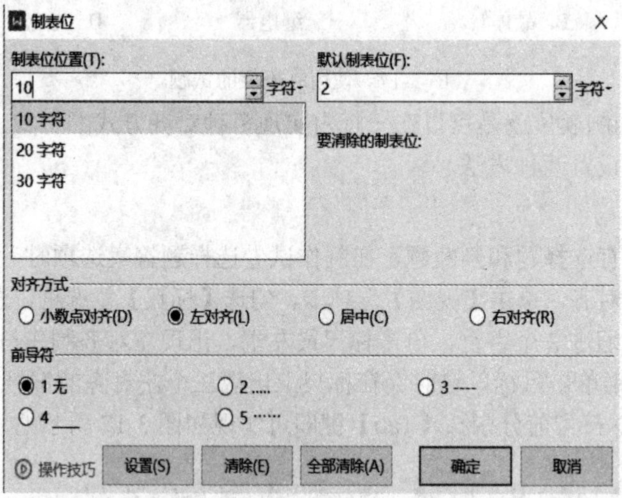

图 3-20 【制表位】对话框

单击【确定】按钮，再重复标尺设置法的步骤即可。

【制表位】对话框中包含了所有标尺上的对齐制表符，可以设置前导符。例如，判断题中括号前面的省略号就可以用制表位中的前导条符来制作。可以先调整后输入，操作步骤如下：

(1) 将光标定位在需要输入判断题的行，在【制表位】对话框的【制表位位置】文本框中输入“2”字符，【对齐方式】选中【左对齐】，【前导符】选中【1 无】，单击【设置】按钮；在【制表位位置】文本框中输入“10”字符，对齐方式选中【右对齐】，前导符选中【5…】，单击【设置】按钮后确定。

(2) 输入单项选择题的内容，按【Tab】键，此时会出现“……”前导符，再输入“(　　)”，这样一道判断题就制作完毕了，如图 3-21 所示。回车后制作下一道题，后面的试题依次类推。

判断题：

1. 文本的格式设置，可以一边录入文本一边进行编辑排版。……………………………（ ）

图 3-21　使用过制表符后的试题

3) 删除制表符

若想删除制表符，可以直接在标尺上把对齐符号拖曳下来，也可以打开【制表位】对话框，选择需要删除的制表符，单击【清除】按钮确定。

说明：制表位有好多种，有左对齐、右对齐、居中式、竖线式和小数点式等，在标尺的左端用鼠标单击就可以交替出现。

7. 页面设置

在文档打印输出之前，必须进行页面设置，这样打印出来的文档才正确美观。选择【页面布局】选项卡，如图 3-22 所示。在【页面设置】功能区可设置页边距、纸张方向、纸张大小等。

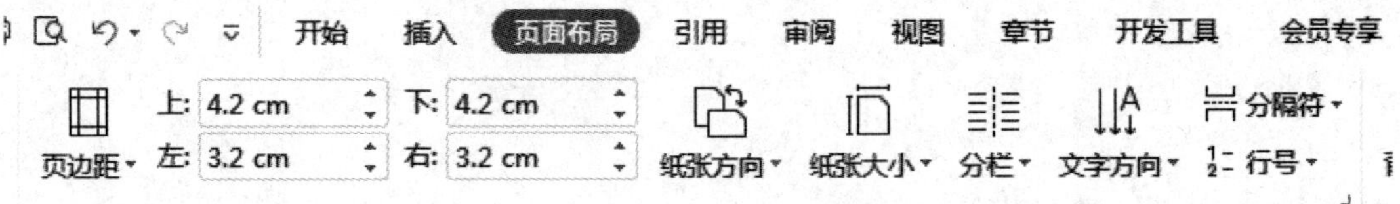

图 3-22 【页面布局】对话框

任务 3.2　制作图文混排散文文档“背影”

WPS 文字具有图文混排的功能，可以在文档中插入图形、图片、艺术字、文本框、页面边框等，还可以为文档分栏排版，实现图文并茂。

本任务以朱自清的散文《背影》为例，利用 WPS 文字为它进行图文混排，使文章更加彰显艺术效果。文档排版后的效果如图 3-23 所示。

图 3-23 《背影》散文图文混排后的效果

3.2.1 录入文档并进行基本排版

把散文的原文录入，并为每段设置首行缩进两个字符，将正文的字体设置为“楷体”，字号为“四号”，行距设置为“固定值 25 磅”；将作者一行字体设置为“微软雅黑”“五号”“居中对齐”，如图 3-24 所示。

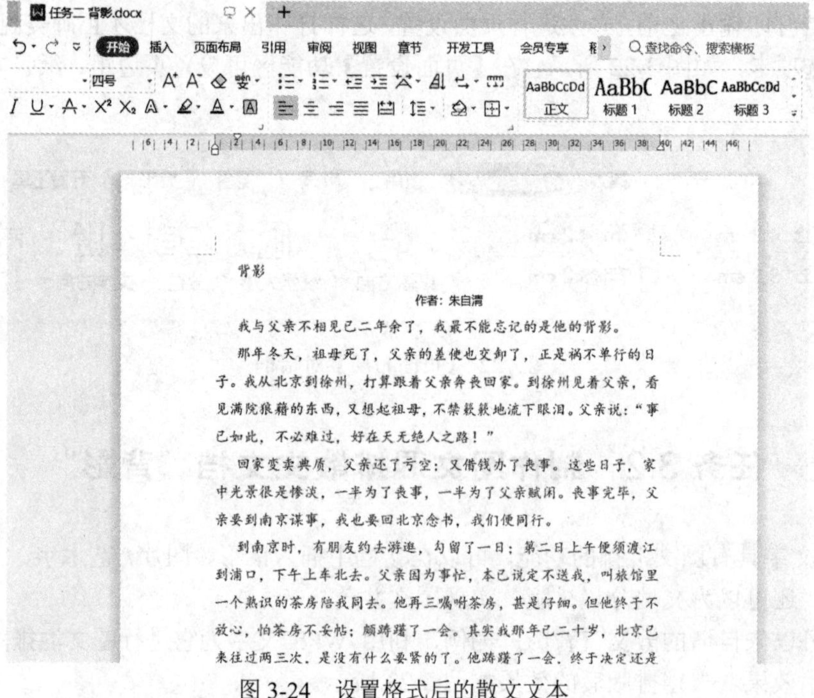

图 3-24 设置格式后的散文文本

3.2.2　设置首字下沉

选中正文的第一段，单击【插入】选项卡下的【首字下沉】命令，弹出【首字下沉】对话框，如图 3-25 所示，在【位置】栏单击【下沉】图标，在【选项】栏将下沉行数设置为“2”行，单击【确定】按钮。将下沉字选中，设置为“蓝色”，加字符底纹，结果如图 3-26 所示。

图 3-25 【首字下沉】对话框

我与父亲不相见已二年余了，我最不能忘记的是他的背影。那年冬天，祖母死了，父亲的差使也交卸了，正是祸不单行的日子。我从北京到徐州，打算跟着父亲奔丧回家。到徐州见着父亲，看见满院狼藉的东西，又想起祖母，不禁簌簌地流下眼泪。父亲说：“事已如此，不必难过，好在天无绝人之路！”

图 3-26　设置过首字下沉的文本效果

3.2.3　设置边框和底纹

步骤 1　选中第二段，单击【页面布局】选项卡中的【页面边框】图标，如图 3-27 所示，弹出【边框和底纹】对话框，如图 3-28 所示。

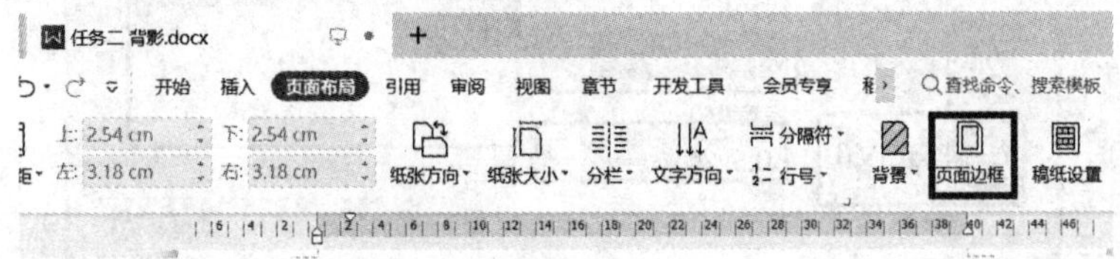

图 3-27 【页面边框】图标

步骤 2　在【边框】选项卡的【设置】区选择单击【方框】，在颜色中选择“蓝色”，在线型中选择“波浪线”，宽度选择“0.75 磅”如图 3-28(a)所示。

步骤 3　在【底纹】选项卡的【填充】区选择“橙色”，如图 3-28(b)所示。

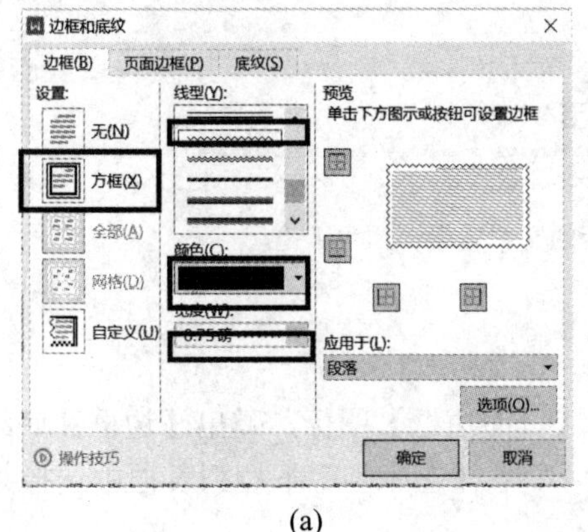

(a)

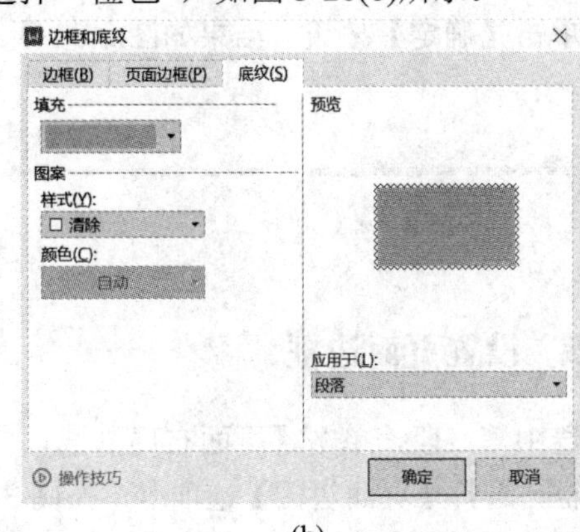

(b)

图 3-28　设置边框和底纹

单击【确定】按钮，效果如图 3-29 所示。

回家变卖典质，父亲还了亏空；又借钱办了丧事。这些日子，家中光景很是惨淡，一半为了丧事，一半为了父亲赋闲。丧事完毕，父亲要到南京谋事，我也要回北京念书，我们便同行。

图 3-29　设置边框和底纹后的效果

3.2.4　插入横线

选中标题下方的文本“作者：朱自清”后，选中第二段，单击【页面布局】选项卡的【页面边框】图标，弹出【边框和底纹】对话框，选择对话框中的【边框】选项卡，在【设置】中选择【自定义】命令，选择其中的一条横线，颜色设置为“绿色”，线型设置为“实线”宽度选 0.5 磅，在【预览】栏中预览设置的横线，只保留下方的横线，如图 3-30 所示。

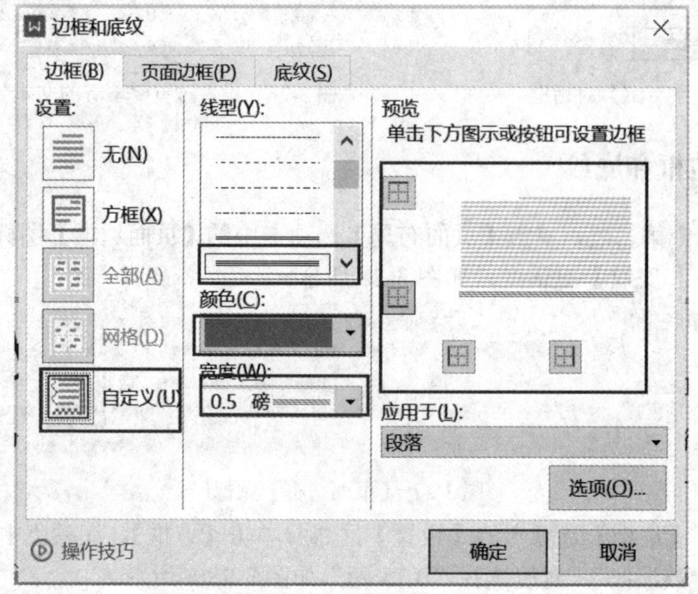

图 3-30　【边框】选项卡

单击【确定】按钮，结果如图 3-31 所示。

作者：朱自清

图 3-31　插入横线后的文本效果

3.2.5　设置页面边框

选中第二段，单击【页面布局】选项卡中的【页面边框】图标，弹出【边框和底纹】对话框，选择【页面边框】选项卡，如图 3-32 所示，在【艺术型】下拉列表框中选择某一种图形，此时效果会出现在预览框中。

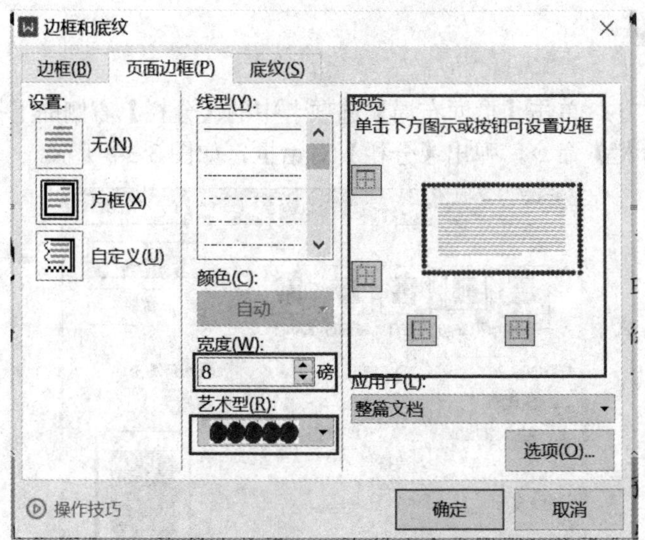

图 3-32　【页面边框】选项卡

单击【确定】按钮，结果如图 3-33 所示。

背影

作者：朱自清

我与父亲不相见已二年余了，我最不能忘记的是他的背影。

那年冬天，祖母死了，父亲的差使也交卸了，正是祸不单行的日子。我从北京到徐州，打算跟着父亲奔丧回家。到徐州见着父亲，看见满院狼藉的东西，又想起祖母，不禁簌簌地流下眼泪。父亲说："事已如此，不必难过，好在天无绝人之路！"

回家变卖典质，父亲还了亏空；又借钱办了丧事。这些日子，家中光景很是惨淡，一半为了丧事，一半为了父亲赋闲。丧事完毕，父亲要到南京谋事，我也要回北京念书，我们便同行。

到南京时，有朋友约去游逛，勾留了一日；第二日上午便须渡江到浦口，下午上车北去。父亲因为事忙，本已说定不送我，叫旅馆里一个熟识的茶房陪我同去。他再三嘱咐茶房，甚是仔细。但他终于不放心，怕茶房不妥帖；颇踌躇了一会。其实我那年已二十岁，北京已来往过两三次，是没有什么要紧的了。他踌躇了一会，终于决定还是自己送我去。我再三劝他不必去；他只说："不要紧，他们去不好！"

我们过了江，进了车站。我买票，他忙着照看行李。行李太多，得向脚夫行些小费才可过去。他便又忙着和他们讲价钱。我那时真是聪明过分，总觉他说话不大漂亮，非自己插嘴不可，但他终于讲定了价钱；就送我上车。他给我拣定了靠车门的一张椅子；我将他给我做的紫毛大衣铺好座位。他嘱我路上小心，夜里要警醒些，不要受凉。又嘱托茶房好好照应我。我心里暗笑他的迂；他们只认得钱，托他们只是白托！而且我这样大年纪的人，难道还不能料理自己么？我现在想想，我那时真是太聪明了。

我说道："爸爸，你走吧。"他往车外看了看，说："我买几个橘子去。你就在此地，不要走动。"我看那边月台的栅栏外有几个卖东西的等着顾客。走到那边月台，须穿过铁道，须跳下去又爬上去。

图 3-33　设置过页面边框的文本

3.2.6 段落分栏

选中第三段文字，单击【页面布局】选项卡中的【分栏】右侧的下拉箭头，在下拉列表中选择【更多分栏】命令，弹出【分栏】对话框，如图 3-34 所示。

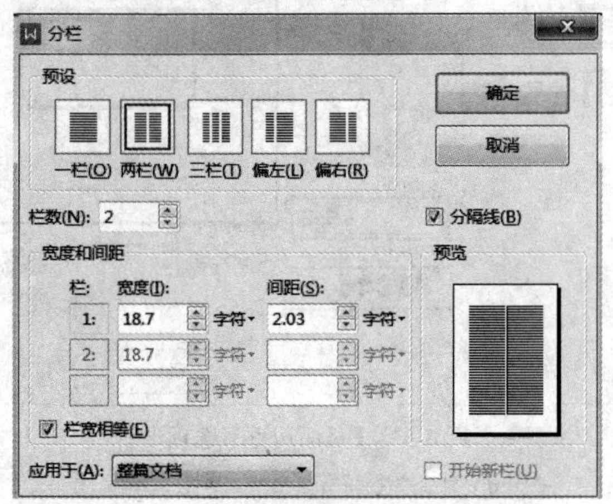

图 3-34 【分栏】对话框

在【预设】栏中选择单击【两栏】图标，勾选【分隔线】复选框，单击【确定】按钮，结果如图 3-35 所示。

到南京时，有朋友约去游逛，勾留了一日；第二日上午便须渡江到浦口，下午上车北去。父亲因为事忙，本已说定不送我，叫旅馆里一个熟识的茶房陪我同去。他再三嘱咐茶房，甚是仔细。但他终于不放心，怕茶房不妥帖；颇踌躇了一会。其实我那年已二十岁，北京已来往过两三次，是没有什么要紧的了。他踌躇了一会，终于决定还是自己送我去。我再三劝他不必去；他只说："不要紧，他们去不好！"

图 3-35　段落分两栏后的效果

在报刊和杂志上看到的文档正文，大都是以两栏甚至多栏的版式形式出现，使用 WPS 文字的分栏功能可以达到这样的效果。

分栏操作只有在页面视图下才能看到效果，在普通视图下我们见到的仍然是一栏，只不过栏宽是分栏的栏宽。

1. 删除分栏

在【分栏】对话框中将栏数重新设置为一栏即可。

2. 调整栏宽

在【分栏】对话框中输入栏宽数据，或者拖动分栏后标尺上显示的制表符标记。如果要精确地设置栏宽，可以在按住【Alt】键的同时拖动标尺上制表符标记。

3. 单栏与多栏的混排

虽然多栏版面很好看，但是有时需要将文档的一部分设置为单栏，比如文章标题和某一些小标题往往是通栏的，这需要进行单栏、多栏的混排。它的设置方法有两种：第一种分别选择所要分栏的文本，分别设置栏数和栏宽；第二种将文档按分栏数目的不同分别分节，每节内部设置不同的分栏效果。

4. 强制分栏

分栏时，一般按栏长相等原则或自动设置多栏的长度。使用分栏符也可以在文档的指定位置强制分栏。操作时，将光标移动到需开始新一栏的位置，单击【页面布局】选项卡中的【分隔符】图标，如图 3-36 所示，则从光标处开始就另起一栏，如图 3-37 所示。

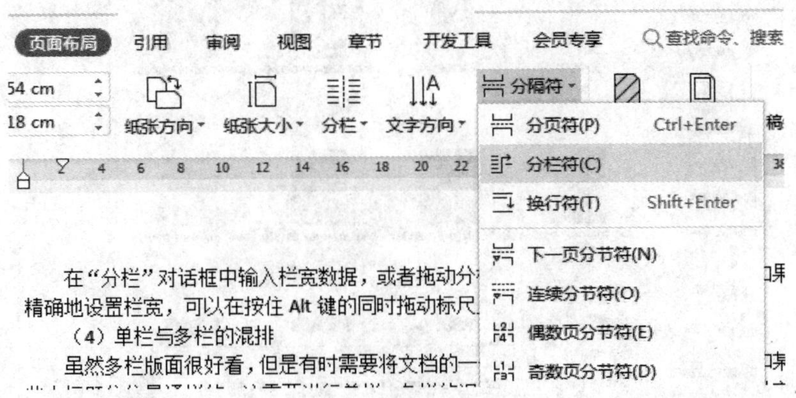

图 3-36 【分隔符】图标

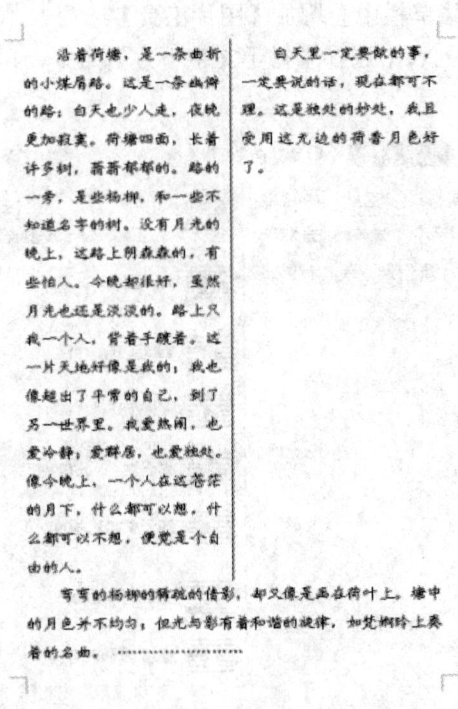

沿着荷塘，是一条曲折的小煤屑路。这是一条幽僻的路；白天也少人走，夜晚更加寂寞。荷塘四面，长着许多树，蓊蓊郁郁的。路的一旁，是些杨柳，和一些不知道名字的树。没有月光的晚上，这路上阴森森的，有些怕人。今晚却很好，虽然月光也还是淡淡的。路上只我一个人，背着手踱着。这一片天地好像是我的；我也像超出了平常的自己，到了另一世界里。我爱热闹，也爱冷静；爱群居，也爱独处。像今晚上，一个人在这苍茫的月下，什么都可以想，什么都可以不想，便觉是个自由的人。

白天里一定要做的事，一定要说的话，现在都可不理。这是独处的妙处，我且受用这无边的荷香月色好了。

弯弯的杨柳的稀疏的倩影，却又像是画在荷叶上。塘中的月色并不均匀；但光与影有着和谐的旋律，如梵婀玲上奏着的名曲。……………………

图 3-37　强制分栏后的效果

3.2.7　插入图片

步骤 1　将光标定位在第四段文本的前面，单击【插入】选项卡中的【图片】图标，弹出【插入图片】对话框，如图 3-38 所示，找到需要的图片，单击【打开】按钮，图片将被插入到文章中。此时，图片是嵌入在文档里的，不能移动，而且也没有起到背景的作用。

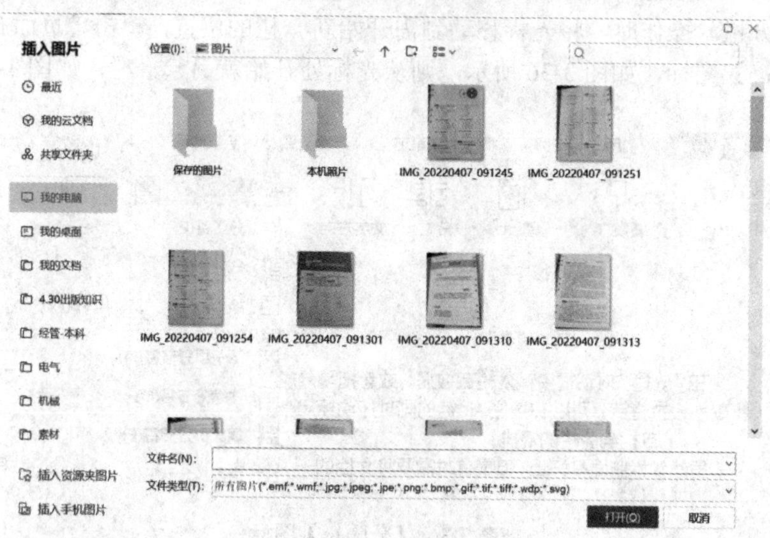

图 3-38　【插入图片】对话框

步骤 2　单击图片，菜单栏中会增加【图片工具】选项卡，如图 3-39 所示，单击【环绕】图标，在弹出的下拉列表中选择【衬于文字下方】命令，再用鼠标拖动图片进行大小和位置的调整。

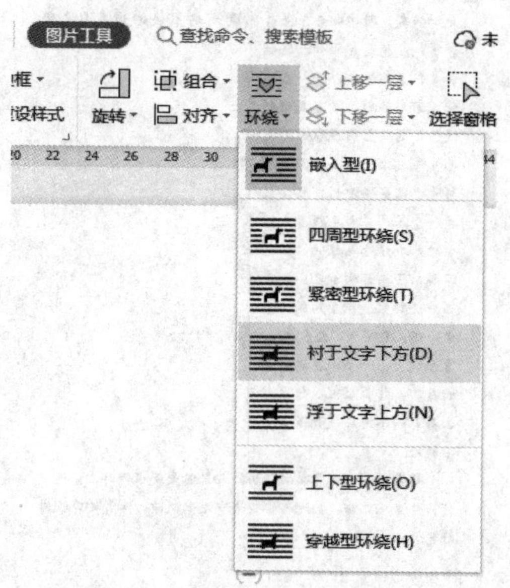

图 3-39　图片设置文字环绕方式

步骤 3　将第四段和第五段的文字调整为“白色”。结果如图 3-40 所示。

到南京时，有朋友约去游逛，勾留了一日；第二日上午便须渡江到浦口，下午上车北去。父亲因为事忙，本已说定不送我，叫旅馆里一个熟识的茶房陪我同去。他再三嘱咐茶房，甚是仔细。但他终于不放心，怕茶房不妥帖；

颇踌躇了一会。其实我那年已二十岁，北京已来往过两三次，是没有什么要紧的了。他踌躇了一会，终于决定还是自己送我去。我再三劝他不必去；他只说："不要紧，他们去不好！"

我们过了江，进了车站。我买票，他忙着照看行李。行李太多，得向脚夫行些小费才可过去。他便又忙着和他们讲价钱。我那时真是聪明过分，总觉他说话不大漂亮，非自己插嘴不可，但他终于讲定了价钱；就送我上车。他给我拣定了靠车门的一张椅子；我将他给我做的紫毛大衣铺好座位。他嘱我路上小心，夜里要警醒些，不要受凉。又嘱托茶房好好照应我。我心里暗笑他的迂；他们只认得钱，托他们只是白托！而且我这样大年纪的人，难道还不能料理自己么？我现在想想，我那时真是太聪明了。

图3-40　图片衬于文字下方后的效果

在文档中可以直接插入图片，一般情况下，图片主要来源于复制粘贴和文件。

(1) 来自复制粘贴。使用的时候只需复制粘贴相应的图片即可。具体方法：将光标定位在需要插入图片的位置，选择【Ctrl+V】即可粘贴。

(2) 来自文件。通过这种方法插入图片的前提是计算机磁盘或移动存储设备上必须有图片文件。具体方法：将光标定位在要插入图片的位置，单击【插入】选项卡中的【图片】图标，弹出【插入图片】对话框。如图3-41所示，选择需要插入的图片，单击【插入】按钮即可，结果如图3-42所示。

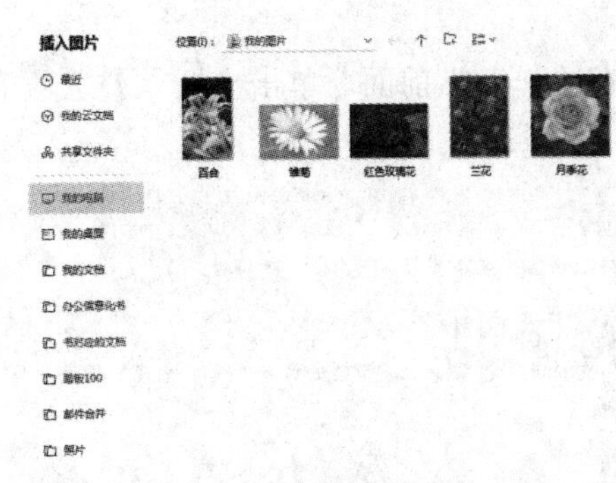

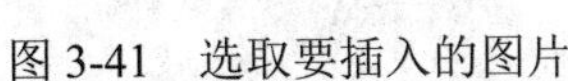
图3-41　选取要插入的图片

图3-42　文档中插入图片后的效果

插入图片后，可以在【图片工具】选项卡中设置图片的类型、样式、排列位置、大小等。具体设置内容如下：

【大小和位置】功能组：在此功能组中，可以对图片进行裁剪，也可以设置图片的高度和宽度。

【形状格式】功能组：在此功能组中，可以调整图片的背景、清晰度、色彩等效果，还可以调整设置图片轮廓和填充图片。调整图片的亮度、对比度、颜色饱和度及特定的艺术效果，也可以简单地设置图片不同色调的特殊效果，还可以压缩、更改或重设图片，设置图片的位置、文字环绕、对齐、组合、旋转等。操作方法：选中图片，单击鼠标右键，在弹出的快捷菜单中选择【设置对象格式】命令，则会在右侧出现【属性】对话框，如图 3-43 所示，在该对话框中也可以对图片格式进行设置。

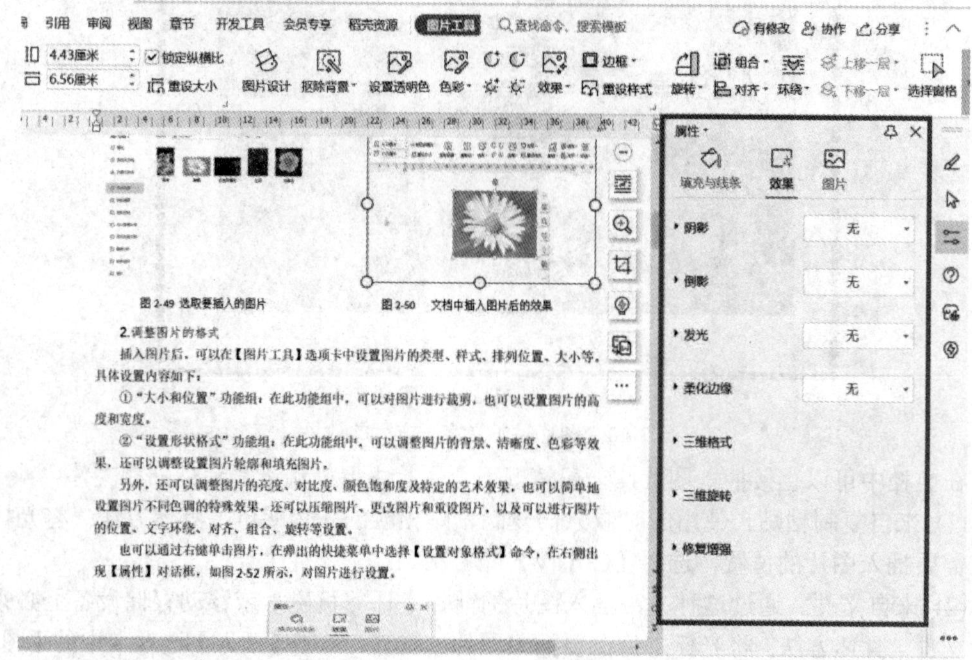

图 3-43 【属性】对话框

3.2.8 插入艺术字

将标题“背影”两个字删除，然后将光标定位在“作者”前面，单击【插入】选项卡中的【艺术字】图标，打开艺术字的【预设样式】，如图 3-44 所示。

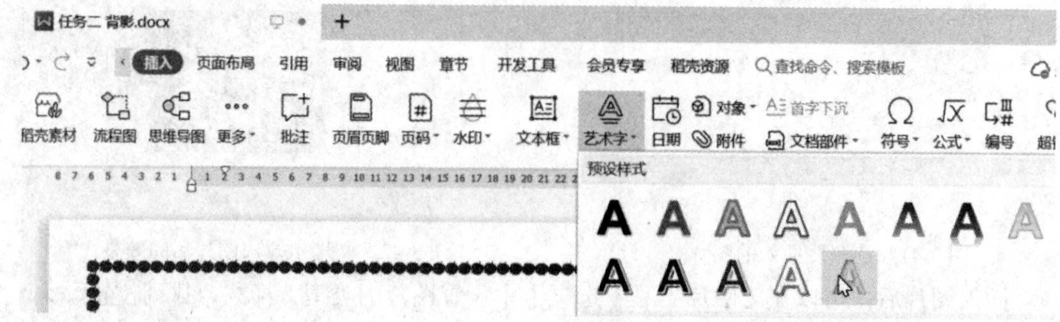

图 3-44 艺术字【预设样式】

选择样式，页面中出现“请在此放置您的文字”文本框，如图 3-45(a)所示；同时菜单栏会自动出现【文本工具】选项卡，如图 3-45(b)所示。

(a)【请在此设置您的文字】文本框

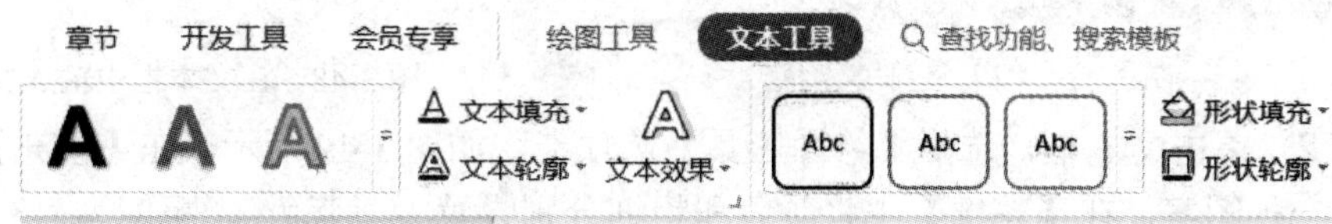

(b)“文本工具”选项卡

图 3-45　插入艺术字

在该文本框中输入“背影”两个字，将字号设置为“一号”，结果如图 3-46 所示。

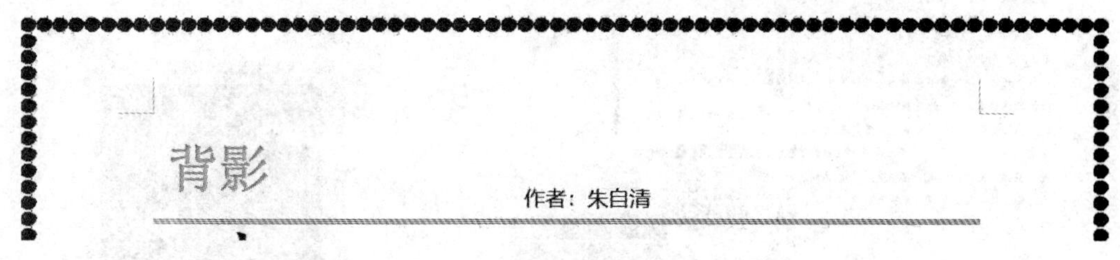

图 3-46　设置过格式的艺术字

说明：插入图片的时候，默认的版式是嵌入式，嵌入式是将图片插入在光标之后，不容易移动，所以如果想做到真正的“图文混排”，就要设置图片的版式。剪贴画、照片、艺术字、图形、组织结构图、图表等图片类型的对象在和文本混排的时候最好都要进行版式的设置。

【文本工具】选项卡包括字体、段落、文本效果格式、形状格式等功能组。具体设置内容如下：

(1) 字体功能组：重新编辑艺术字的形状、大小、颜色、轮廓等。

(2) 段落功能组：重新调整艺术字的间距、文字的宽度、将文字竖排和设置多行艺术字的对齐方式等。

(3) 文本效果格式功能组：重新设置艺术字的字库样式，艺术字的填充颜色、线条轮廓的线型和粗细、形状，也可以设置艺术字的阴影效果以及阴影的位置，三维效果及三维旋转角度等。

(4) 形状格式功能组：设置艺术字所在文本框的形状、颜色及阴影效果等。

3.2.9　插入竖排文本框

步骤 1　输入文字。把光标定位在文档结尾处，选择【插入】选项卡，单击【文本框】命令，在其下拉列表中选择【竖向】命令，如图 3-47 所示。画一个文本框，向其中输入“时间都去哪儿了？”，设置为“楷体”“小三”“粗体”“倾斜”，如图 3-48 所示。

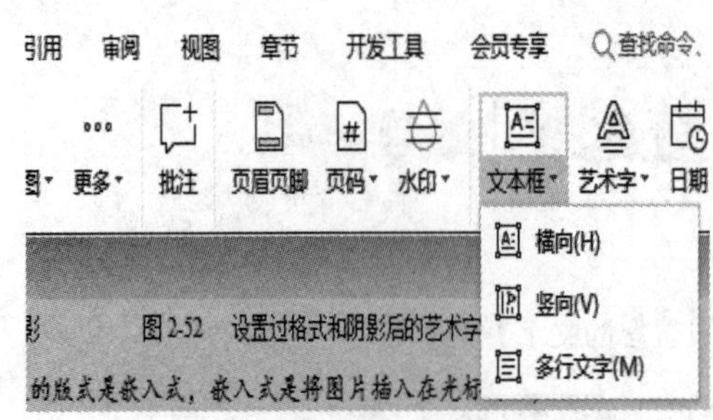

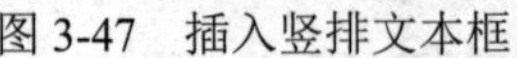

图 3-47 插入竖排文本框

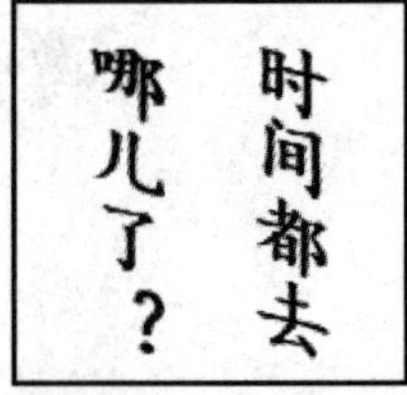

图 3-48 在文本框中输入文字

步骤 2 单击文本框，选择【绘图工具】选项卡，如图 3-49 所示，在【填充】下拉列表中选择一种图案，在【轮廓】中将颜色和粗细分别设置为“蓝色”，粗细为“3 磅”，最后在【形状效果】中设置文本框的阴影效果，结果如图 3-50 所示。

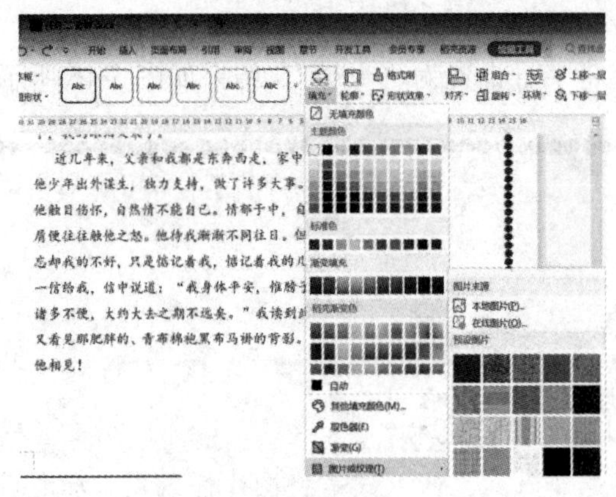

图 3-49 文本框的填充效果

图 3-50 文本框的最终效果

3.2.10 设置页眉

页眉在文档中每个页面的顶部区域，可以在页眉和页脚中输入文本或图形，其中包括页码、日期、图标等。这些信息一般显示在文档每页的顶部或底部。

单击【插入】选项卡中【页眉页脚】命令，如图 3-51 所示，当前光标处于页眉区，输入“散文欣赏：背影”几个字，并将其居中，设置为“隶书”“四号”，效果如图 3-52 所示。

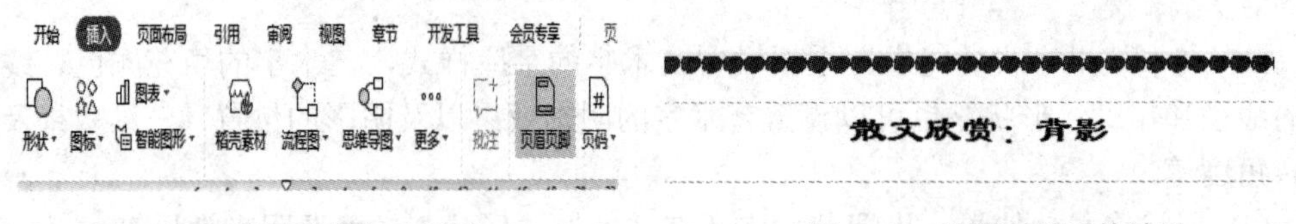

图 3-51 【页眉页脚】对话框

图 3-52 设置页眉后的效果

3.2.11 设置页码

单击【插入】选项卡中【页码】命令，在【预设样式】中单击【页码】命令，弹出【页码】对话框，如图 3-53 所示，在下拉列表中选择【样式】和【位置】。此时自动在页面底部插入一个居中位置的数字页码，效果如图 3-54 所示。

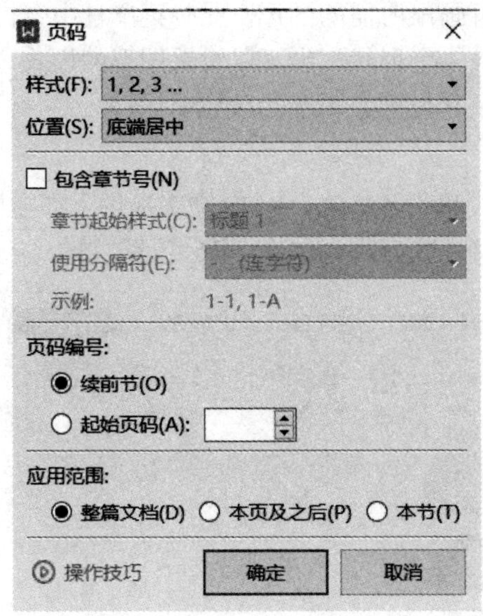

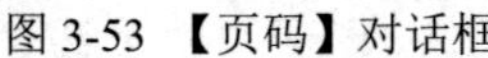
图 3-53 【页码】对话框

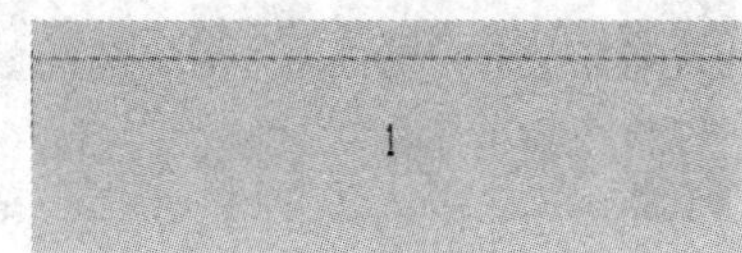

图 3-54 插入页码的效果

3.2.12 拓展

1. 插入形状图形

1) 绘制形状图形

WPS 文字提供了多种自选图形，单击【插入】选项卡中的【形状】图标，打开【预设】菜单，如图 3-55 所示。

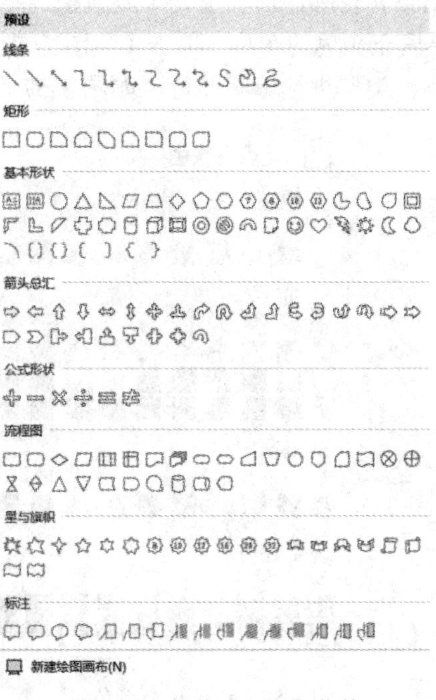

图 3-55 形状【预设】菜单

选择所需的图形，拖动鼠标进行绘制即可画出所需的图形，此时菜单栏中会自动出现【绘图工具】选项卡，通过该选项卡可以插入多个形状，也可以设置图形的样式、填充颜色和线条轮廓等格式以及阴影效果、三维效果和排列、大小的设置。

2) 设置形状图形的格式

常见的图形格式一般包括图形的填充格式和线条格式。WPS 文字提供了许多样式库，展开【绘图工具】选项卡中的样式库可以直接选择套用，如图 3-56 所示。

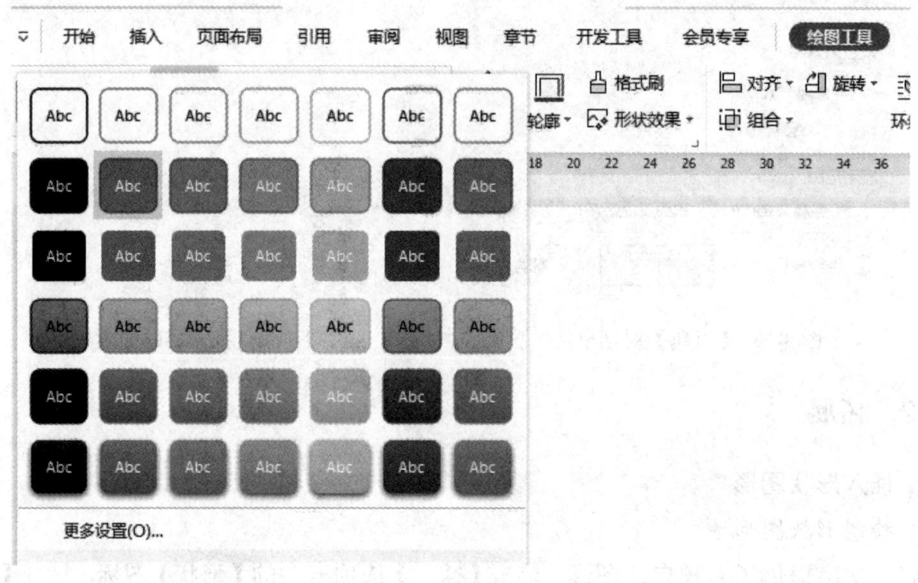

图 3-56　可套用形状的格式

也可以单独设置形状填充和轮廓，形状填充一般包括纯色、渐变颜色、纹理、图案或者图片，填充方法：选中要填充颜色的图形，单击【绘图工具】选项卡中的【填充】图标，在下拉列表中选择相应的颜色类型进行填充即可，如图 3-57 所示。

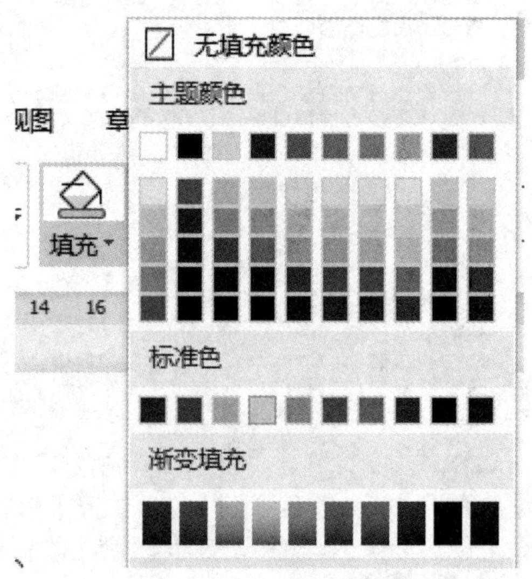

图 3-57　设置填充颜色

形状轮廓一般包括形状的线条颜色、粗细和类型。单击【绘图工具】选项卡中的【轮廓】图标，设置形状外边框线的类型、粗细、颜色和图案，如图 3-58 所示。还可以为图形更改形状：单击【绘图工具】选项卡中的【编辑形状】命令，在下拉列表中选择【更改形状】命令，如图 3-59 所示，选择某一种不同形状即可改变图形的形状。

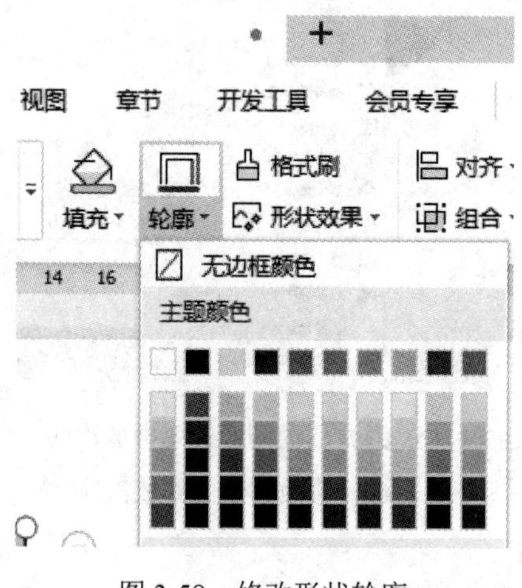

图 3-58　修改形状轮廓

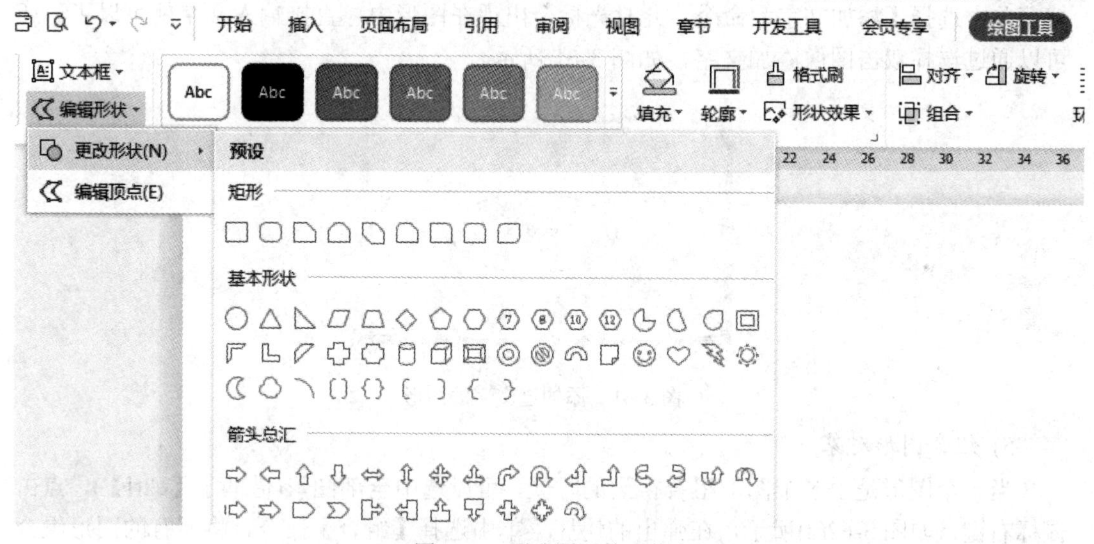

图 3-59　更改图形的形状

3) 修改图形的叠放次序

当插入的图形叠放在一起时，后来绘制的图形可能会遮盖之前绘制的图形，如图 3-60(a)所示。如果想让被遮盖的图形显示出来，可以改变它们的叠放次序。操作方法：选择想要看到的图形，点击鼠标右键，在弹出的快捷菜单中选择【置于顶层】命令(如图 3-60(b)所示)，在下拉菜单中选择【上移一层】命令，如图 3-60(c)所示。

说明：图形的叠放次序还可以单击图形单击【绘图工具】选项卡中的【上移一层】或【下移一层】图标，在这两个命令的下拉列表中有【置于顶层】或【置于底层】命令，通过选择这些命令设置图形不同的叠放次序。

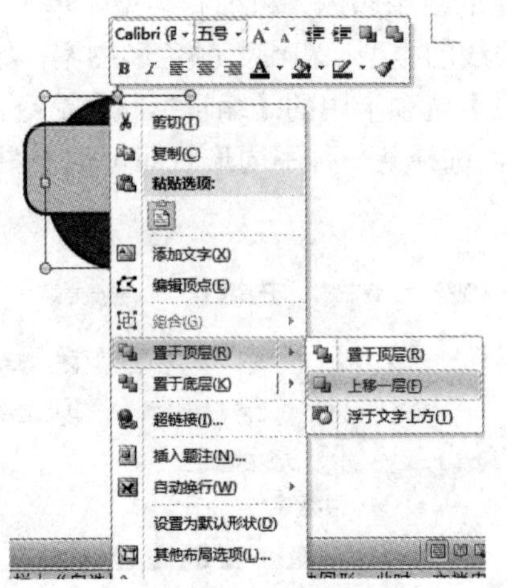

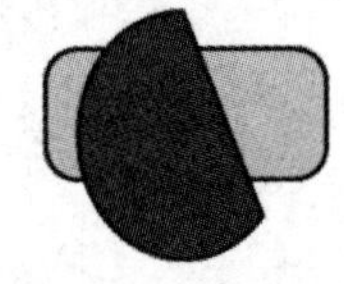

(a) 两个叠放一起的图形　　(b) 为叠放的图形改变叠放次序　　(c) 改变叠放次序的效果

图 3-60　修改图形的叠放次序

4) 为形状图形添加文字

形状图形里还可以添加文字。方法如下：选中形状图形，单击鼠标右键，在弹出的快捷菜单中选择【添加文字】命令，此时光标会出现在图形中，直接输入文字就可以了。还可以通过选择双击图像添加文字，如图 3-61 所示。

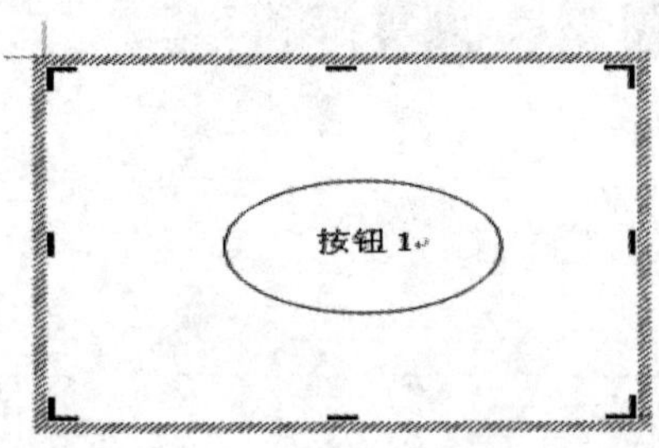

图 3-61　添加过文字的图形

5) 组合图形对象

当一个图形是由多个图形组合得到的时候，可以选中全部图形(借助于【Ctrl】)，点击鼠标右键，如图 3-62(a)所示，在弹出的快捷菜单中选择【组合】命令，将所有的图形组合成一个图形，如图 3-62(b)所示。组合过的图形可以作为一个整体进行缩放和移动，还可以复制到其他文档中。

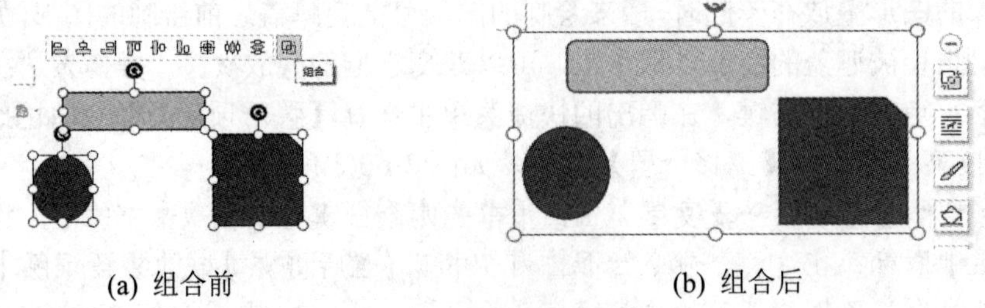

(a) 组合前　　(b) 组合后

图 3-62　组合图形对象

说明：图形组合后还可以取消组合，步骤和组合时一样，如果遇到复杂的图形，还可以分批组合。

6) 制作流程图

利用 WPS 文字中的绘图功能可以绘制一些简单的流程图。如图 3-63 所示的程序流程图的一部分为例，介绍利用 WPS 工具制作流程图。

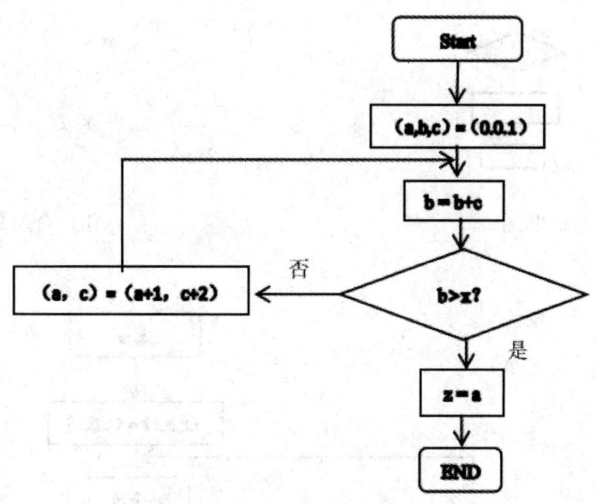

图 3-63　程序流程图示例

本流程图的制作主要运用了流程图基本图形使用、带箭头直线的绘制以及文本框设置等相关内容，这也是制作流程图所必须使用的基本工具。操作步骤如下：

(1) 绘制框图。单击【插入】选项卡中【流程图】按钮右侧的下拉箭头，在下拉列表中选择【新建空白图】命令，此时弹出一个新的页面，在编辑区按住鼠标左键，选中带圆角的矩形图框进行拖动，画出第一个图框，并复制一个。再按照以上步骤拖动出所需菱形图框，最后效果如图 3-64(a)所示。

(2) 输入文字。选中第一个图框，单击鼠标右键选择【编辑文本】命令，输入“Start”。用同样的方法为其他图框分别添加上文字“(a,b,c) = (0,0,1)”“b = b+c”“b>x”“z = a”“END”“(a,c)=(a+1,c+2)”。按下【Ctrl】键连续选中多个图框，在所有图框都被选中的状态下，单击选择【编辑】选项卡，在工具栏中设为“Times New Rome”“小五”，结果如图 3-64(b)所示。

(3) 对齐图形。选择第一个图框“Start”，按住【Ctrl】键的同时依次选中右边的五个图框，单击【排列】选项卡的【对齐】|【居中对齐】命令。利用相同的方法将左边的图框与菱形图框水平居中。

(4) 绘制线条。选中需要连线的图形，单击鼠标右键，在弹出的快捷菜单中选择【创建连线】命令，把你想连在一起的两个图形，通过鼠标控制线的方向连在一起，如图 3-64(c)所示。

(5) 输入“是”“否”分支文字。为决策框的两个分支分别输入文字“是”“否”：分别在相应位置建立两个文本框，输入“是”和“否”，然后将文本框的线条颜色、填充颜色均设为“无色”。

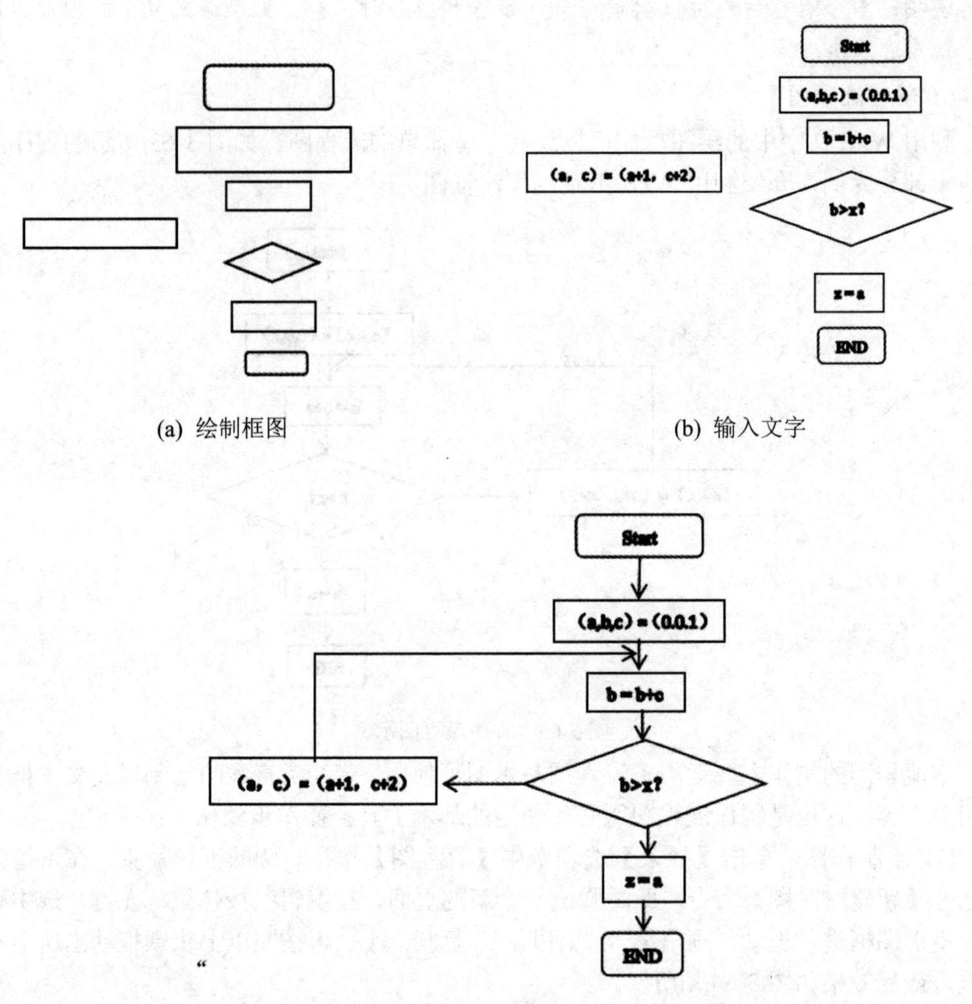

(a) 绘制框图　　(b) 输入文字

(c) 绘制线条

图 3-64　绘制流程图

(6) 组合流程图。选择全部形状对象，对形状图形进行组合，将所有的图形组合成一个整体图形。

2. 插入 SmartArt 图形

SmartArt 图形工具有 100 多种图形模板，有列表、流程、循环、层次结构、关系、矩阵和棱锥图等七大类。利用这些图形模板可以设计出各种各样的专业图形，并且能快速对幻灯片的特定对象或者所有对象设置多种动画效果，而且能够即时预览。

下面以插入组织结构图为例，介绍如何使用 SmartArt 图形工具，操作步骤如下：

1) 插入组织结构图

单击【插入】|【智能图形】命令，在下拉列表中选择【智能图形】命令，弹出【选择智能图形】对话框，如图 3-65 所示，选择【组织结构图】，确定后会出现如图 3-66 所示的 SmartArt 图形。

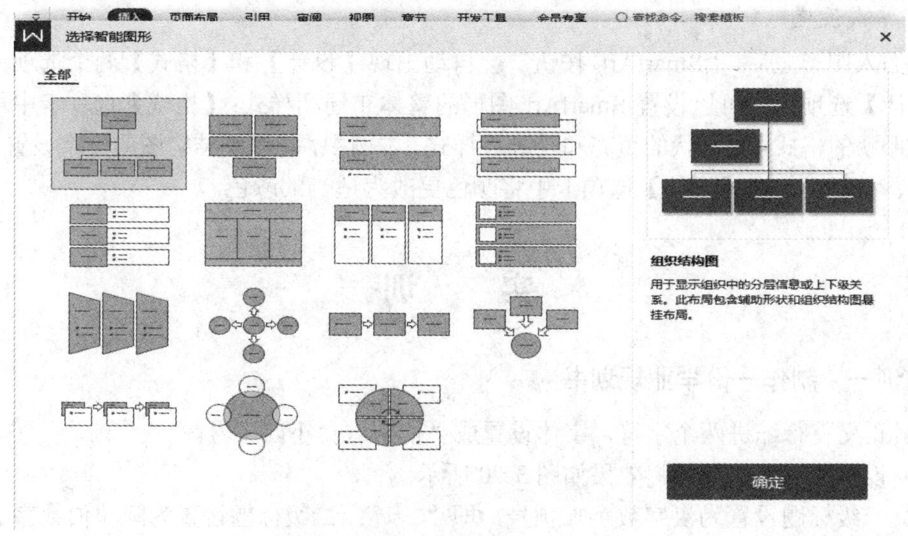

图 3-65 【选择智能图形】对话框

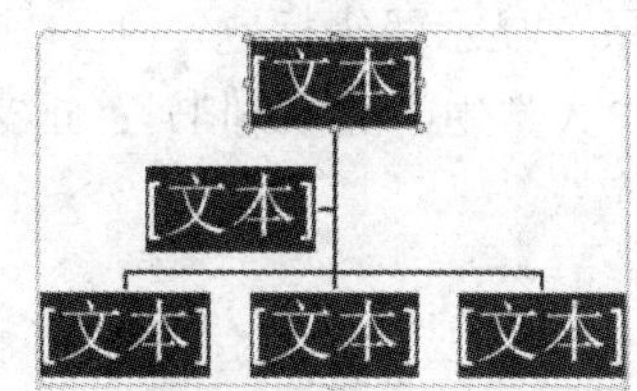

图 3-66　组织结构图

2) 输入文本

在 SmartArt 图形中直接单击文本框输入文本，如图 3-67 所示，输入相应的文本内容，结果如图 3-68 所示。

图 3-67　单击输入文本　　图 3-68　输入文本内容

3) 添加形状

选择【采购部】，在右侧的快捷菜单中选择【添加项目】|【在后面添加项目】命令，在添加的形状中输入“人事部”，如图 3-69 所示。

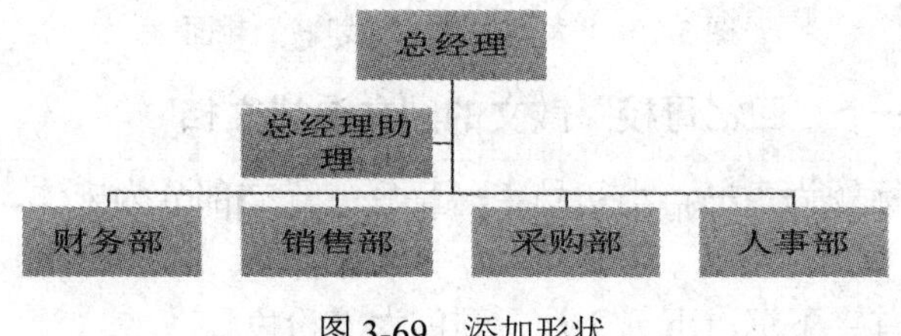

图 3-69　添加形状

4) 格式设置

在插入图形之后，“SmartArt 按钮”会自动出现【设计】和【格式】两个选项卡。其中【设计】选项卡中可以设置 SmartArt 图形的整体布局和样式；【格式】选项卡中可以设置单独形状的格式，如形状的填充和轮廓等样式。本例中，将组织结构图的文字设置为“16号”字、“粗体”，在【设计】选项卡中将颜色更改为适当的颜色。

实　　训

实训一　制作一份学业规划书

(1) 正文首行缩进两个字符，字体设置成“仿宋”，“小四”号。

(2) 设置计划书的封面，效果如图 3-70 所示。

(3) 一级标题设置为汉字数字加顿号，即“一、”；二级标题设置为阿拉伯数字加点，即“1.”。

(4) 在封面后正文前添加目录，显示两级标题。

(5) 正文添加页眉，内容是“大学生学业规划书”；正文添加页码，以阿拉伯数字居中显示。

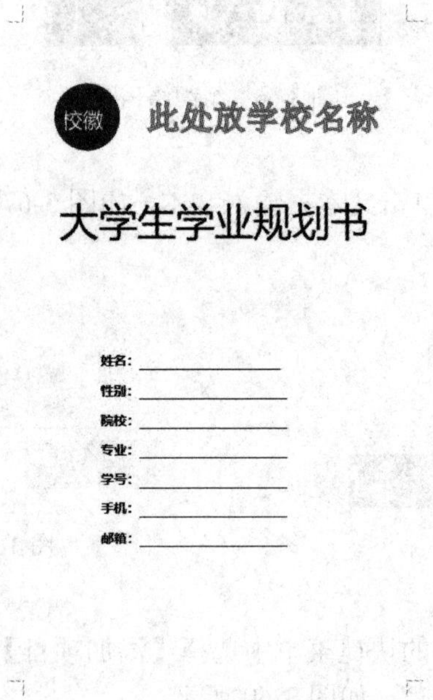

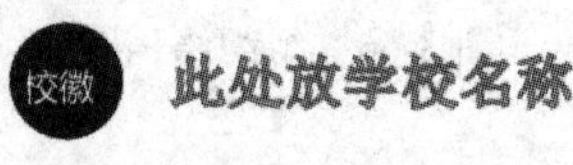

大学生学业规划书

姓名：__________
性别：__________
院校：__________
专业：__________
学号：__________
手机：__________
邮箱：__________

图 3-70 “大学生学业规划书”封面

实训二　制作一个“回忆母校”散文的图文混排文档

(1) 文本部分：标题为隶书、小初号字、蓝色；正文部分为宋体、小四号字，首行缩进 2 个字符。

(2) 第一段使用首字下沉，下沉 3 行、颜色为“粉色”。

(3) 为第二段添加边框和底纹，边框为“黑色”“实线”，底纹为“淡蓝色”，图案为“黑色下斜线”。

(4) 为第三段分两栏，有分隔线。

(5) 第四段中间插入一个竖排文本框，文字为“回忆母校”，边框为绿色、3 磅的实线，底纹为“粉色”，字体为“三号”，字体为“隶书”。

(6) 文本结束处插入一张图片，版式为“四周型”，添加一段艺术字，内容为“回望母校，不尽依依”，版式为“四周型”，颜色为“蓝色”，阴影样式为“20”。

(7) 页眉页脚的设置：页眉为“散文欣赏”、居中，下边框为“ ”；页脚为“母校－－我永远的牵挂”居中、黑体、四号字。

(8) 添加页面边框如图 3-71 所示的样式。

散文欣赏

回忆母校

岁月的流逝不但没有冲淡对母校的记忆，相反却越发清晰，彷佛就发生在昨天。闲暇时分，总会想起母校的师友；同学聚会，总会叙起母校的轶事；走进梦乡，总会神游母校的教室、操场、宿舍、食堂…

当揣去稚脸的稚气步入社会的时候，现实告诉我，我已不再属于母校，母校也已不属于我了。我忽然发现，原来我会思念她的每一个美丽瞬间，会回味她每一段历史气息！母校已属于过去，就像照片，定格在那个时段，她淡淡的气息，安静却又让我挥之不去……

怀念母校，缘于曾在那里的人，曾在那里发生的事，曾在那里挥洒的激情。其实感觉上不只是亲切，还有些牵挂，好像有什么东西留在那里了。也许曾经是快乐与伤感，也许曾经是欢歌和哭泣，但都在时光的流淌中化为温馨的记忆。

回望母校，不尽依依。母校是人生的驿站，但这个驿站却尘封我们人生最闪亮的一页，也在我们身上打上永远无法抹去的印记。时光如水，斗转星移，但唯一不变的是对母校的思念之情，这犹如一杯干醇的酒，历久弥香。

回忆母校

回望母校，不尽依依

母校－－我永远的牵挂

图 3-71　图文混排的文档效果图

项目 4　WPS 文字的高级应用

【项目目标】

- 了解大纲视图的特点和域的概念。
- 掌握文档审阅以及修订的方法。
- 熟练掌握论文的编排、科研论文公式的制作方法、脚注和尾注的添加、样式的使用、论文目录的制作等。

任务 4.1　制作长文档

在高级办公应用中，往往会遇到论文、著作等长文档的编排。长文档编排的复杂之处在于要求的格式比较统一，还可能包含目录、公式和科研图表的制作等。

制作一篇多页的文章，实例效果如图 4-1 所示。素材仅录入文字、图片和表格，并进行了缩进。

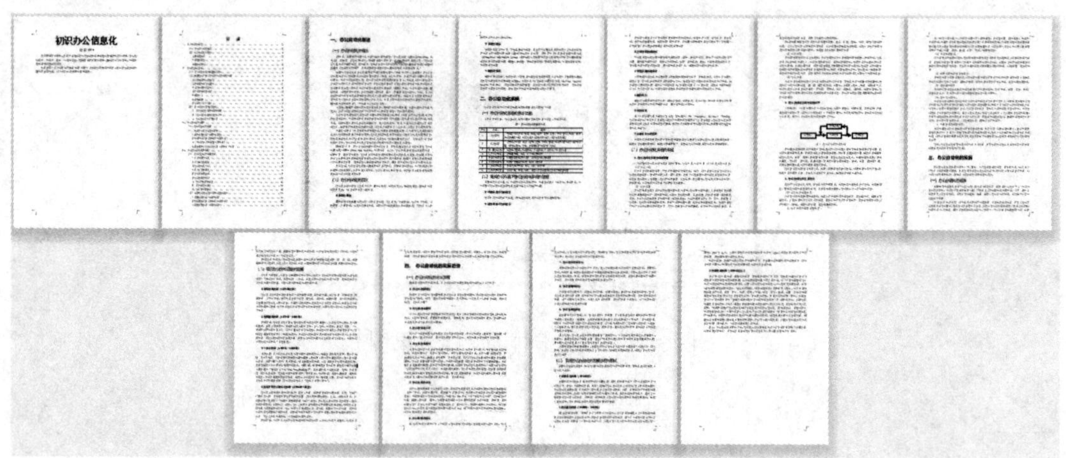

图 4-1　排版后的论文效果图

4.1.1　设置标题样式

在编辑复杂文档时，由于修改相同类型文本的次数比较多，因此逐个设置会很麻烦，虽然用【格式刷】能提高效率，但【格式刷】中的格式不能保存，文档关闭后增加标题仍需要重新设置。

WPS 文字在菜单栏中的【开始】选项卡中提供了样式功能，设置一个样式可以直接套用，以后还可以永久保存，这样同一级别的文本套用一种样式的文本，修改时只修改这种样式就相当于修改每一个文本格式。

在本例中，为了配合目录的制作，需要将标题制作成“标题 1”“标题 2”“标题 3”的级别样式，并且为了区别标题与正文内容的格式，还要统一修改标题的文本和段落格式。

在【开始】选项卡中的【预设样式】工具组中单击下拉三角，此时样式列表中显示了该文档使用的所有样式类型，如图 4-2 所示。

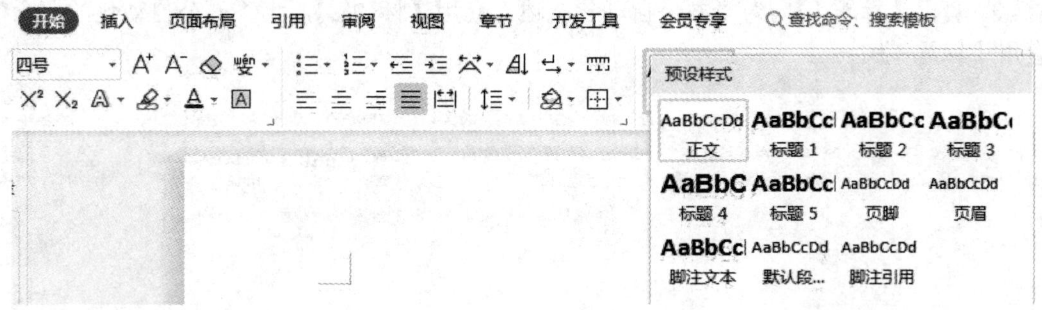

图 4-2 【预设样式】任务窗格

鼠标右键单击【标题 1】，在弹出的快捷菜单中选择【修改样式】命令，弹出【修改样式】对话框，如图 4-3 所示。在该对话框中对作为第一级标题的文字字体、字号、颜色、间距、缩进等进行设置。单击左下角的【格式】按钮，在弹出的菜单中选择需要的命令，可进行更多的设置。

将【标题 1】的样式设置为“微软雅黑”“小二”“单倍行距”；【标题 2】的样式设置为“微软雅黑”“四号”“单倍行距”；【标题 3】的样式设置为“微软雅黑”“五号”“单倍行距”“缩进 2 字符”。

修改样式
属性
名称(N): 标题 1
样式类型(T): 段落
样式基于(B): ↵ 正文
后续段落样式(S): ↵ 正文
格式
字体(F)...
段落(P)...
制表位(T)...
边框(B)...
编号(N)...
快捷键(K)...
文本效果(E)...
小二　B　I　中文
格式(O)　确定　取消

图 4-3 【修改样式】对话框

4.1.2 应用标题样式

选中第一行标题“初识办公信息化”，为该标题直接套用样式。为了以后能顺利地在目录中出现，将文章中的三级标题设置为样式列表中的“标题 1”和“标题 2”“标题 3”，方法如下：

将光标定位在需要套用“标题 1”样式的段落上，直接单击【样式】任务窗格中的【标题 1】，套用样式的“标题 1”。按照同样的方式套用“标题 2”和“标题 3”的样式。

将文章中所有需要设置的标题设置为相应的样式。如图 4-4 所示，为“初识办公信息化”套用【标题 1】，为“办公自动化概述”套用【标题 2】，为“办公自动化的概念”套用【标题 3】。

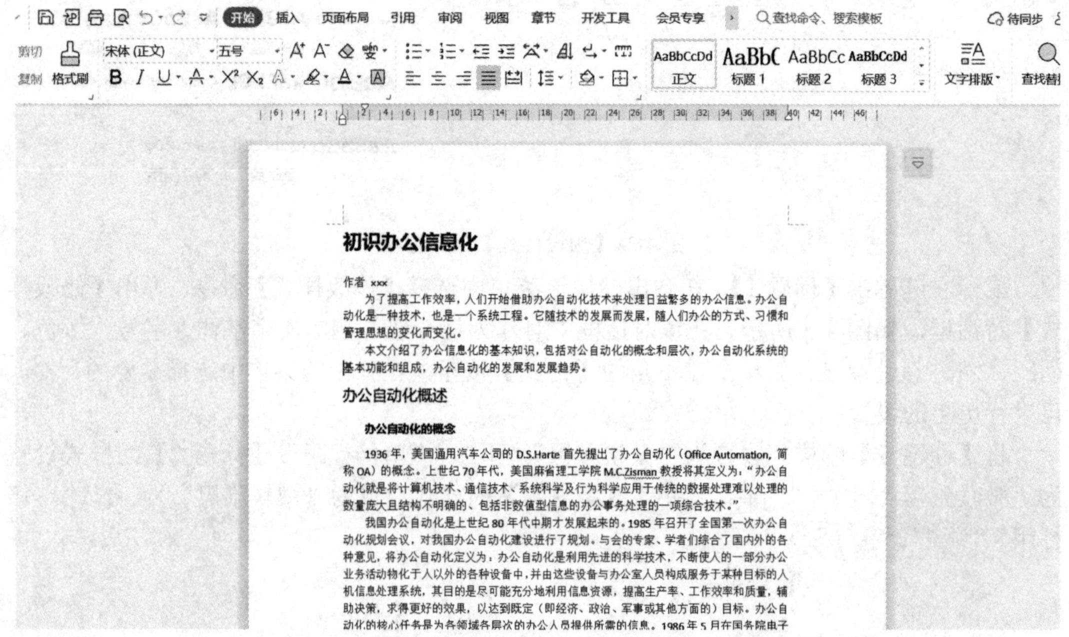

图 4-4 套用过标题样式的效果

注意：如果套用的样式段落的文本格式不符合要求，可以在【修改样式】对话框中设置标题的字体、字号、粗体、斜体、段间距等，完成修改后单击【确定】按钮，则同级别的标题都会按这个格式进行修改。

4.1.3 为标题添加编号

为了更好地区分标题的级别，要为所有标题添加多级别的编号，方法如下：用鼠标右键单击“标题 1”样式，在下拉列表中选择【修改样式】，弹出【修改样式】对话框，单击左下角的【格式】按钮，在下拉菜单中选择【编号】命令，弹出【项目符号和编号】对话框，选择【多级编号】选项卡，如图 4-5 所示。

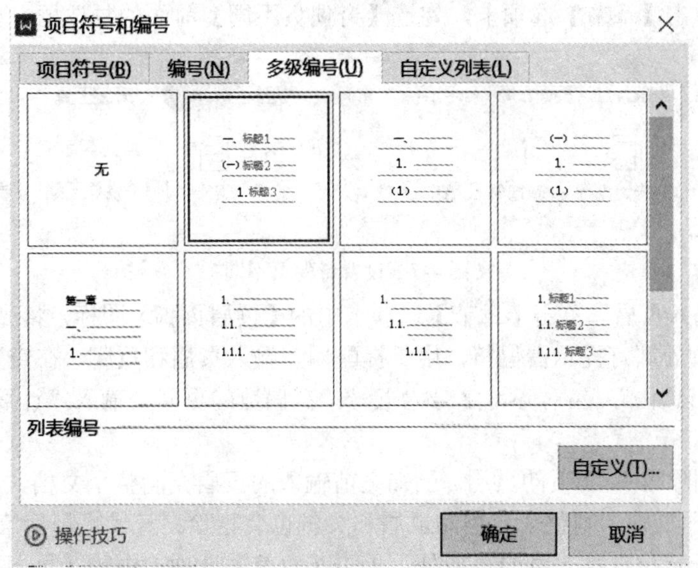

图 4-5 【项目符号和编号】对话框

添加多级编号后的文章效果如图 4-6 所示。

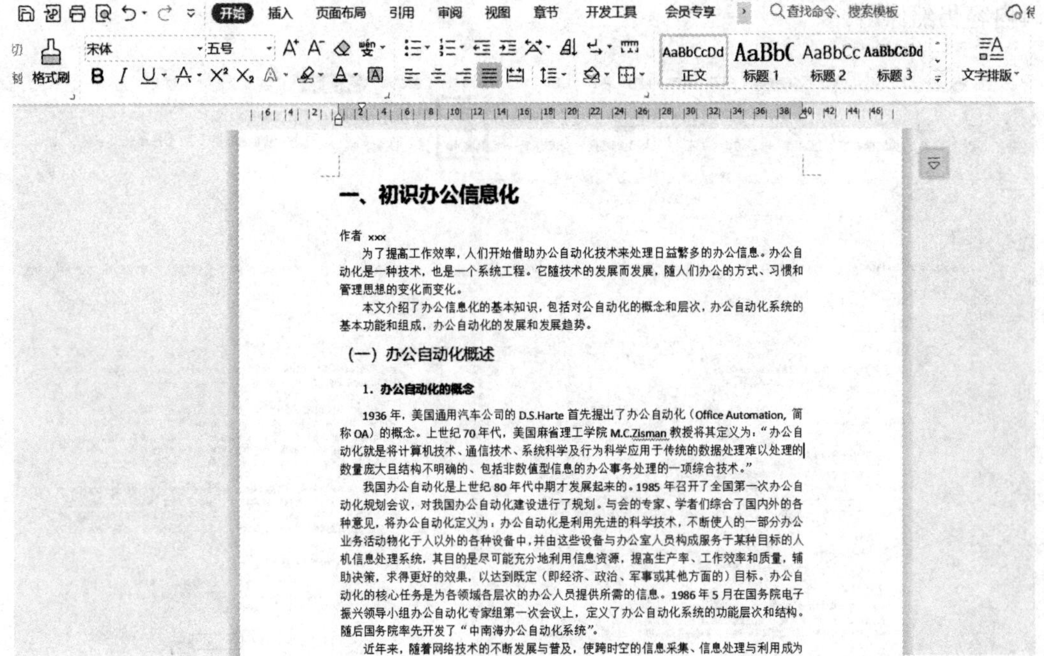

一、初识办公信息化

作者 xxx

为了提高工作效率，人们开始借助办公自动化技术来处理日益繁多的办公信息。办公自动化是一种技术，也是一个系统工程。它随技术的发展而发展，随人们办公的方式、习惯和管理思想的变化而变化。

本文介绍了办公信息化的基本知识，包括对办公自动化的概念和层次，办公自动化系统的基本功能和组成，办公自动化的发展和发展趋势。

（一）办公自动化概述

1. 办公自动化的概念

1936 年，美国通用汽车公司的 D.S.Harte 首先提出了办公自动化（Office Automation，简称 OA）的概念。上世纪 70 年代，美国麻省理工学院 M.C.Zisman 教授将其定义为：“办公自动化就是将计算机技术、通信技术、系统科学及行为科学应用于传统的数据处理难以处理的数量庞大且结构不明确的、包括非数值型信息的办公事务处理的一项综合技术。”

我国办公自动化是上世纪 80 年代中期才发展起来的。1985 年召开了全国第一次办公自动化规划会议，对我国办公自动化建设进行了规划。与会的专家、学者们综合了国内外的各种意见，将办公自动化定义为：办公自动化是利用先进的科学技术，不断使人的一部分办公业务活动物化于人以外的各种设备中，并由这些设备与办公室人员构成服务于某种目标的人机信息处理系统，其目的是尽可能充分地利用信息资源，提高生产率、工作效率和质量，辅助决策，求得更好的效果，以达到既定（即经济、政治、军事或其他方面的）目标。办公自动化的核心任务是为各领域各层次的办公人员提供所需的信息。1986 年 5 月在国务院电子振兴领导小组办公自动化专家组第一次会议上，定义了办公自动化系统的功能层次和结构。随后国务院率先开发了“中南海办公自动化系统”。

近年来，随着网络技术的不断发展与普及，使跨时空的信息采集、信息处理与利用成为

图 4-6　添加多级编号后的文章效果

4.1.4　插入页眉

在书稿中，奇数页和偶数页的页眉和页脚是不同的。本例中，奇数页页眉为书稿名称，左对齐；偶数页页眉为文章分类，右对齐；页脚为页码，书名页和目录页面不设置页眉。设置方法如下：

步骤 1 单击【章节】选项卡，勾选【奇偶页不同】前面的复选框，如图 4-7 所示。

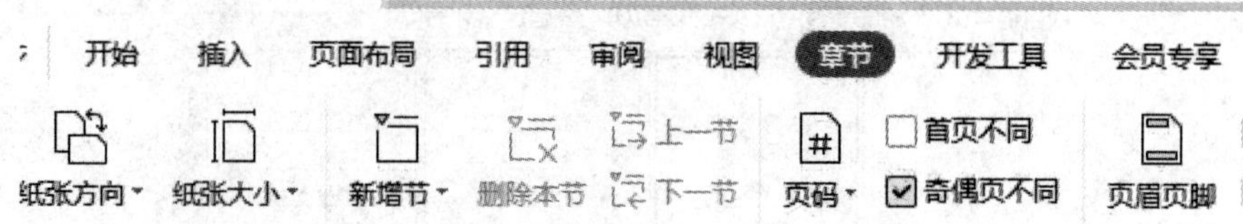

图 4-7 设置奇偶页不同

步骤 2 插入页眉。单击【章节】选项卡中的【页眉页脚】图标，将光标插入页眉区，此时页眉和页脚处都有提示占位符，用于提醒用户输入页眉和页脚。在奇数页的页眉处输入“初识办公信息化”，左对齐，字号为五号；在偶数的页眉处输入“计算机”，右对齐，字号为五号。

步骤 3 删除第 1、2 页的页眉。已知之前输入的页眉充满整个文档，若要直接删除第 1、2 页的页眉和页脚，则整个文档的页眉和页脚也会删除。若只想删除第 1、2 页的页眉和页脚，将光标定位在第 3 页的页眉处，单击【章节】选项卡中的【页眉页脚】工具组，将【同前节】取消，如图 4-8 所示。用同样的方法将第 3 页的页脚和第 4 页的页眉和页脚的【同前节】按钮都取消，然后将第 1、2 页中的页眉和页脚删除，这时后面的页眉和页脚内容仍然保留。

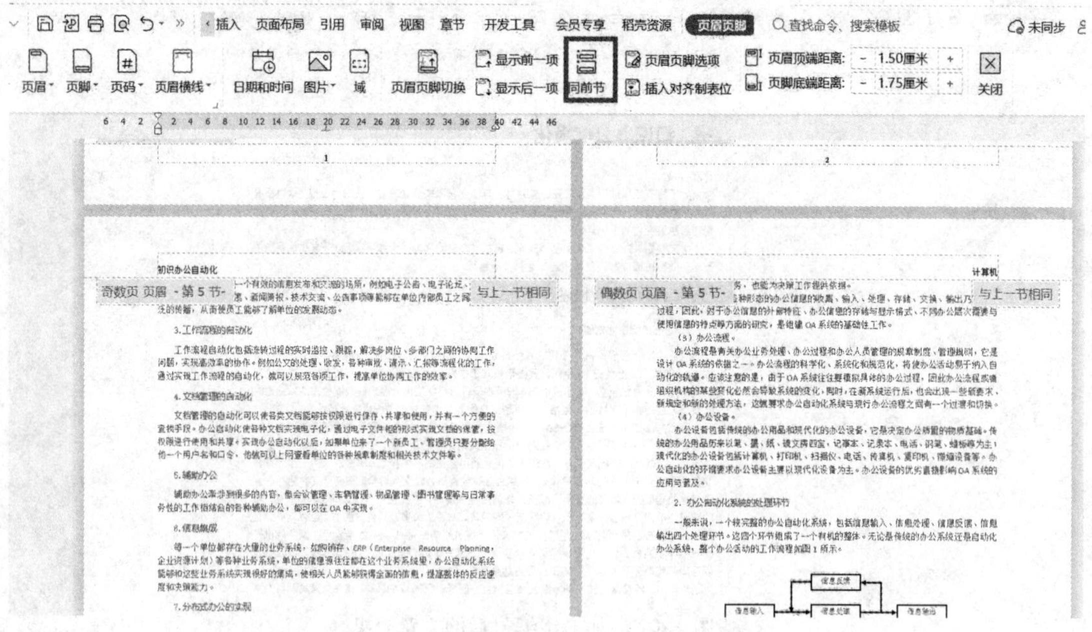

图 4-8 将第 3 页页眉中的【同前节】选项取消

4.1.5 插入页码

单击【插入】选项卡中的【页码】图标，在下拉列表中选择如图 4-9 所示的样式，切换到页脚区，插入页码即可。

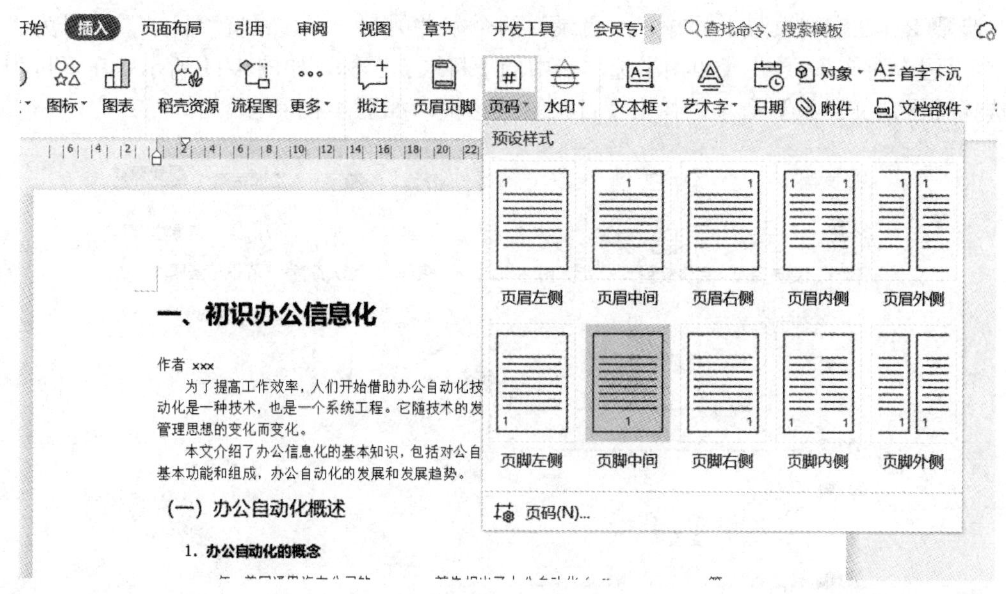

图 4-9　插入页码

4.1.6　制作目录

当文章写得比较长时，为了方便查阅，需要在正文前插入一个目录。WPS 文字可以自动搜索文档中的标题，建立一个规范的目录，可以快速找到内容，而且目录可以随着内容的变化自动更新。

目录的生成是建立在标题的文本样式上的，只有标题级别才能够生成目录，即只有采用了标题 1、标题 2……标题 9 样式的标题，才会出现在生成的目录中。

步骤 1　将光标定位在文章正文的最前面，单击【插入】选项卡中的【空白页】图标，此时文章题目和正文之间就多出一页空白页，如图 4-10 所示。

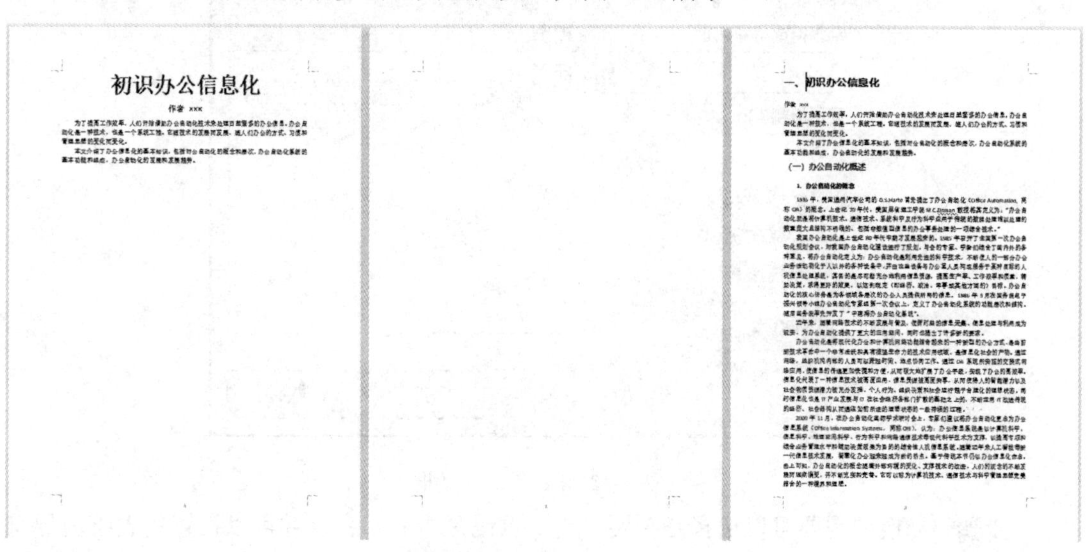

图 4-10　插入一页空白页

步骤 2　在空白页最上面输入“目录”两个字并另起一行，设置“目录”字号为“四号字”“居中对齐”。单击【引用】选项卡中的【目录】图标，如图 4-11 所示，在下拉列表中选择【自定义目录】命令，弹出【目录】对话框，如图 4-12 所示。

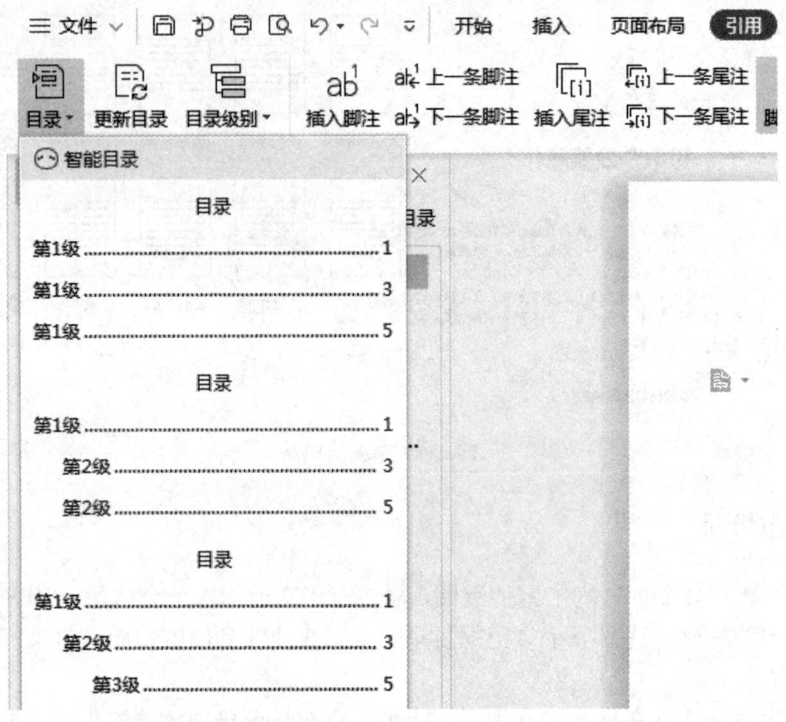

图 4-11　插入目录

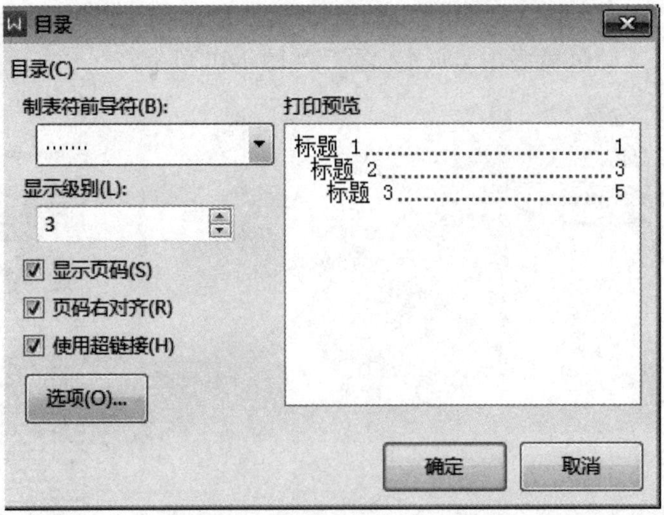

图 4-12 【目录】对话框

步骤 3　根据需要可以选择是否要页码、页码是否右对齐，并可以设置制表符前导符号、目录格式以及目录层次等。通常情况下，书稿要制作三级目录，因此没有特殊要求时，以上设置一般使用默认值即可。设置完毕后单击【确定】按钮。

此时，系统将会自动插入目录的内容，如图 4-13 所示。其中，灰色的底纹效果表示目录是以“域”的形式插入的，该底纹在打印预览和打印时不起作用。WPS 文字中的域底纹只在选取时显示，不选取时不会显示灰色底纹，如图 4-14 所示。

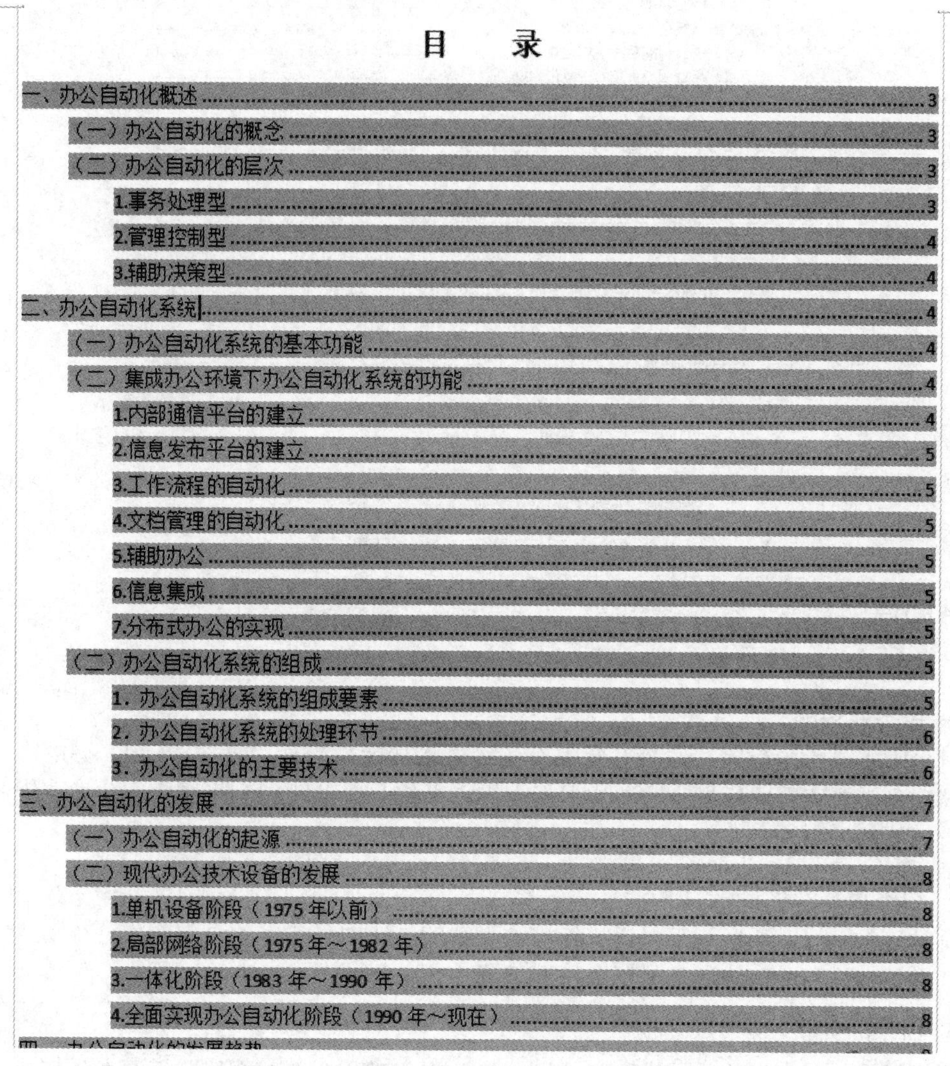

目 录

图 4-13 目录的制作效果

说明： 域是 WPS 文字中内容会发生变化的部分，或者文档(模板)中的占位符。最简单的域如在文档中插入的页码，它可以显示文档共几页，当前为第几页，并且会根据文档的情况自动进行调整。其他常用的域还有文档创建日期、打印日期、保存日期、文档作者与单位、文件名与保存路径等文档信息，段落、字数等统计信息，以及本节用到的索引与目录等。

利用域还可以在文档中插入某些提示行文字和图形，提示使用者键入相应的信息，比如有些信函模板中的提示文字“单击此处输入收信人姓名”等。

目　录

图 4-14　不显示底纹的目录

拓展知识

1. 目录的功能

目录除了是一个检索工具外，还具有超级链接功能。当使用者按【Ctrl】键的同时将光标移动到需要查看的标题上，单击鼠标左键，系统会自动跳转到指定内容位置，因此目录具有导航的作用。

2. 目录格式的设置

目录插入以后，其格式是可以进行再次设置的。选中目录区的全部或部分行后，就可以对其进行字体和段落排版，排版方法和普通文本一样。

3. 目录的更新

更新目录的最大好处是：当文章增删或修改内容时，会造成页码或标题发生变化，此时不必手动重新修改页码，只要在目录区单击鼠标右键，从弹出的如图 4-15 所示的快捷菜单中，选择【更新目录】命令，然后在弹出的如图 4-16 所示的【更新目录】对话框中，根据需要选择【只更新页码】或【更新整个目录】(选择此项，则当修改、删减标题时不仅页码更新，目录内容也会随着文章的变化而变化)，最后单击【确定】按钮即可。

还可以选择【引用】选项卡中的【更新目录】命令，弹出【更新目录】对话框，之后步骤不再赘述。

4. 目录的删除

选中目录区后，按【Delete】键即可将目录删除。

至此，文章排版的操作就全部完成了，效果如图 4-1 所示。

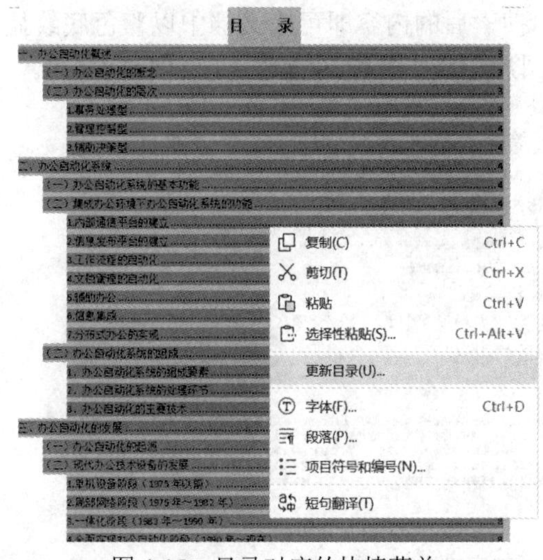

图 4-15　目录对应的快捷菜单

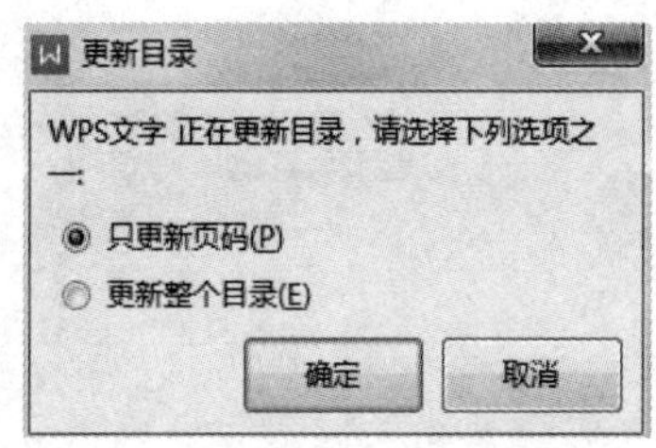

图 4-16　【更新目录】对话框

4.1.7　拓展

1. 导航窗格的使用

导航窗格是 WPS 文字中的一项功能，它是默认显示在文档编辑左边的一个独立的窗格，能够分级显示文档的标题列表并对整个文档快速浏览，同时还能在文档中进行高级查找。

选择【视图】选项卡中的【章节导航】命令，打开导航窗格，如图 4-17 所示。导航窗格分为四部分：目录、章节、书签、查找和替换。

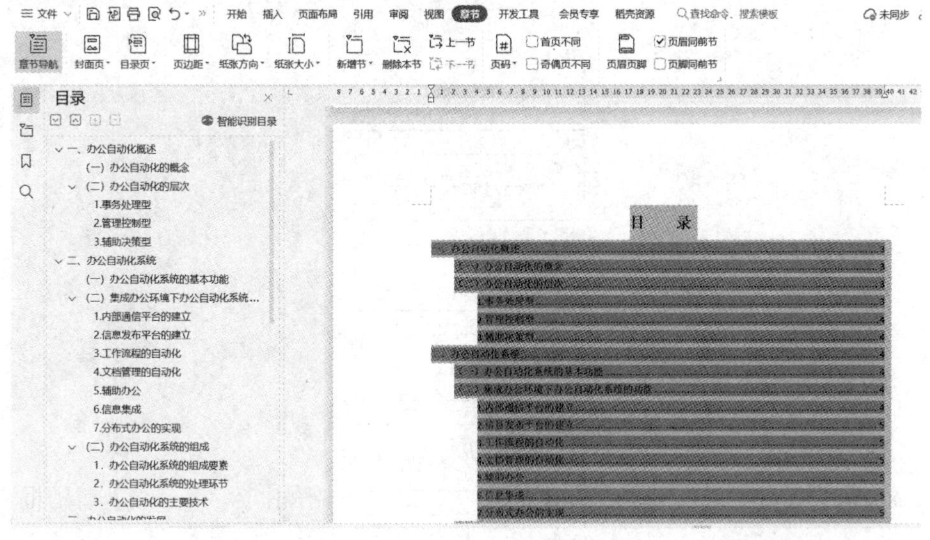

图 4-17　导航窗格

当处于浏览文档标题的状态时，可以单击标题左边的收缩/展开下拉箭头展开和折叠标题的列表，在文档标题列表中单击任一标题，右边的编辑区就会显示相应的文档内容。

若在文档中查找某一文本对象，单击左侧的搜索图标，此时出现【查找和替换】文本框，在文本框中输入内容，按【回车】键，搜索后的内容即可在文档中以彩色底纹显示，如图 4-18 所示。另外还可以在文档中搜索图片、公式、脚注/尾注、表格和批注等。

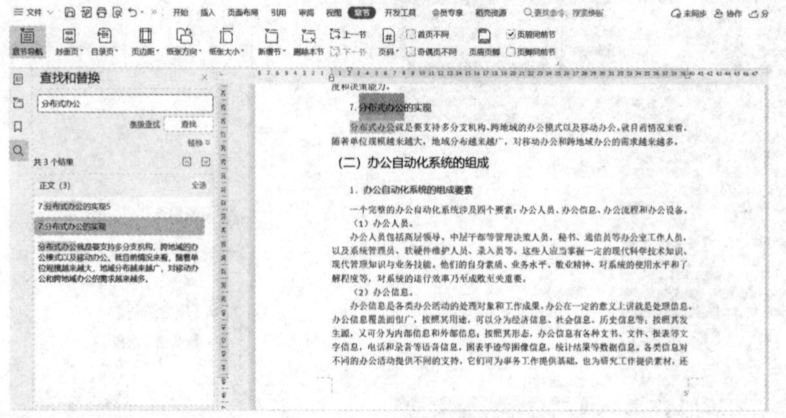

图 4-18　使用导航窗格进行查找

2. 公式的制作

在论文中，经常会出现各种数学、化学公式或表达式。公式常常会含有一些特殊符号，如积分符号、根式符号等，有些符号不但键盘上没有，在 WPS 文字的符号集中也找不到，并且公式中符号的位置变化也很复杂，仅用一般的字符和字符格式设置无法录入和编排复杂公式。在 WPS 文字中，制作公式的方法有两种：一种是选择【插入】选项卡的【公式】命令，如图 4-19 所示，选择其中的某个公式或选择【插入新公式】命令进行制作；另一种是利用 WPS 文字提供的 WPS 公式 3.0，可实现论文中各类复杂公式的编排：

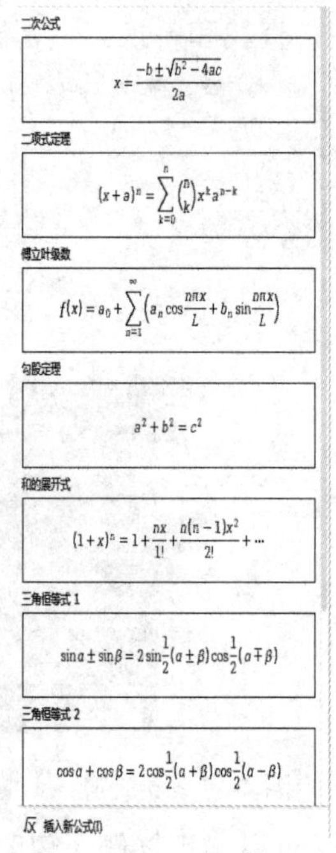

图 4-19　选择【公式】命令

(1) 启动公式编辑器。在 WPS 文字中，单击【插入】选项卡中的【对象】命令，弹出如图 4-20 所示的【插入对象】对话框，在“对象类型”列表中选择“WPS 公式 3.0”选项，然后单击【确定】按钮。如图 4-21 所示，屏幕上会显示出【公式编辑器】窗口，同时在窗口中出现一个输入框，光标在其中闪动，输入公式时，输入框随着输入公式长短而发生变化，整个表达式被放置在公式编辑框中，此时窗口处于公式编辑状态。

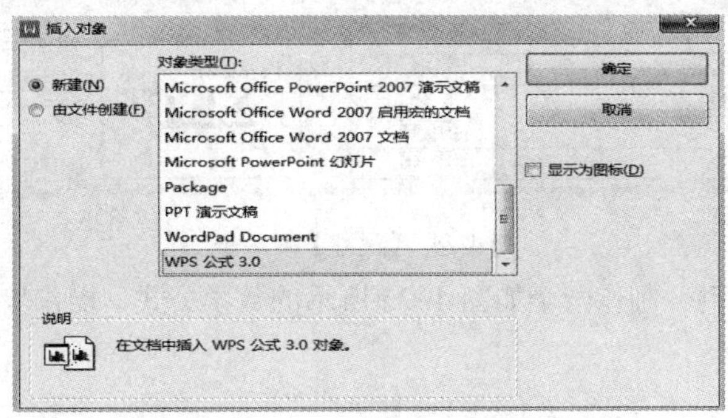

图 4-20 【插入对象】对话框

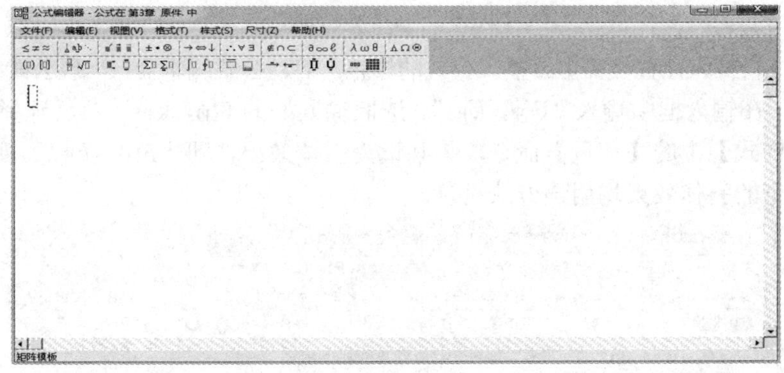

图 4-21 【公式编辑器】窗口

公式编辑器启动后，WPS 文字窗口中出现公式编辑器窗口。此时，公式编辑器窗口中除了菜单栏之外，还有【符号】和【模板】两个工具栏。

①【符号】工具栏。【符号】工具栏位于【公式】工具栏的上方，它为用户提供了各种数学符号。【符号】工具栏包含 10 个功能按钮，每一个按钮都可以提供一组同类型的符号。各按钮的名称如图 4- 22 所示。

②【模板】工具栏。【模板】工具栏是制作数学公式的工具栏，提供了百余种基本的数学公式模板，如开方、求和、积分等，分别保存在九个模板子集中。单击某个子集按钮，各种模板就会以微缩图标的形式显示出来。各按钮的名称如图 4- 23 所示。

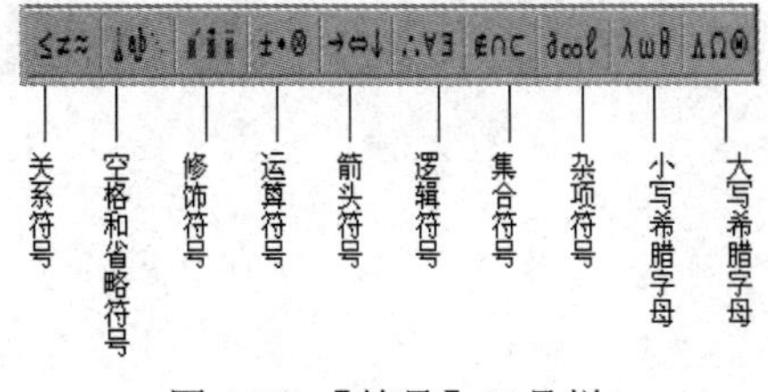

图 4-22 【符号】工具栏

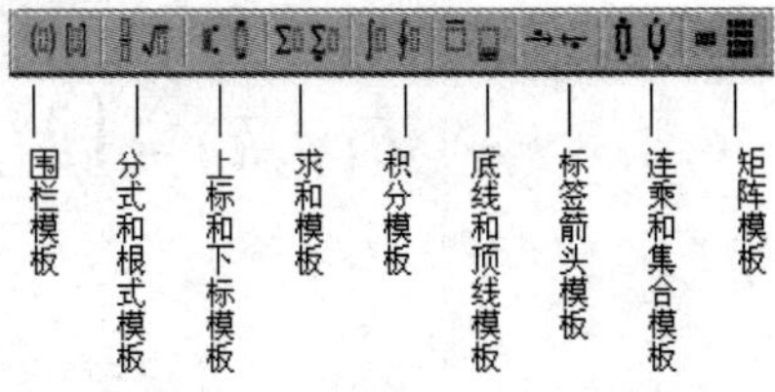

图 4- 23 【模板】工具栏

由于输入默认的公式符号尺寸比较小，所以，通常情况下要先对公式的尺寸进行设置，设置方法如下：选择【尺寸】中的【定义】，打开【尺寸】对话框，如图 4-24 所示。在这个对话框里，可以对公式的任何一个类型的符号进行字号大小的设置。设置完毕后，单击【确定】。

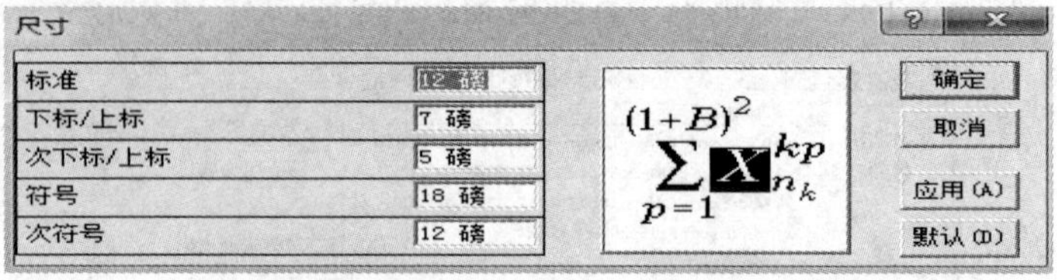

尺寸	
标准	12 磅
下标/上标	7 磅
次下标/上标	5 磅
符号	18 磅
次符号	12 磅

$$(1+B)^2 \sum_{p=1} X_{n_k}^{kp}$$

确定　取消　应用(A)　默认(D)

图 4-24 【尺寸】对话框

(2) 公式编辑实例。制作一个如图 4-25 所示的数学公式，操作步骤如下：

$$F(\phi,k)=\int_0^{\phi}\frac{d\phi}{1-k^2\sin^2\phi}$$

图 4-25　数学公式效果

步骤 1　将插入点置于文中要插入公式的位置，启动公式编辑器，出现公式编辑器窗口。

步骤 2　在输入框中输入“F(ϕ，k)=”。选取输入好的 F(ϕ，k)=，然后选择此时窗口主菜单中的【样式】中的【变量】命令，将其设为斜体效果，即“$F(\phi,k)=$”，如图 4-26 所示。以下变量的斜体效果均用该方法设置。

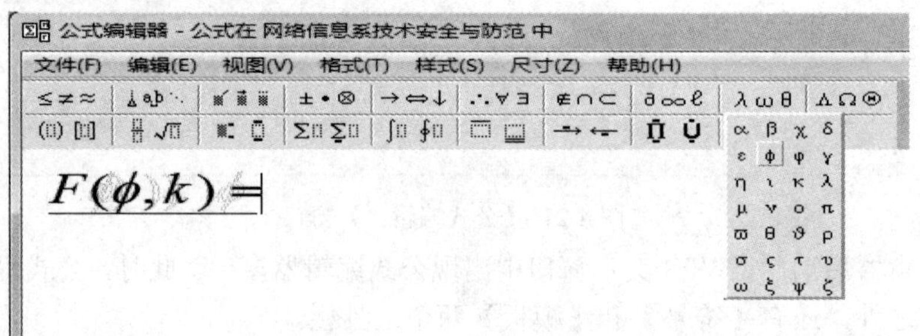

图 4-26 “$F(\phi,k)=$”的输入

步骤 3　单击【模板】工具栏中的【积分模板】按钮，选择定积分按钮。然后单击积分上限输入框，输入“ϕ”；单击积分下限输入框，输入“0”，效果如图 4-27 所示。

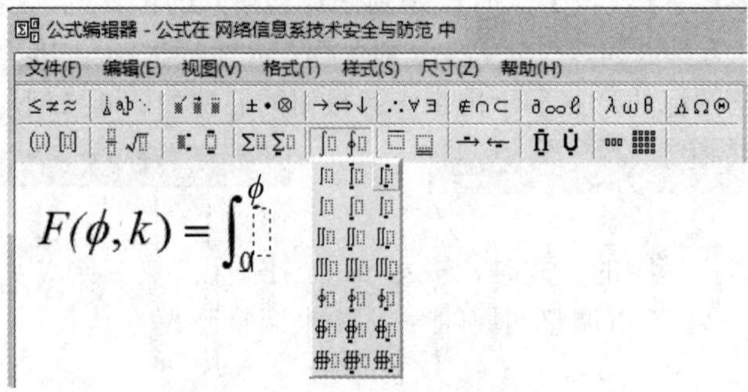

图 4-27 【积分模板】的使用

步骤 4　将光标定位在被积函数输入框，单击【模板】工具栏的【分式和根式模板】按钮，选择如图 4-28 所示的分式按钮。这时在输入框中出现一个由分子、分母和分数线构成的分式结构。单击分子输入框，输入“$d\phi$”。

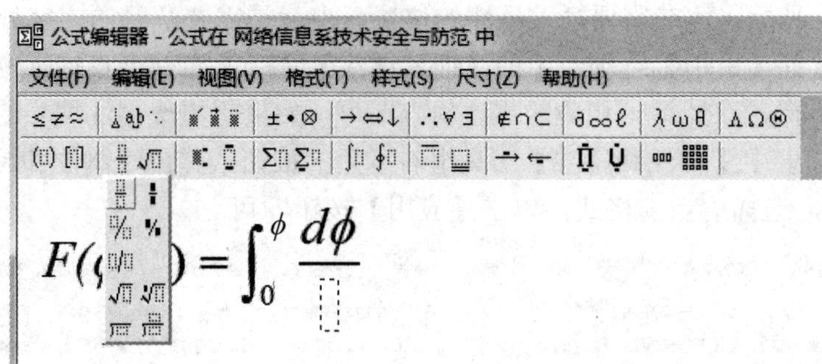

图 4-28　分式模板的使用

步骤 5　将光标定位在分母输入框内，单击【模板】工具栏的【分式和根式模板】按钮，选择如图 4-29 所示的根式按钮。单击根式下的输入框输入“$1-k^2\sin^2\phi$”。注意：输完 k 后单击【模板】工具栏的【上标和下标模板】按钮，选择如图 4-30 所示的上标按钮，单击上标输入框，输入 2；然后按下方向【→】键，使得光标位于 k^2 之后，用同样的方法输入 $\sin^2\phi$ 即可。

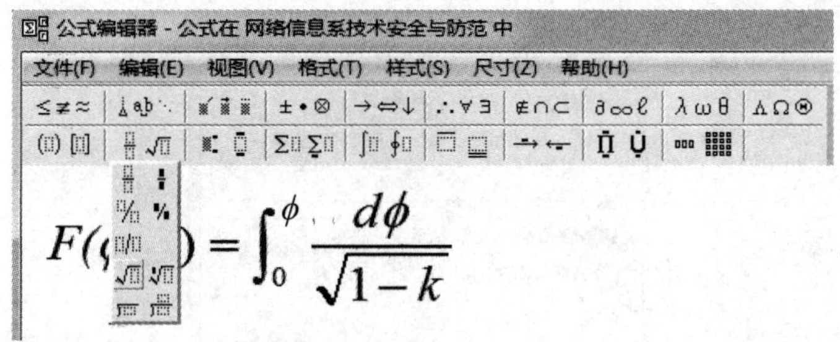

图 4-29　根式模板的使用

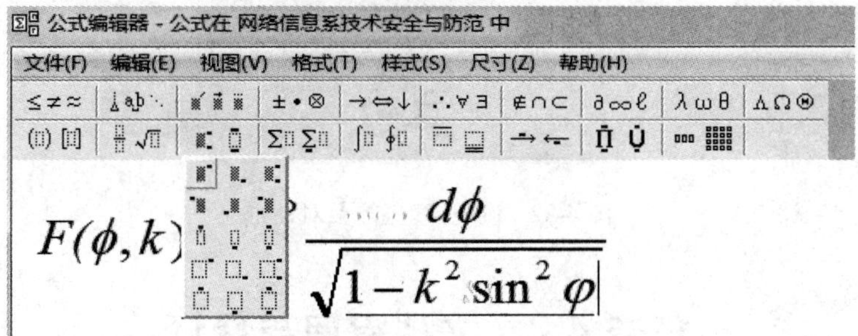

图 4-30　分式模板的使用

步骤 6　关闭公式编辑器窗口即可退出公式编辑区。

可以发现，单击文档中的公式时，周围有 8 个控制点，这表明公式也是一个图形对象，可使用调整图片大小的方法(调整四周的控制点)来调整公式的大小。

3. 脚注与尾注

通常，在写论文的时候，经常需要在页面底端说明文中有关引用资料的来源(脚注)，最后还要列出论文撰写时的主要参考文献(尾注)。它们虽然不是论文的正文，但仍然是论文的一个组成部分，主要起补充、解释、说明的作用，并且也是对原著人员知识产权的尊重。在本例中，脚注与尾注的操作方法类似，下面就尾注添加方法的操作步骤介绍如下：

步骤 1　将光标定位在需要插入尾注的位置，也就是需要解释的文字处。

步骤 2　选择【引用】选项卡中的【插入尾注】命令，光标会直接定位在文档的结尾处(如图 4-31 所示)，在此输入相应的尾注内容即可。如果想更改尾注编号的格式，可以单击【引用】选项卡中【脚注和尾注】工具组右下角的按钮，弹出【脚注和尾注】对话框，如图 4-32 所示，选择适当的格式，单击【应用】按钮即可。

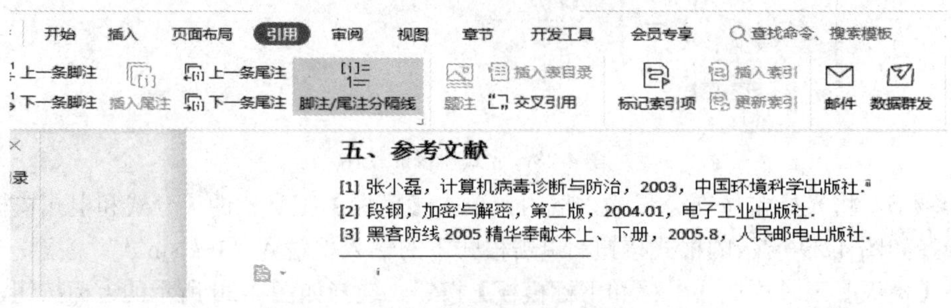

图 4-31　插入尾注

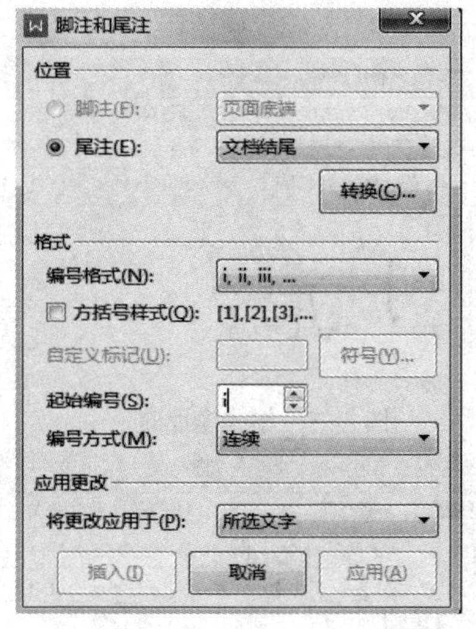

图 4-32 【脚注和尾注】对话框

任务 4.2　文档审阅与修订

对于一些专业性较强或非常重要的文档，在作者编辑完成后，一般还需要经审阅者进行审阅。在审阅文档时，通过修订和批注功能，可对原文档中需要修改的地方进行标注和批示。

修订内容包括正文、文本框、脚注和尾注以及页眉和页脚等格式，可以添加新内容，也可以删除原有的内容。为了保留文档的版式，WPS 文字在文档的文本中只显示一些标记元素，而其他元素则显示在页边距上的批注框中。

通过实例掌握文档审阅和修订的方法，经过审阅和修订的文档如图 4-33 所示。

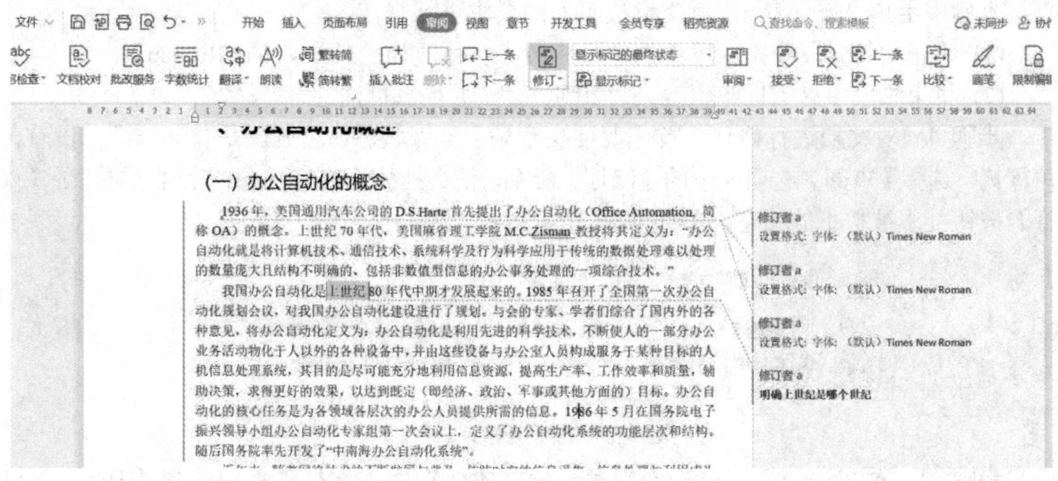

图 4-33 经过审阅和修订的文档

4.2.1 设置用户信息

一篇文档可以有多个审阅者，每个审阅者都有自己的标记，所以，在修订文档之前，要对用户信息进行设置或修改。设置方法如下：

选择【文件】选项卡，在下拉列表中选择【选项】命令，在打开的对话框里选择【用户信息】命令，如图 4-34 所示，在【姓名】框内输入“修订者 a”，“缩写”为“a”，单击【确定】按钮即可。也可以通过在【审阅】选项卡中单击【修订】右侧的下拉箭头，在下拉列表中选择【更改用户名】命令，也可弹出如图 4-34 所示的对话框。在随后的修订过程中，姓名会显示在批注框内，详细信息也会随着鼠标移动到批注框上而显示出来。

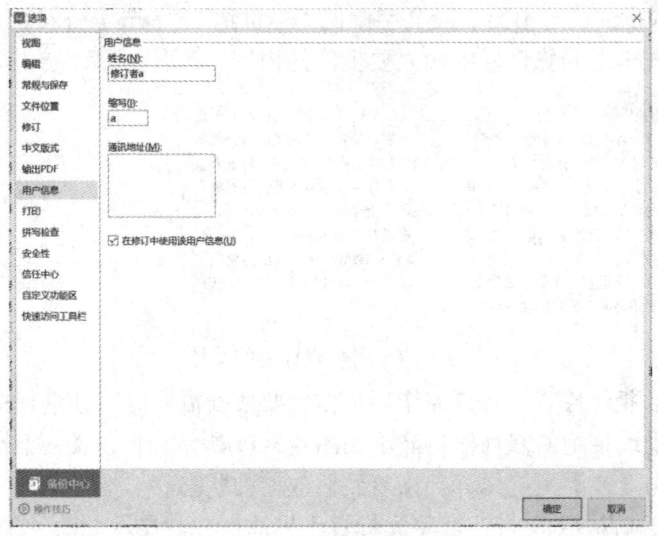

图 4-34 修改用户信息

4.2.2　审阅与修订

本例中用户“修订者 a”对文章按下面的要求进行修订：

(1) 将正文第一段和第二段中的字母和数字字体改为“Times New Roman”。

(2) 将第二段中“上世纪”改为“20 世纪”，并插入批注。

步骤 1　对文档进行修订，首先要使文章处于修订状态，否则就是普通修改，没有任何标记。选择【审阅】选项卡中的【修订】命令，使文档处于修订状态，此时状态栏的【修订】按钮处于被按下的状态，如图 4-35 所示。

图 4-35　激活【修订】按钮

步骤 2　对文章进行修订。选中第一段文本，在字体下拉菜单中选择【Times New Roman】命令，修订结果如图 4-36 所示。

(一) 办公自动化的概念

1936 年，美国通用汽车公司的 D.S.Harte 首先提出了办公自动化（Office Automation，简称 OA）的概念。上世纪 70 年代，美国麻省理工学院 M.C.Zisman 教授将其定义为：“办公自动化就是将计算机技术、通信技术、系统科学及行为科学应用于传统的数据处理难以处理的数量庞大且结构不明确的、包括非数值型信息的办公事务处理的一项综合技术。”

我国办公自动化是上世纪 80 年代中期才发展起来的。1985 年召开了全国第一次办公自动化规划会议，对我国办公自动化建设进行了规划。与会的专家、学者们综合了国内外的各种意见，将办公自动化定义为：办公自动化是利用先进的科学技术，不断使人的一部分办公业务活动物化于人以外的各种设备中，并由这些设备与办公室人员构成服务于某种目标的人机信息处理系统，其目的是尽可能充分地利用信息资源，提高生产率、工作效率和质量，辅助决策，求得更好的效果，以达到既定（即经济、政治、军事或其他方面的）目标。办公自动化的核心任务是为各领域各层次的办公人员提供所需的信息。1986 年 5 月在国务院电子振兴领导小组办公自动化专家组第一次会议上，定义了办公自动化系统的功能层次和结构。随后国务院率先开发了“中南海办公自动化系统”。

修订者 a　2022-04-24 11:49
设置格式：字体：（默认）Times New Roman

图 4-36　修订字体格式结果

步骤 3　插入批注。选中第二段文字中的“上世纪”，单击【插入】选项卡，然后单击【批注】图标，在出现的修订栏中输入要批注的内容。此时，修订结果如图 4-37 所示。

我国办公自动化是上世纪 80 年代中期才发展起来的。1985 年召开了全国第一次办公自动化规划会议，对我国办公自动化建设进行了规划。与会的专家、学者们综合了国内外的各种意见，将办公自动化定义为：办公自动化是利用先进的科学技术，不断使人的一部分办公业务活动物化于人以外的各种设备中，并由这些设备与办公室人员构成服务于某种目标的人机信息处理系统，其目的是尽可能充分地利用信息资源，提高生产率、工作效率和质量，辅助决策，求得更好的效果，以达到既定（即经济、政治、军事或其他方面的）目标。办公自动化的核心任务是为各领域各层次的办公人员提供所需的信息。1986 年 5 月在国务院电子振兴领导小组办公自动化专家组第一次会议上，定义了办公自动化系统的功能层次和结构。随后国务院率先开发了“中南海办公自动化系统”。

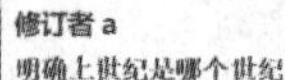

图 4-37　用户修订过的文档

步骤 4　接受/拒绝修订。修订完毕后，作者要根据需要对修订进行接受或拒绝。将光标定位在需要接受或拒绝的修订框，显示如图 4-38(a)所示。单击【√】接受修订，保存修改后的状态；单击【×】拒绝修订，恢复到修改前的状态。

步骤 5　答复/解决/删除批注。将光标置于批注框处，显示如图 4-38(b)所示。作者可以对修订者批注中提出的问题进行答复，解决其提出的问题，或者将批注删除，此处对问题进行了答复，并选择解决。选择【解决】命令后的批注框如图 4-38(c)所示。

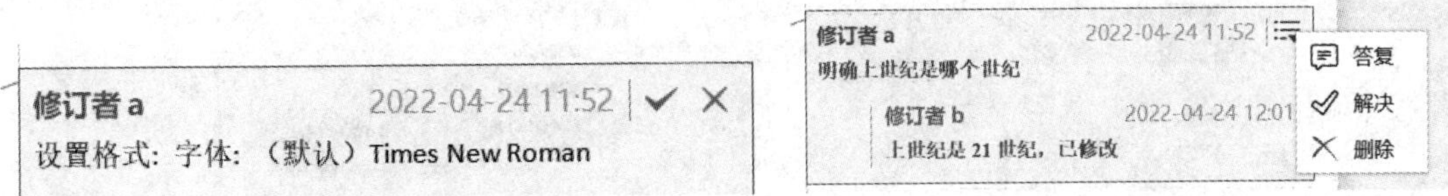

(a) 接受/拒绝修订　　(b) 答复/解决/删除批注

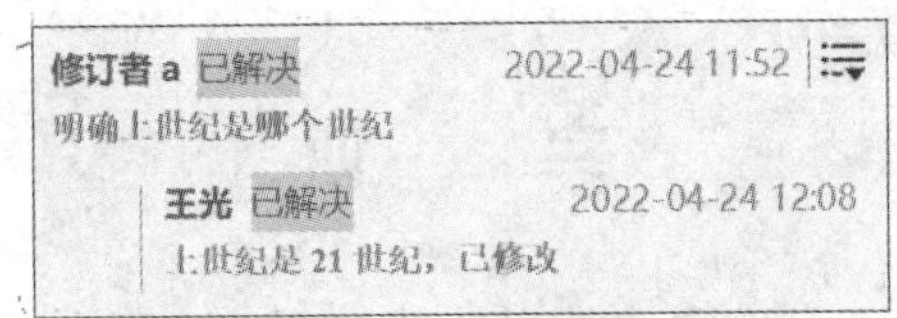

(c) 解决修订或批注

图 4-38　修订框

批注不必接受，如果不需要只需将其删除即可。删除的方法有多种：

(1) 选择某一批注，选择【审阅】选项卡中【删除】命令右侧的下拉箭头，在下拉列表中选择【删除】即删除所选的某一条批注，如想删除所有批注，则选择【删除文档中的所有批注】命令。

(2) 选择某一批注，单击鼠标右键，在弹出的快捷菜单中选择【删除批注】命令。

(3) 打开【审阅】窗格，在需要删除的批注上，单击鼠标右键，在弹出的快捷菜单中选择【删除批注】命令。

4.2.3　查看修订内容

被多人修订的文章可以按审阅者来查询和浏览修订的内容。比如，只显示用户“修订者 a”修订的内容，则选择【审阅】选项卡中的【审阅】命令，在下拉选项中选择【审阅人】命令，只需将【修订者 a】前的复选框选中，如图 4-39 所示，则文章中显示的修订就是修订者 a 所做的所有修订内容。

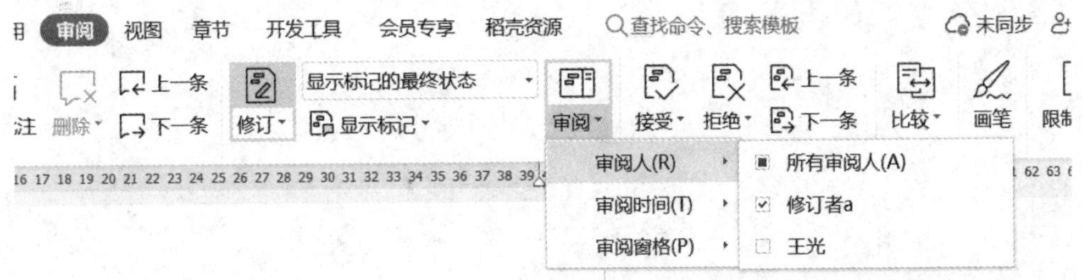

图 4-39　选择只显示审阅者【修订者 a】的修订内容

如果想显示全部审阅者修订的内容，则勾选【所有审阅者】即可。

选择【审阅】选项卡中的【审阅】命令，在下拉列表中选择【审阅窗格】中的【垂直审阅窗格】，可以在文档右边打开【审阅】任务窗格，该窗格中显示所有具体的修订信息，其中包括审阅人、审阅时间、修订的内容等。可以将文档中的修订进行定位，也可以删除批注，如图 4-40 所示。

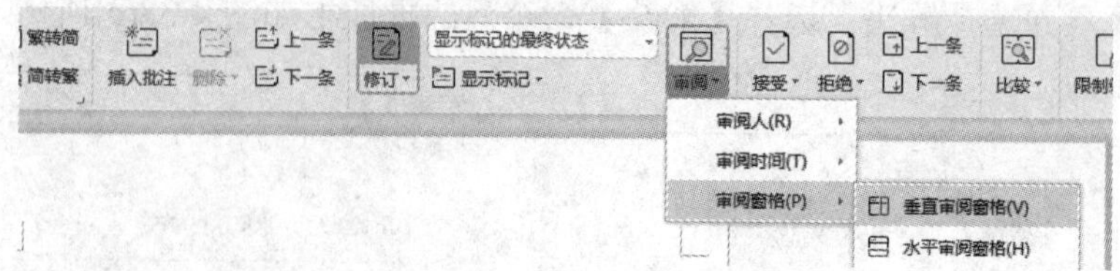

图 4-40　显示垂直审阅窗格的文档

实　训

实训一　录入并排版一本你喜欢的书

选择一本你喜欢的书，完成以下实训任务：

(1) 录入书名、作者、内容简介、标题。

(2) 为标题设置级别，并为其添加多级编号。

(3) 选择你最喜欢的内容，在标题下录入正文内容并设置其格式。

(4) 为文本插入脚注。

实训二　输入公式

利用 WPS 文字中的“公式编辑器”，制作下面的公式。

(1) $\boldsymbol{x}=\begin{bmatrix}1 & 0 & 0\\ 0 & 1 & 0\\ 0 & 0 & 1\end{bmatrix}$；

(2) $E_{\mathrm{ke}}=\frac{1}{2}\int_0^1 \rho\left(\frac{\partial y}{\partial t}\right)\mathrm{d}x$ 。

项目 5　WPS 表格的基本应用

【项目目标】

- 了解常用电子表格的类型和基本操作。
- 熟悉 WPS 表格中公式和函数的使用方法。
- 掌握利用 WPS 文字制作表格和利用 WPS 表格制作图表的方法。
- 熟练掌握利用 WPS 表格创建表格和格式化工作表的方法。

任务 5.1　制作个人求职简历表

任务效果如图 5-1 所示。

个人简历				
照片	姓 名		求职意向	
	性 别		年 龄	
	学 历		电 话	
	地 址		邮 箱	
教育背景				
社团经历				
工作经历				
个人技能				
个人评价				

图 5-1 “个人求职简历”效果图

5.1.1　建立表格框架

1. 建立“个人求职简历表”表格框架的步骤

启动 WPS 文字，新建一个名为“个人求职简历表”的文档。

步骤 1　双击打开文档，单击【插入】选项卡，选择【表格】|【插入表格】命令，弹出【插入表格】对话框。在对话框中将列数设置为“1”，将行数设置为“14”，在“列宽选择”功能组中选择【自动列宽】，单击【确定】按钮，如图 5-2 所示，即可插入一个 1×14 的表格，如图 5-3 所示。

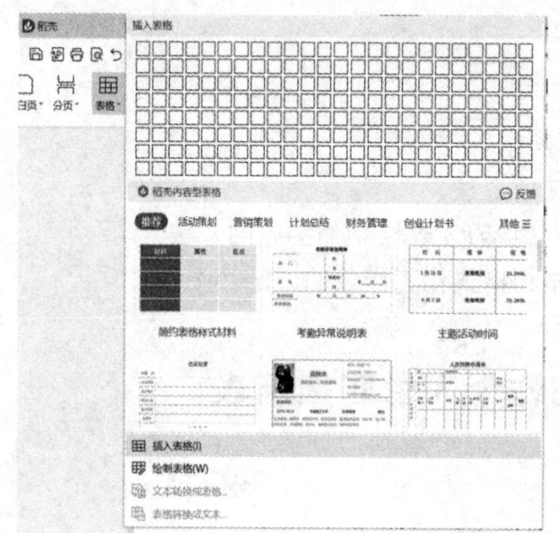

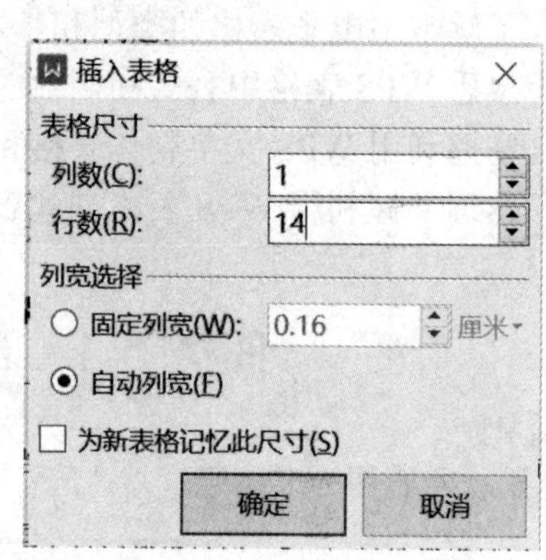

图 5-2　【插入表格】对话框

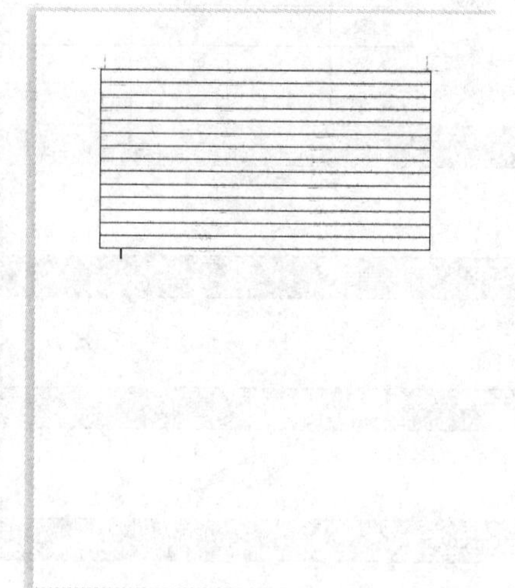

图 5-3　1×14 的表格

说明：在插入表格时，【列宽选择】功能组中【固定列宽】意思是不管页面设置时纸张如何变化，列宽是固定不变的。本例中选择【自动列宽】，这样不管将来使用哪种纸张，表格的宽度都是充满整个页面的。

步骤 2　调整行高。选中整个表格，单击鼠标右键，在弹出的快捷菜单中选择【表格属性】命令，弹出【表格属性】对话框，如图 5-4 所示，选择【行】选项卡，将行高指定为“0.8”厘米。分别选中第 6 行、第 8 行、第 10 行、第 12 行和第 14 行，将行高设置为“2.5”厘米，单击【确定】按钮，结果如图 5-5 所示。

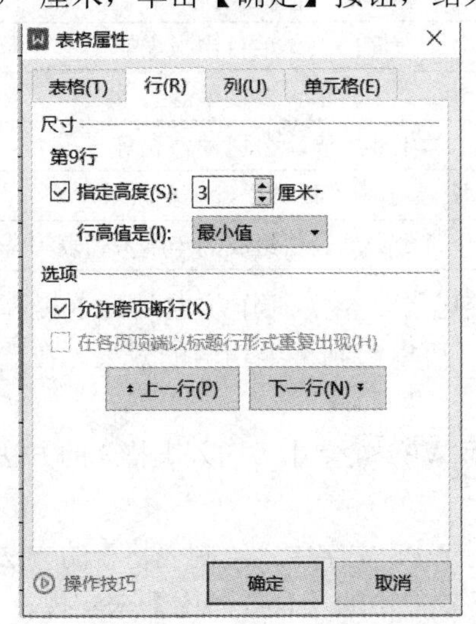

图 5-4　在【表格属性】对话框中设置行高

图 5-5　调整过行高的表格

步骤 3　调整页边距。在【页面布局】选项卡中将【页边距】中的【上】【下】【左】和【右】分别设置为“2.5 cm”。

步骤 4　绘制表格。单击【文件】选项卡右侧的下拉箭头，选择下拉列表中的【表格】命令/单击【绘制表格】命令，根据图 5-1 所示绘制出行、列数符合要求的表格，并对行高和列宽做适当调整。在需要合并单元格的地方进行合并单元格，效果如图 5-6 所示。

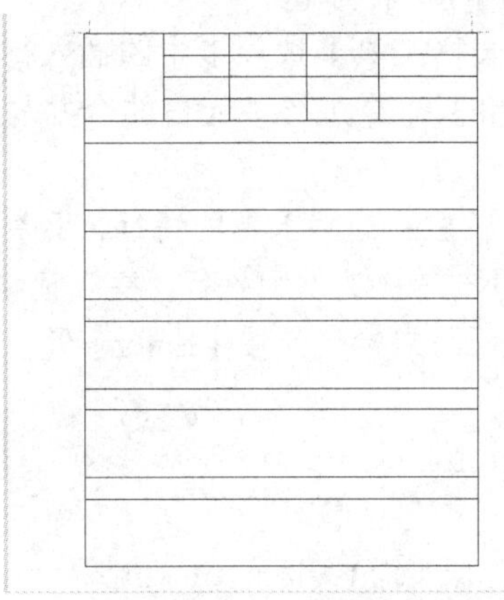

图 5-6　合并单元格后的简历框架

2. 常见表格的类型及建立

在日常办公中，经常将各种复杂的信息以表格的形式进行简明、扼要、直观的表示，如课程表、成绩表、简历表、工资表及各种报表等。

1) 常见表格的类型

在办公中的电子表格可分为两大类，即表格内容以文字为主的文字表格和表格内容以数据信息为主的数字表格，见表 5-1。

表 5-1　电子表格的常见类型

类　型	详 细 分 类	举　　例
文字表格	规则文字表格	课程表、日程安排表等
	复杂文字表格	个人简历表、项目申报表等
数字表格	数据不参与运算	出货单、发货单等
	数据参与运算	学生成绩表、公司销售表等
	数据统计报表	产品出入库统计表、损益表等
	数据关联表格	由各个月份数据表格组成的年度考勤表等

利用 WPS 文字或 WPS 表格可以完成以上各类电子表格的制作。但是为了提高工作效率，根据不同的表格类型选择最合适的制作软件，可以起到事半功倍的效果。在选取制作软件时有以下几点原则：

(1) 规则的文字表格和不参与运算的数字表格用 WPS 文字中“插入表格”的方法，也可以直接利用 WPS 表格填表完成。

(2) 复杂的文字表格若单元格大小悬殊，可利用 WPS 文字中“绘制表格”的方法。若大单元格由若干小单元格组成，也可选取 WPS 表格软件中的【合并居中】来实现。

(3) 包含大量数字且需要进行公式、函数运算的数字表格最好使用 WPS 表格制作。

(4) 数据统计报表和数据关联表格适合使用 WPS 表格制作。

2) 表格框架的建立与编辑

在 WPS 文字中建立表格框架有两种方法：插入表格和绘制表格。

本例综合使用了两种方法。首先利用插入表格方法制作总体框架，确定表格的行列数，然后使用绘制表格方法进行表格的复杂制作。

如图 5-7 所示，可利用【表格工具】选项卡中的插入行或列功能以及【合并】中的【合并单元格】和【拆分单元格】命令进行单元格的合并与拆分，从而提高建立表格框架的效率。

说明：如果希望在表格中某位置快速插入新的一行，可将光标置于该行的结束标记处，按【Enter】键。如果希望在表格末尾快速添加一行，将光标移动到最后一行的最后一个单元格内，按【Tab】键，或在尾行结束标记处按【Enter】键。

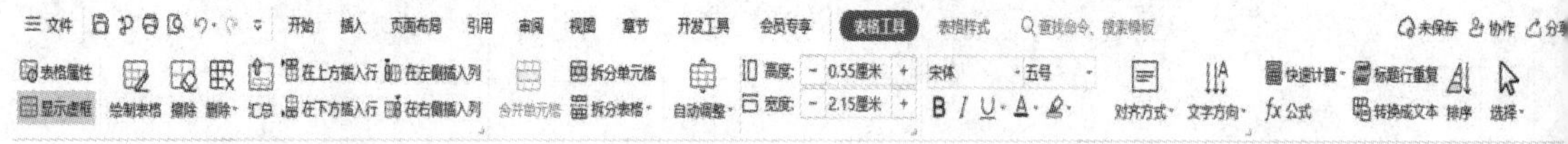

图 5-7　【表格工具】选项卡

3) 拆分、合并表格

若要将一个表格拆分成两个表格，可先选定表格的首行，然后执行【表格工具】选项卡中的【拆分表格】命令。

若要将已拆分的两个工作表合并，可将光标置于两个表格中间回车符处，按【Delete】键。

5.1.2　输入表格内容

步骤 1　输入内容。完成表格框架的创建后，输入文字内容。

步骤 2　改变文字方向。选择【照片】单元格，单击鼠标右键，在弹出的快捷菜单中选择【文字方向】命令，弹出【文字方向】对话框，如图 5-8 所示。

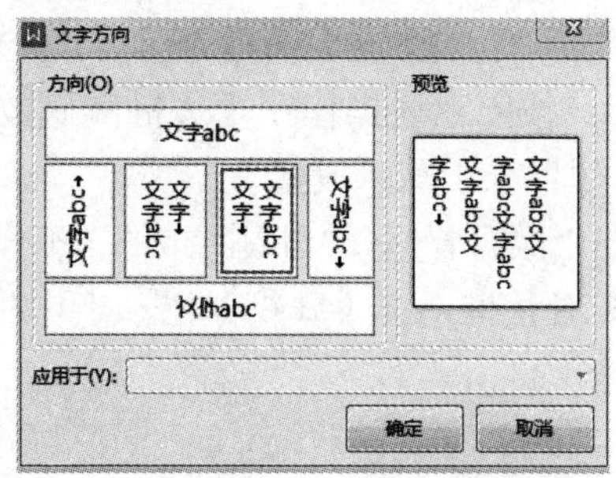

图 5-8　【文字方向】对话框

表格框架建立好之后，除了按要求输入文字、数字等内容之外，还可以插入符号、编号、图片、日期和时间、超链接等对象。

文本在移动和复制时，可以利用【开始】选项卡中的【剪切】【复制】【粘贴】等命令实现，也可以通过鼠标拖动的方法实现。鼠标拖动的方法为：如果移动文本，可将选定内容直接拖动到目标单元格；如果复制文本，则在按住【Ctrl】键的同时将选定内容拖动到目标单元格。

5.1.3　修饰表格

步骤 1　设置字体。将表格中所有文字的字体设置为“微软雅黑”“小四”，并将第 5、7、9、11、13 行的文字设置为“粗体”。

步骤 2　设置表格内文本的对齐方式。先将所有的单元格设置为水平方向居中，垂直方向左对齐，单击表格左上角的小方块(“移动表格”控点)全选表格，单击鼠标右键，在弹出的快捷菜单中选择【单元格对齐方式】命令的下一级菜单，如图 5-9 所示。然后把个别需要在垂直和水平都居中的单元格选中，用同样的方法，设置为“中部居中”。这样设置完毕后的效果如图 5-10 所示。

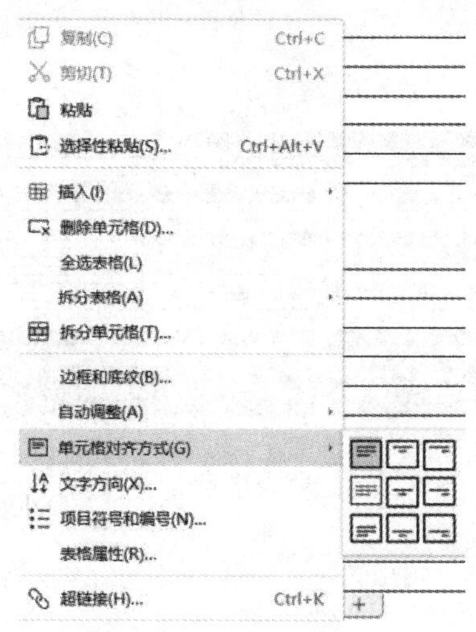

图 5-9　单元格对齐方式选择

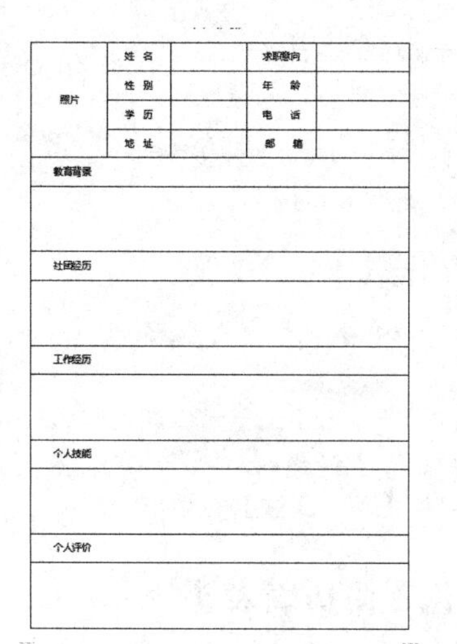

图 5-10　设置文本对齐方式后的简历

步骤 3　设置边框。选中整个表格，单击鼠标右键，在弹出的快捷菜单中选择【边框和底纹】命令，弹出【边框和底纹】对话框，在【边框】选项卡中设置表格外边框为黑色双线、0.5 磅；选中“教育背景”行，按住【Ctrl】键的同时选中“社团经历”“工作经历”“个人技能”“个人评价”行，按照上述操作在【边框和底纹】对话框中将上下边框设置为黑色实线、1.5 磅。其余内边框采用默认设置。

步骤 4　设置底纹。选中“教育背景”“社团经历”“工作经历”“个人技能”“个人评价”行，打开【边框和底纹】对话框，在【底纹】选项卡中将其底纹设置为“浅蓝色”。

拓展知识

1. 表格属性的设置

在对表格进行设置、修饰和美化时，可通过【表格属性】对话框完成各项操作。单击【表格工具】中的【表格属性】命令，弹出【表格属性】对话框，如图 5-11 所示。

在【表格】选项卡中，可对表格进行对齐方式、文字环绕方式、边框和底纹等设置。在【行】和【列】选项卡中，可进行行高、列宽、是否允许跨页断行、是否在各页顶端以标题行形式重复出现等设置。在【单元格】选项卡中，可设置单元格的大小，以及单元格中内容的垂直对齐方式。

2. 表格自动套用格式

如果用户想快速设置表格格式，可直接利用 WPS 文字中提供的多种预先设定的表格格式。

单击表格中任意一个单元格，选择【表格样式】选项卡，在【预设样式】中选择符合要求的样式，如图 5-12 所示，直接套用即可。

图 5-11　【表格属性】对话框

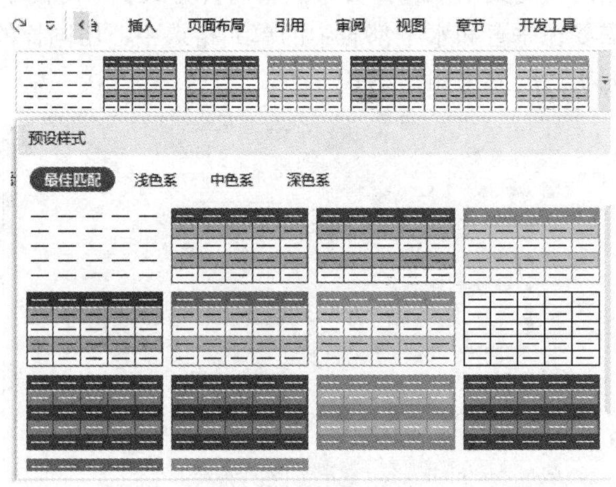

图 5-12　选择表格样式

5.1.4　设置简历表表头

选中表格第一行，单击鼠标右键，在弹出的快捷菜单中选择【插入】|【在上方插入行】

命令，如图 5-13 所示。

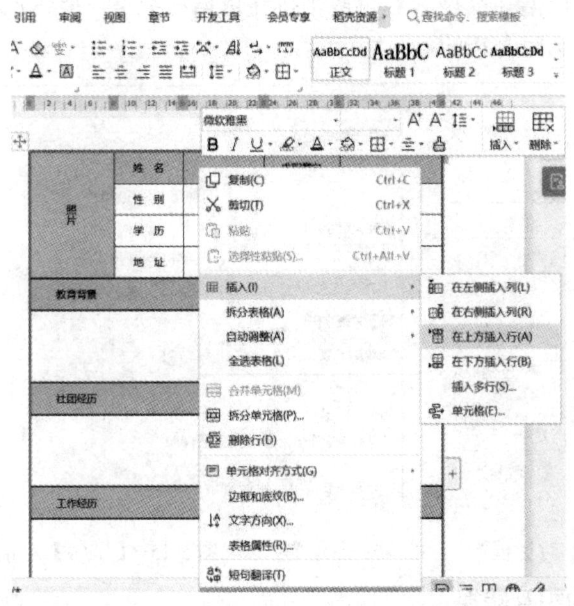

图 5-13　选择【在上方插入行】命令

将新插入的第一行合并单元格，文字方向设置为“水平”，输入“个人简历”，字体设置为“微软雅黑”，字号为“四号”，居中。完成设置的简历如图 5-1 所示。

5.1.5　拓展

1. 表格中的数据计算

表格中的数据可以进行简单的计算操作，如加、减、乘、除等。

(1) 将鼠标放置于存放计算结果的单元格中。

(2) 选择【表格工具】选项卡中的【公式】命令，弹出【公式】对话框，如图 5-14 所示。

(3) 如果【公式】文本框中提示的公式不是计算所需要的公式，则将其删除。在【粘贴函数】下拉列表中选择所需要的公式，如求平均值，应选择【AVERAGE()】函数。

(4) 在公式的括号中输入单元格地址。如果求单元格 A1 和 A4 单元格中数值的平均值，应建立公式“=AVERAGE(A1,A4)”；如果求 A1 到 A4 单元格中数值之和，公式为“=SUM(A1:A4)”。

说明： WPS 表格中，用字母表示单元格的列数，用数字表示单元格的行数，如 C4 表示第三列第四行对应的单元格。

(5) 在【数字格式】中选择输出结果的格式。单击【确定】按钮，计算结果就会显示在选定的单元格中。

2. 排序操作

在 WPS 文字中，可以对表格中的内容进行适当的排序。

(1) 选择要排序的列或单元格。

(2) 选择【表格工具】中的【排序】命令，弹出【排序】对话框，如图 5-15 所示。在该对话框中选择排序依据和类型。若有多个排序依据和类型，要依次选定。选择好排序依据和类型后，单击【确定】按钮。

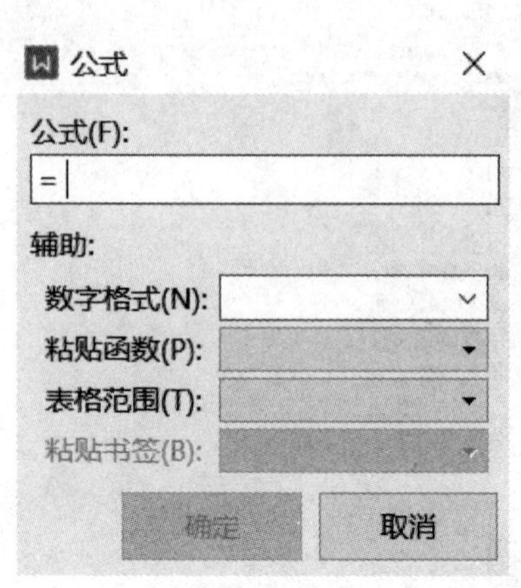

图 5-14 【公式】对话框

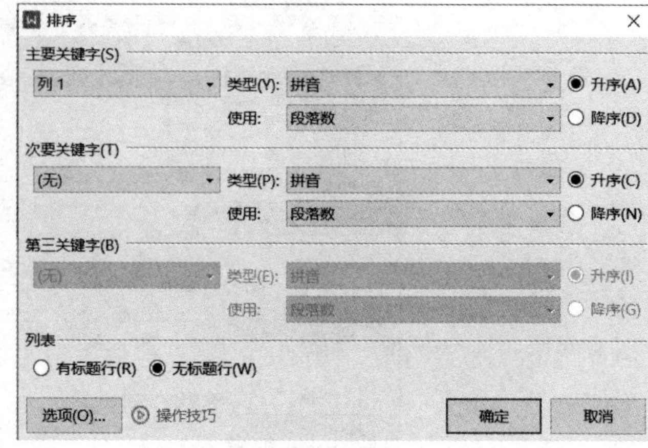

图 5-15 【排序】对话框

3. 表格与文本的相互转换

(1) 将表格转换成文本。选定要转换的表格，单击【表格工具】选项卡中的【转换成文本】命令，弹出【表格转换成文本】对话框，如图 5-16 所示，选择一种字符作为替代列边框的分隔符，单击【确定】按钮。

(2) 将文本转换成表格。将已经输入的文字转换成表格时，需要使用分隔符标记列的开始位置，使用段落标记标明表格的换行。具体操作方法为：在要划分列的位置插入所需分隔符，分隔符可以为逗号、空格等；在需要表格换行处，直接输入回车键，然后选定要转换的表格，单击【插入】选项卡中的选择【表格】下拉列表中的【将文本转换成表格】命令，弹出【将文字转换成表格】对话框，如图 5-17 所示。在“文字分隔位置”栏中选择所使用的分隔符选项，单击【确定】按钮即可实现转换。

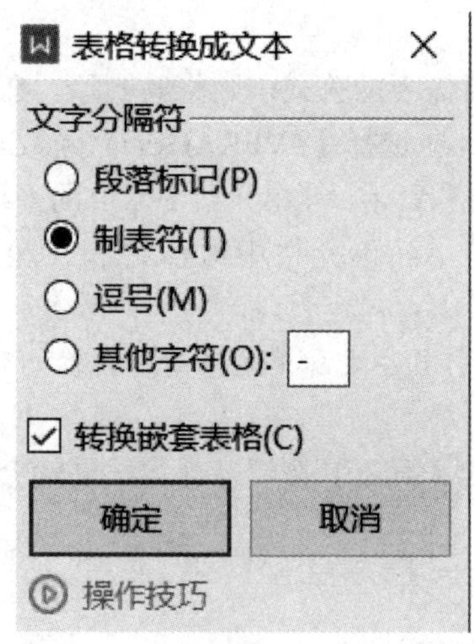

图 5-16 【表格转换成文本】对话框

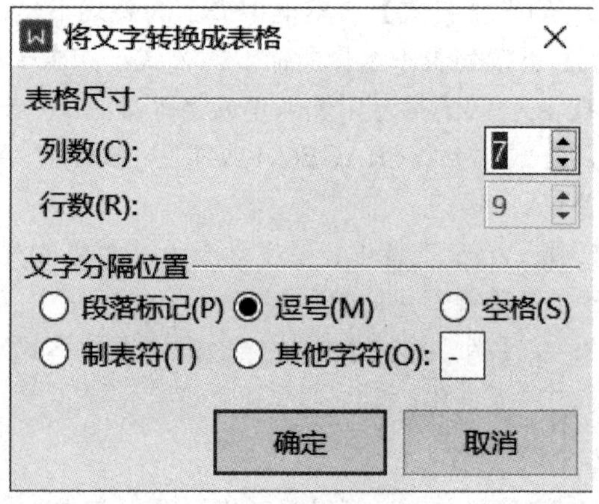

图 5-17 【将文字转换成表格】对话框

任务 5.2　制作图书销售表

在办公中描述数据的时候，表格往往比文字更清晰，而有时图表比表格更直观。下面以为某公司制作公司产品销售表格和销售图表为例，介绍 WPS 表格框架的建立、数据的录入、工作表的格式化、图表的制作等操作。

某图书销售公司主要经营 6 类图书，2021 年下半年各类图书的销售情况见表 5-2，现在要对这些销售数据进行统计，并且需要根据数据创建数据图表。

表 5-2　××图书公司下半年产品销售数据表

月份	教育类	少儿类	文学类	考试类	经济类	计算机类
7 月	8205	8001	7350	7000	9500	8100
8 月	5150	5500	7500	9500	9000	9150
9 月	4500	3500	4509	7000	5500	8500
10 月	4250	4000	5000	8507	8000	8080
11 月	6000	4600	5005	9080	5500	9007
12 月	5030	5500	7500	9305	5000	8500

在 WPS 表格中，根据上面的销售数据制作一份产品销售表格，然后根据这份销售表格制作各种图表，本例的最终效果图如下：产品销售数据表格如图 5-18 所示；根据下半年的销售数据制作出的销售柱状图如图 5-19 所示；根据下半年各产品的销售总额制作出的各产品销售额比例图如图 5-20 所示。

	A	B	C	D	E	F	G
1	××图书公司 2021年7~12月图书销售情况（单位：册）						
2	销售时间	教育类	少儿类	文学类	考试类	经济类	计算机类
3	7月	8205	8001	7350	7000	9500	8100
4	8月	5150	5500	7500	9500	9000	9150
5	9月	4500	3500	4509	7000	5500	8500
6	10月	4250	4000	5000	8507	8000	8080
7	11月	6000	4600	5005	9080	5500	9007
8	12月	5030	5500	7500	9305	5000	8500
9	合计	33135	31101	36864	50392	42500	51337
10	平均	5523	5184	6144	8399	7083	8556
11							

图 5-18　产品销售数据表格

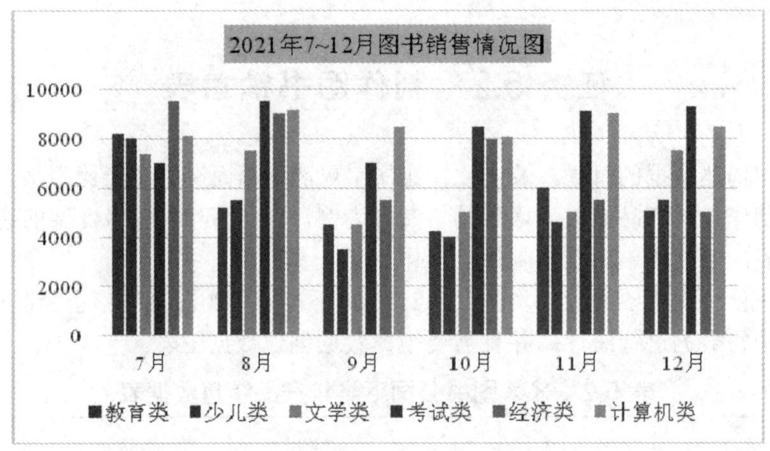

图 5-19　下半年产品的销售柱状图

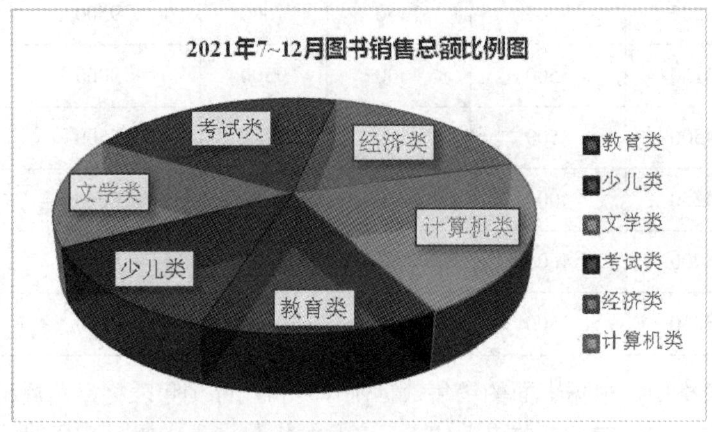

图 5-20　各产品销售总收入比例的饼状图

5.2.1　创建产品销售表格

步骤 1　创建产品销售表格的框架。

新建 WPS 表格，在出现的工作簿 1 中选择【Sheet 1】工作表并双击，更名为“图书销售表”；然后按照图 5-21 所示样式建立数据表格；最后以“××图书公司 2021 年 7～12 月图书销售统计”为名将工作簿存放在硬盘上。

	A	B	C	D	E	F	G	H
1	销售时间	教育类	少儿类	文学类	考试类	经济类	计算机类	
2	7月	8205	8001	7350	7000	9500	8100	
3	8月	5150	5500	7500	9500	9000	9150	
4	9月	4500	3500	4509	7000	5500	8500	
5	10月	4250	4000	5000	8507	8000	8080	
6	11月	6000	4600	5005	9080	5500	9007	
7	12月	5030	5500	7500	9305	5000	8500	
8	合计							
9	平均							

图 5-21　初步创建好的表格

说明：WPS 表格文件的扩展名为 .xlsx 或者 .xls。

步骤 2　调整行高和列宽。

初次输入后，有些列的列宽可能宽度不够，将光标定位到两列的列标中间，当光标变成"✛"后，拖动鼠标到合适的宽度，或在两列的列标之间双击，也可以将前一列调整到最合适的宽度。以上两种方法也可以用于调整字段行的行高。

步骤 3　利用填充柄输入月份。

在 A2 中输入"7 月"，其他的月份可以使用 WPS 表格中的序列填充完成，方法如下：单击选中 A2 后，用鼠标拖动右下角的填充柄到 A7，则 A3～A7 自动填充"8 月"～"12 月"。

说明：填充柄也叫拖动柄，在单元格被选中时，它出现在单元格的右下方，是 WPS 表格特有的工具，它的主要功能是复制和序列填充。

步骤 4　制作表格标题。

① 插入标题行。制作表格标题时，首先要在字段名前插入一行，右击第 1 行行号，在弹出的快捷菜单中选择【在上方插入行】命令，如图 5-22 所示，这样就会在字段名前插入一行。

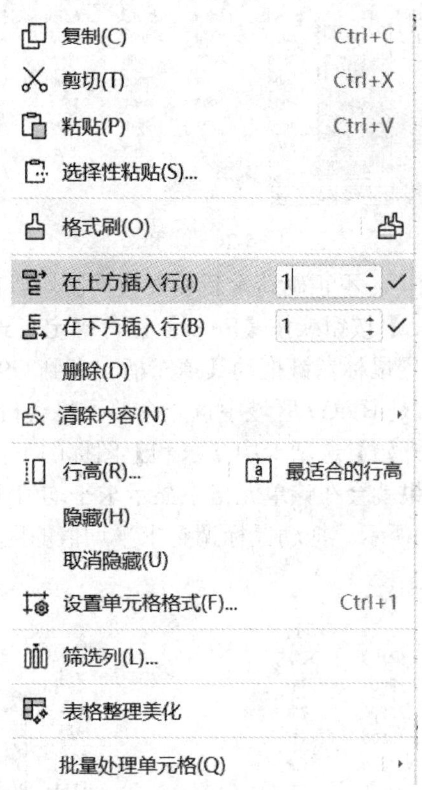

图 5-22　插入行

② 合并单元格。选中 A1～G1，单击【开始】选项卡中的【合并居中】命令，这样 A1～G1 就合并成了一个单元格 A1。

③ 输入标题内容。将光标定位在 A1 中，先输入"××图书公司"，然后按【Alt+Enter】，在单元格中换行，再输入"2021 年 7～12 月图书销售情况(单位：册)"，如图 5-23 所示。

	A	B	C	D	E	F	G
1	××图书公司 2021年7~12月图书销售情况（单位：册）						
2	销售时间	教育类	少儿类	文学类	考试类	经济类	计算机类
3	7月	8205	8001	7350	7000	9500	8100
4	8月	5150	5500	7500	9500	9000	9150
5	9月	4500	3500	4509	7000	5500	8500
6	10月	4250	4000	5000	8507	8000	8080
7	11月	6000	4600	5005	9080	5500	9007
8	12月	5030	5500	7500	9305	5000	8500
9	合计						
10	平均						

图 5-23　输入标题后的销售表格

步骤 5　利用【自动求和】按钮输入合计和平均数。在图 5-23 所示的表格中，B9～G9 和 B10～G10 的单元格中需要分别计算各种产品在下半年销售额的总数和平均值，操作步骤如下：

① 将光标放在单元格 B9 上，单击【开始】选项卡中的【求和】按钮 Σ ▾，屏幕上出现求和函数 SUM 以及求和数据区域，如图 5-24 所示。

A	B	C	D	E	F	G
××图书公司						
销售时间	教育类	少儿类	文学类	考试类	经济类	计算机类
7月	8205	8001	7350	7000	9500	8100
8月	5150	5500	7500	9500	9000	9150
9月	4500	3500	4509	7000	5500	8500
10月	4250	4000	5000	8507	8000	8080
11月	6000	4600	5005	9080	5500	9007
12月	5030	5500	7500	9305	5000	8500
	=SUM(B3:B8)					
平均	SUM（数值1, ...）					

图 5-24　求和

观察数据区域是否正确，若不正确请重新输入数据区域以修改公式。

② 单击编辑栏上的【√】按钮或按【Enter】键，确定公式，B9 中显示对应结果。

③ 选中单元格 B9，利用鼠标左键拖动其填充柄一直到 G9，则可以将 B9 中的公式快速复制到 C9:G9 区域，也就是 B9:G9 区域中每一个单元格会自动计算出来对应结果。

④ 选中 B10，单击【开始】选项卡中【求和】图标的下拉三角，在弹出的下拉列表中选择【平均值】命令，结果就会在该单元格中显示求平均值函数 AVERAGE 以及求平均值的数据区域，如图 5-25(a)所示。拖动鼠标调整求平均值的区域，如图 5-25(b)所示。

A	B	C	D
			××图书
销售时间	教育类	少儿类	文学
7月	8205	8001	73
8月	5150	5500	75
9月	4500	3500	45
10月	4250	4000	50
11月	6000	4600	50
12月	5030	5500	75
合计	33135	31101	368
	=AVERAGE(B3:B9)		
	AVERAGE（数值1, ...）		

(a)

A	B	C
		××
销售时间	教育类	少儿类
7月	8205	8001
8月	5150	5500
9月	4500	3500
10月	4250	4000
11月	6000	4600
12月	5030	5500
合计	33135	31101
	=AVERAGE(B3:B8)	
	AVERAGE（数值1, ...）	

(b)

图 5-25　求平均值

⑤ 单击编辑栏上的【√】按钮或按【Enter】键即可计算出结果。同样，利用填充柄复制公式至 C10:G10。结果如图 5-26 所示。

	A	B	C	D	E	F	G
1	××图书公司 2021年7~12月图书销售情况（单位：册）						
2	销售时间	教育类	少儿类	文学类	考试类	经济类	计算机类
3	7月	8205	8001	7350	7000	9500	8100
4	8月	5150	5500	7500	9500	9000	9150
5	9月	4500	3500	4509	7000	5500	8500
6	10月	4250	4000	5000	8507	8000	8080
7	11月	6000	4600	5005	9080	5500	9007
8	12月	5030	5500	7500	9305	5000	8500
9	合计	33135	31101	36864	50392	42500	51337
10	平均	5523	5184	6144	8399	7083	8556

图 5-26　计算出合计和平均值后的结果

步骤 6　设置表格格式。表格中所有的数据输入完毕后，还需要对表格进行格式化设置，比如设置字体、数字格式、文字对齐方式以及表格的底纹和边框等。具体格式设置如下：

① 设置数字格式。选中单元格 B9:G10 区域，点击鼠标右键，在弹出的快捷菜单中选择【设置单元格格式】，打开【单元格格式】对话框，选择【数字】选项卡，如图 5-27(a) 所示，在“分类”中选择【数值】，设置【小数位数】为“0”。

② 设置对齐方式。选中整个数据区域 A2:G10，打开【单元格格式】对话框，选择【对齐】选项卡，如图 5-27(b)所示，将【水平对齐】和【垂直对齐】分别设置为【居中】。

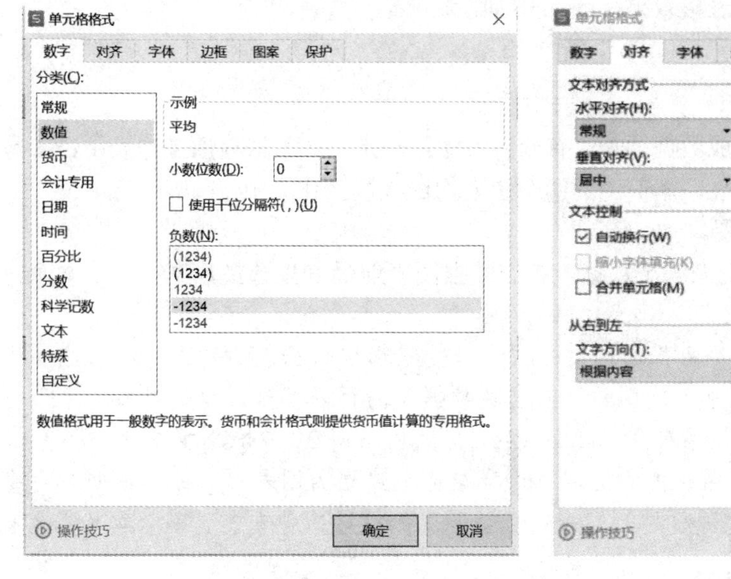

(a) 数字格式

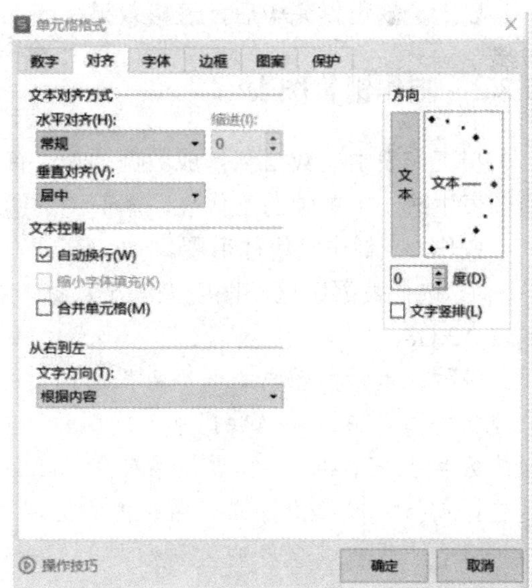

(b) 对齐格式

图 5-27　设置单元格格式

③ 设置字体格式。选中整个表格，将字体设置为“微软雅黑”，再选择“Times New Roman”。

④ 设置边框和底纹。选中 A2:G10，打开【单元格格式】对话框，在【边框】选项卡中单击【外边框】和【内部】，如图 5-28 所示，单击【确定】。选中 A2:G2 及 A2:A10 单元格，利用【开始】选项卡中的颜色图标，将单元格的颜色填充为“橙色”。

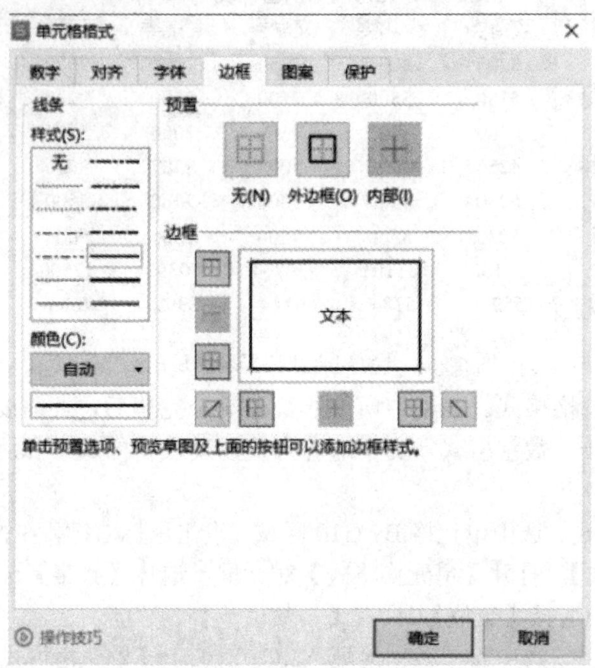

图 5-28　设置单元格的边框格式

以上全部设置完毕后，表格效果如图 5-18 所示。

5.2.2　制作销售图表

将工作表中的数据制作成数据图表，有两种方法：一是将图表嵌入原工作表中，二是将图表生成一个单独的工作表。本例中的两个图表均嵌入原工作表中。

操作 1　制作销售柱形图。

① 选择数据区域。图表来源于数据，制作数据图表前最好先选择数据区域。本例应选取 A2:G8。

说明：单元格区域的选择可采用两种方式。一是不选取数据表的行列标题，这样将来建立的图表中，每个数据系列的图示不会出现数据表的行列标题，而是用系统隐含定义的数字 1，2，3，…和数据系列 1，数据系列 2，数据系列 3，…代替数据和系列。二是选择包括数据表的行列标题在内的区域。这样在将来建立的图表中，每个数据系列的图示将会出现在数据表的行列标题上。一般情况下，都按第二种方式选择，本步骤就采用第二种方式。

② 插入图表。单击【插入】选项卡中的【柱形图】下拉按钮，在如图 5-29 所示的【二维柱形图】对话框中选择【簇状柱形图】，即可初步插入一个柱形图，如图 5-30 所示。

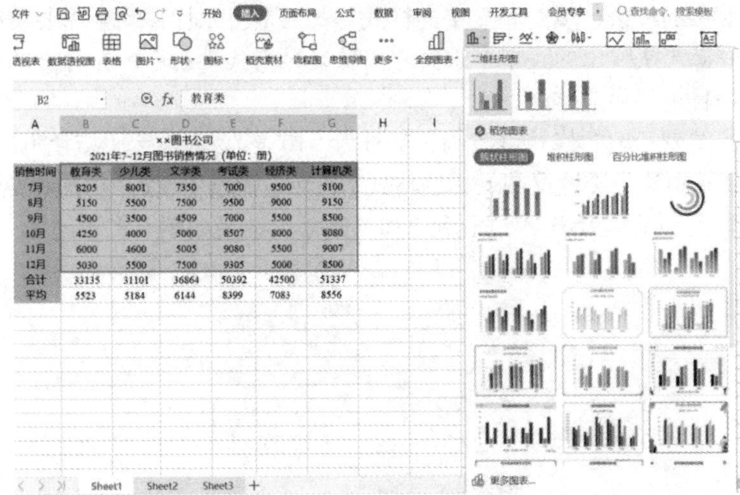

××图书公司

2021年7~12月图书销售情况（单位：册）

销售时间	教育类	少儿类	文学类	考试类	经济类	计算机类
7月	8205	8001	7350	7000	9500	8100
8月	5150	5500	7500	9500	9000	9150
9月	4500	3500	4509	7000	5500	8500
10月	4250	4000	5000	8507	8000	8080
11月	6000	4600	5005	9080	5500	9007
12月	5030	5500	7500	9305	5000	8500
合计	33135	31101	36864	50392	42500	51337
平均	5523	5184	6144	8399	7083	8556

图 5-29　选择簇状柱形图

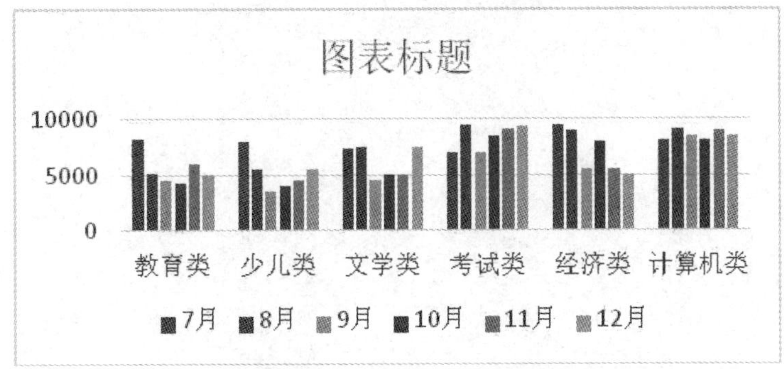

图 5-30　初步生成的图表

③ 切换行/列。因为要在图例中显示产品的名称，所以要交换行和列的位置，方法如下：单击【图表工具】选项卡中的【切换行列】命令，即可交换图例和坐标轴中的系列名称。

④ 添加图表标题。选中数据图表中的【图表标题】文本框，将“图表标题”四个字改成“2021 年 7～12 月图书销售情况图”，结果如图 5-31 所示。

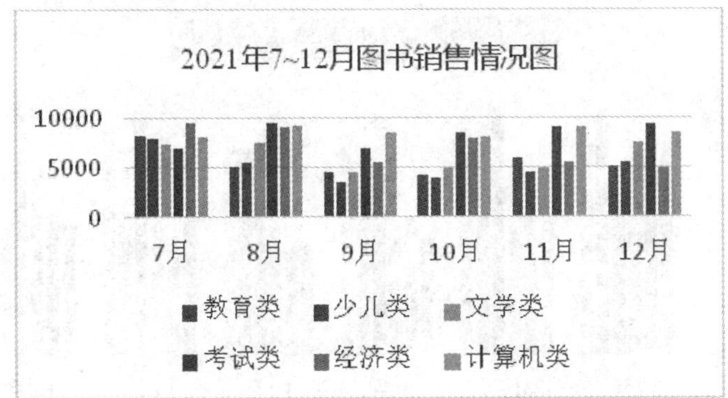

图 5-31　添加标题后的图表

⑤ 图表的格式化。初步创建好数据图表后，可以为图表上各个区域进行格式化设置，方法有两种：一是选择需要设置格式的对象，在【绘图工具】选项卡和【文本工具】选项

卡中分别设置对象的线条、填充和文字的样式等；二是将光标移动至需要修改格式的对象处，单击鼠标右键，从弹出的菜单中选择“设置××格式”命令，在打开的对话框中，选择所需修改的项目进行相应修改即可。

如本例中的图表标题的格式修改为：字号为“10 号”，底纹为“橙色”。在图表标题上右击，在快捷菜单中选择【设置图表标题格式】命令，弹出【设置图表标题格式】对话框，如图 5-32 所示，分别设置填充、边框颜色和样式等，结果如图 5-33 所示。

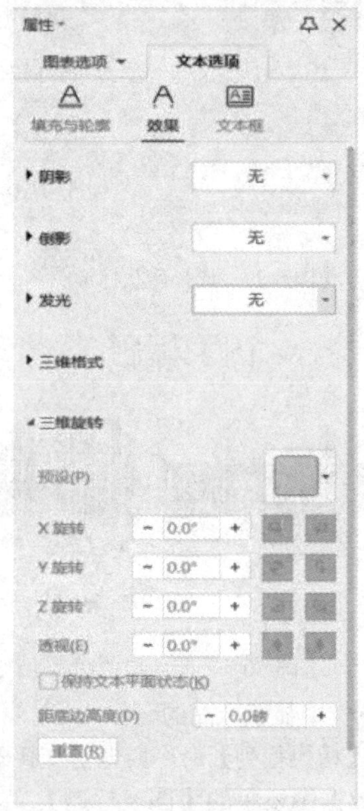

图 5-32 【设置图表标题格式】对话框

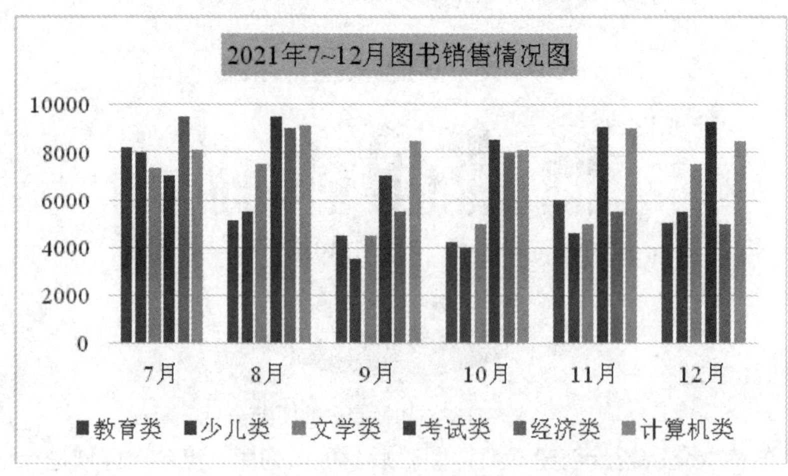

图 5-33 为图表标题设置格式

说明：图表初步制作完毕后，可以重新选择数据，也可以重新选择图标的位置，还可以添加和设置某些标签。在办公实践中主要用到“标题”“图例”两个标签，前者用来设置图表的标题、坐标轴标题等；后者需要确定图表是否带图例以及图例位置的放置。

操作 2　制作销售饼图。

按本例要求，要根据下半年各产品的销售总额制作出销售饼图，这类图表一般要求的数据区域是不连续的，具体操作步骤如下：

① 插入三维饼图。在销售数据表中，选择产品名称所在行的连续区域 B2:G2，按【Ctrl】键的同时，再选“合计”一行所在的连续区域 B9:G9。单击【插入】选项卡中的【饼图】下拉按钮，在如图 5-34 所示的下拉列表中选择【三维饼图】，即可初步插入一个三维饼图，如图 5-35 所示。

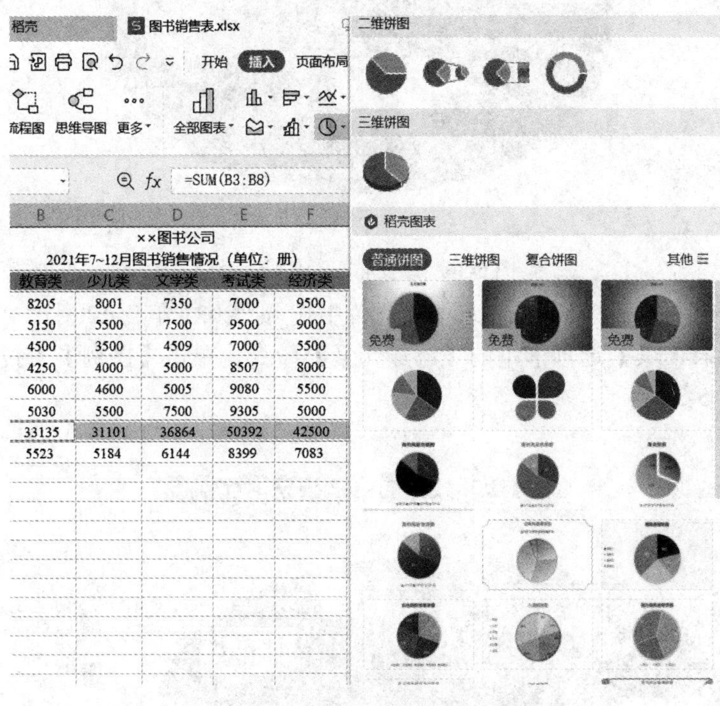

图 5-34　选择插入三维饼图

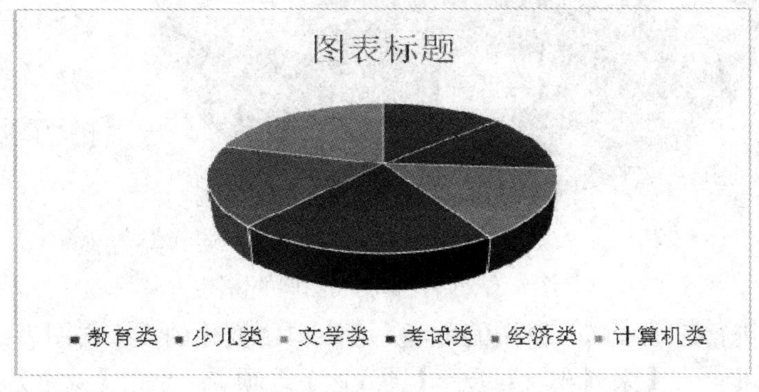

图 5-35　初步制作的三维饼图

② 改变饼图布局。选择【图表工具】选项卡中的【预设样式】，点击【样式 2】命令，结果如图 5-36 所示。

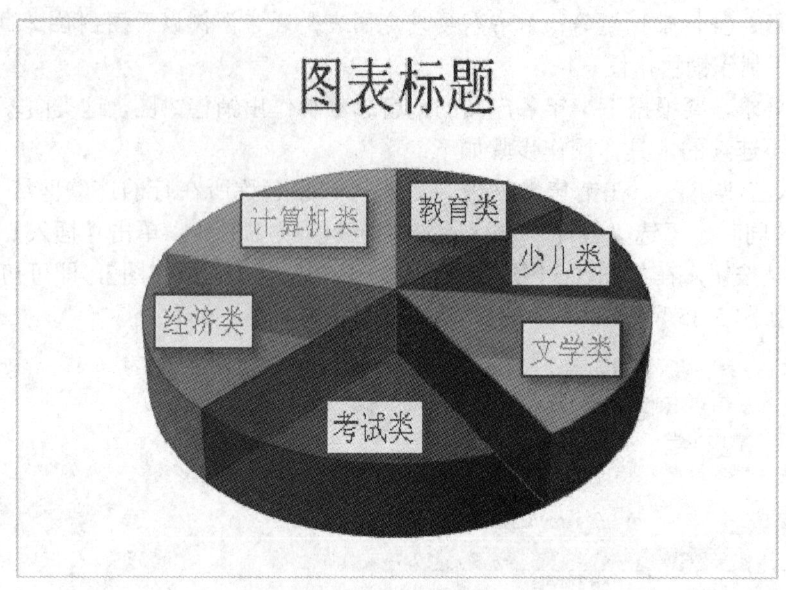

图 5-36　改变布局后的饼状图

③ 添加标题和图例标签。在“图表标题”中输入“2021 年 7~12 月图书销售总额比例图”；选择【图表工具】选项卡中的【添加元素】命令，单击【图例】下拉列表中的【右侧】，结果如图 5-37 所示。

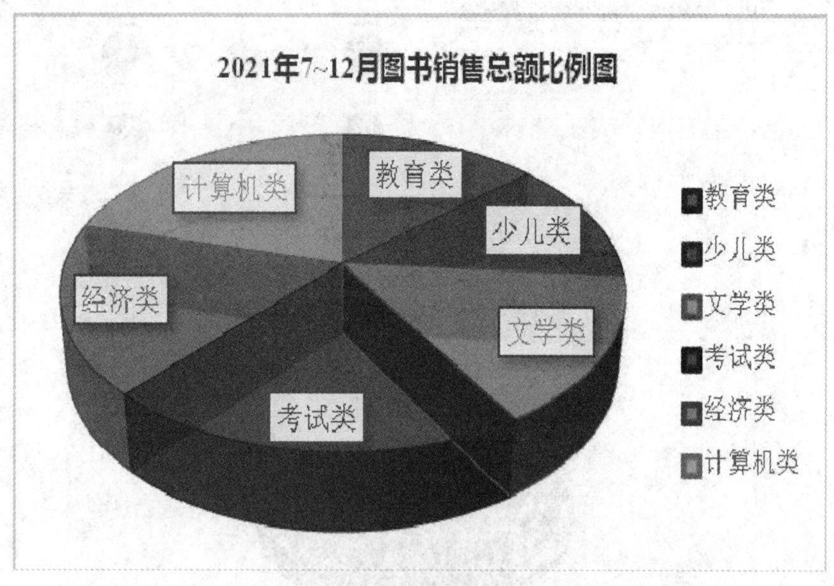

图 5-37　添加标题和图例的饼图

④ 对饼图进行三维旋转。饼图的角度是可以自由变化的，双击图表或鼠标右键，弹出【属性】对话框，在【系列选项】选择【图表区】选项卡，单击【效果】命令，点开【三维旋转】，将 X 旋转设为 150°，Y 旋转设为 30°，透视设置为 20°，如图 5-38 所示。

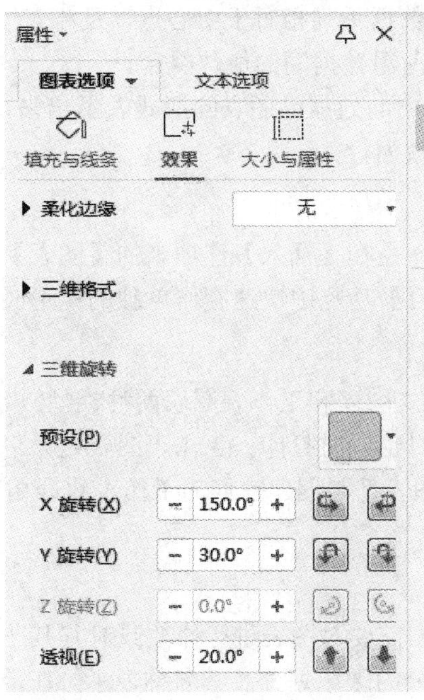

图 5-38　设置饼图的三维旋转

拓展知识

1. 图表类型

WPS 表格提供了丰富的图表功能，标准类型有柱形图、条形图、饼图等 14 种，每一种还有二维、三维、簇状、百分比图等供选择。自定义类型则有彩色折线图、悬浮条形图等 20 种。对于不同的数据表，应选择最适合的图表类型，才能使数据表现得更生动、形象。在办公实践中，使用较多的图表有柱形图、条形图、折线图、饼图、散点图等五种。制作时，图表类型的选取最好与源数据表内容相关。如要制作某公司上半年各月份之间销售变化趋势，最好使用柱形图、条形图或折线图；用来表现某公司人员职称结构、年龄结构等，最好采用饼图；用来表现居民收入与上网时间关系等，最好采用 XY 散点图。主要的图表类型及特点如下。

(1) 柱形图：用于描述数据随时间变化的趋势或各项数据之间的差异。

(2) 条形图：与柱形图相比，它强调数据的变化。

(3) 折线图：显示在相等时间间隔内数据的变化趋势，它强调时间的变化率。

(4) 面积图：强调各部分与整体间的相对大小关系。

(5) 饼图：显示数据系列中每项占该系列数值总和的比例关系，只能显示一个数据系列。

(6) XY 散点图：一般用于科学计算，显示间隔不等的数据的变化情况。

(7) 气泡图：是 XY 散点图的一种特殊类型，它在散点的基础上附加了数据系列。

(8) 圆环图：类似于饼图，也可以显示部分与整体的关系，但能表示多个数据系列。

(9) 股市图：用来分析说明股市的行情变化。

(10) 雷达图：用于显示数据系列相对于中心点以及相对于彼此数据类别间的变化。

(11) 曲面图：用来寻找两组数据间的最佳组合。

WPS 表格可以将工作表中的数据以图表的形式表示出来，可以使数据更加直观、生动，还可以帮助用户分析和比较数据。

2. 创建图表

创建图表有两种方法，一是在【插入】选项卡的【图表】工具组中选择不同图表的类型；二是利用 F11 或【Alt+F1】功能键快速制作单独的柱形图表。

3. 图表的存在形式

WPS 表格的图表有嵌入式图表和工作表图表两种类型。嵌入式图表与创建图表的数据源在同一张工作表中，打印时也同时打印；工作表图表是只包含图表的工作表，打印时与数据表分开打印。无论哪种图表都与创建它们的工作表数据相连接，当修改工作表数据时，图表会随之更新。

4. 图表的编辑与格式化

图表创建好之后，可根据需要对图表进行修改或对其某一部分进行格式设置。图 5-39 显示的是数据图表中各个部分的区域划分及其名称表示。在数据图表区域，将鼠标置于任一个区域，停留一段时间，会出现区域名称的自动提示。

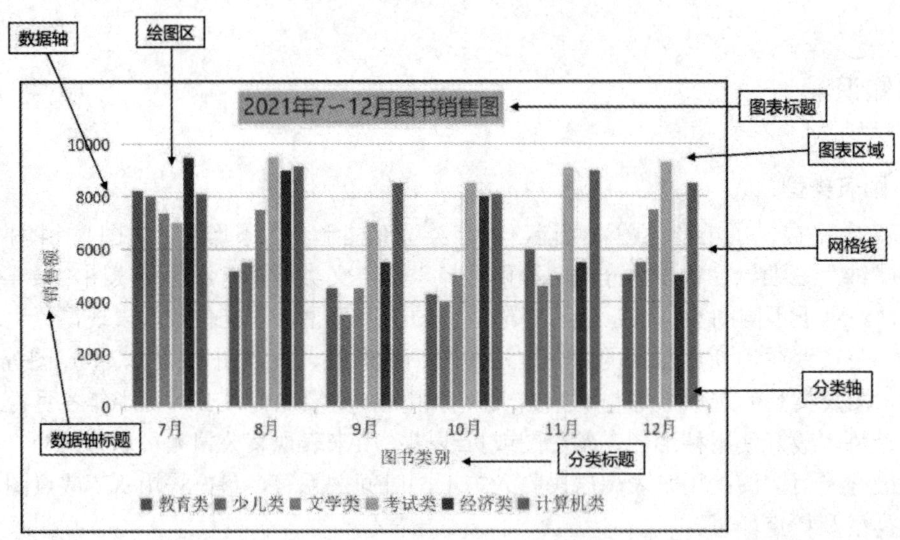

图 5-39　数据图表各个部分名称

当创建完一个图表后，功能区会增加【绘图工具】、【文本工具】和【图表工具】3 个选项卡，可以进行以下几个方面的设置：

(1)【绘图工具】：可以设置图表的坐标轴、背景、插入图片、文本框和形状等。针对图表中的某一个区域可以详细设置该区域的格式，如边框、填充的颜色和样式等。

(2)【文本工具】：可以设置文本的效果，文本的填充与轮廓等。

(3)【图表工具】：可以设置图表的布局、样式、数据的行/列切换以及图表的位置等。如本例中可以将柱状图表移动到一个单独的工作表中，方法如下：单击需要移动的图表后，单击【图表工具】中的【移动图表】命令，如图 5-40 所示，在弹出的对话框中选择【新工作表】，在文本框中输入“单独的柱状图”，单击【确定】后就会将该图表移动到一个新的工作表中，如图 5-41 所示。

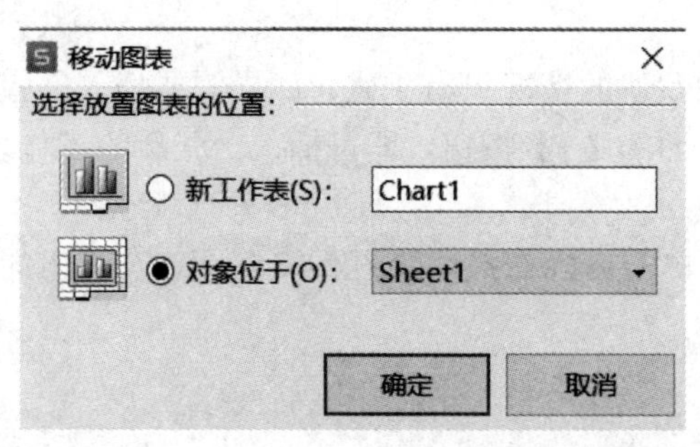

图 5-40 【移动图表】对话框

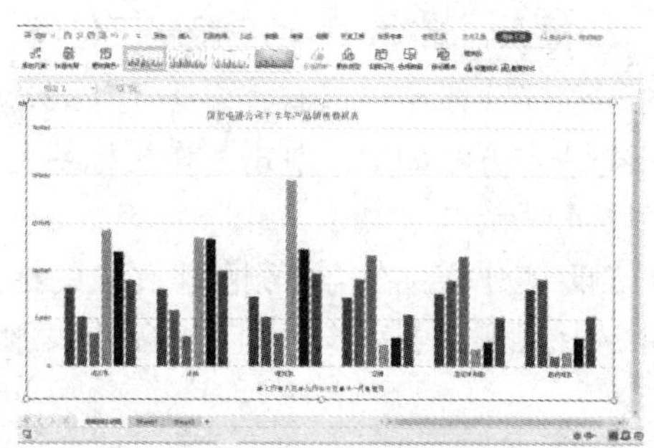

图 5-41　单独的柱状图

如果对图表的某个区域设置格式，可以将光标放在该区域，点击鼠标右键选择【设置××格式】命令，在弹出【设置××格式】对话框中进行详细设计。如可以在图表中设置绘图区背景。在绘图区位置单击鼠标右键，从弹出的菜单中选择【设置绘图区格式】，在弹出的【绘图区选项】对话框中单击【填充】按钮，根据需求设置颜色即可。

5. 图表的更新

随着数据图表的数据源表格中数据的变化，有时需要对数据图表进行更新，主要包括以下几项内容。

(1) 自动更新。当数据源的数据发生变化时，图表会自动更新。

(2) 向图表添加数据。复制需要添加的数据，粘贴到图表中即可。

(3) 从图表中删除数据系列。从图表中选择数据系列，按【Delete】键即可。

5.2.3　拓展

1. 工作簿、工作表与单元格

工作簿是 WPS 表格中计算和存储数据的文件，通常所说的 WPS 表格文件就是工作簿文件，在 WPS 表格中保存的扩展名分别为 .xls 和 .xlsx。

默认情况下，工作簿以“工作簿 1”命名，工作表以“Sheet1”“Sheet2”“Sheet3”的命名方式加以区分。WPS 表格中处理的各种数据是以工作表的形式存储在工作簿文件中的。一般情况下，每个工作簿文件默认有 1 张工作表，也可通过单击【文件】选项卡中的【选项】命令，在弹出的【选项】对话框中单击【常规与保存】命令，对“新工作簿内的工作表数”进行增加或减少。

工作表是一个二维表格，最多可以包含 1 048 576 行和 16 348 列，其中行是自上而下从 1 到 1 048 576 进行编号；列号则由左到右采用 A，B，C，…，Z，Z 列之后使用两个字母表示，即 AA，AB，AC，…，AZ，BA，BB，…，ZZ 来表示。每一格称为一个单元格，它是存储数据的基本单位。每个单元格均由其所处的行和列来命名其单元格地址(名字)，如 C 列第 5 行的单元格地址为“C5”。

单元格是工作表的最小单位，也是 WPS 表格保存数据的最小单位。在工作表中单击某个单元格，该单元格边框加粗显示，表明该单元格为“活动单元格”。活动单元格的行号和列号也会突出显示，如果向工作表输入数据，这些数据将会被填写在活动单元格中。向单元格中输入的数据，可以是数字、字符串、公式，也可以是图形或声音等。

2. 插入、删除、移动和隐藏工作表

一个工作簿中可以有很多张工作表，但是默认的情况只有 1 张，如果需要插入一张新的工作表，方法如下：单击工作表标签区最后面的【+】按钮，即可插入一张新的工作表，如图 5-42 所示。

删除工作表：在需要删除工作表的标签上单击鼠标右键，如图 5-43 所示，在弹出的菜单中选择【删除】工作表即可将工作表删除。

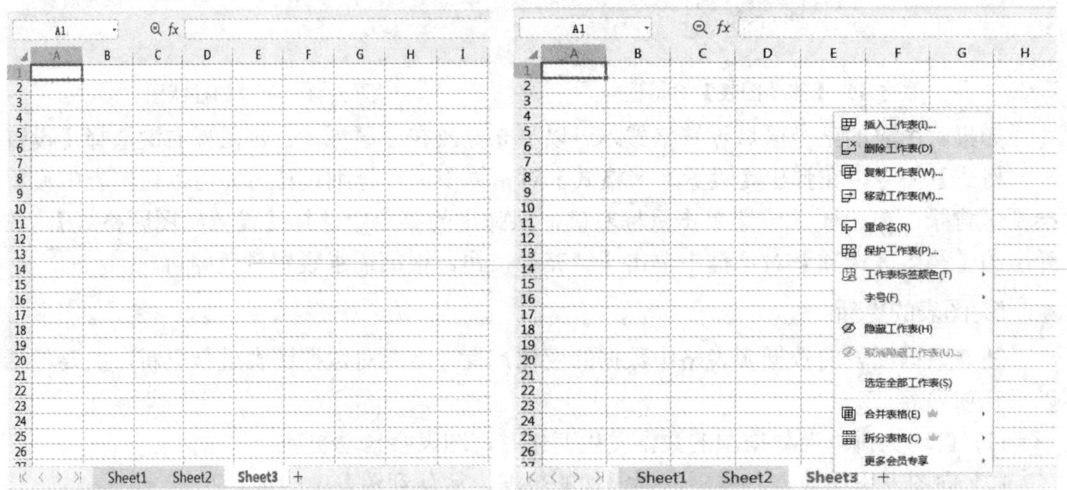

图 5-42　插入新的工作表　　　　图 5-43　删除工作表

移动工作表：工作表的标签位置决定工作表的层次关系，如果需要移动工作表，将光标放在需要移动的工作表标签上，拖动鼠标到合适的位置即可移动工作表。

隐藏工作表：若要隐藏某个工作表，在该工作表标签上单击鼠标右键，在弹出的菜单中选择【隐藏工作表】命令即可将工作表隐藏。在弹出的菜单中选择【取消隐藏工作表】命令来显示隐藏的工作表。

3. 工作簿与工作表的保护

对于一些重要的工作簿，为了避免其他用户恶意修改或删除源数据，可以使用 WPS 表格中自带的工作簿保护功能来进行保护。

1) 保护工作簿

WPS 表格允许对整个工作簿进行保护，这种保护分为两种方式：一种是保护工作簿的结构和窗口，另一种则是加密工作簿。

(1) 保护工作簿的结构和窗口。首先打开将要保护的工作簿，单击【审阅】选项卡中的【保护工作簿】命令，打开【保护工作簿】对话框，在【密码(可选)】文本框中输入保护密码，如图 5-44 所示。设置完成后，单击【确定】按钮，弹出【确认密码】对话框，在【重新输入密码】文本框中再次输入工作簿保护密码，确定后保存工作簿即设定好保护该工作簿的结构和窗口。

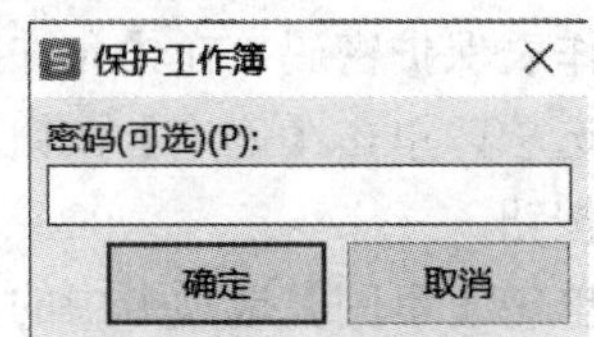

图 5-44 【保护工作簿】对话框

再次打开工作簿后，不能对工作簿的结构和窗口进行修改，即不能添加、删除工作表和改变工作表的窗口大小。

(2) 加密工作簿。在当前工作簿中，单击【文件】选项卡中的【文档加密】命令，如图 5-45 所示，在下拉列表中选择【密码加密】命令，弹出如图 5-46 所示的【密码加密】对话框。在【打开文件密码】文本框中输入保护密码，再次输入相同的密码，在输入【密码提示】后，单击【应用】按钮保存工作簿即可设置完成，当关闭工作簿再次打开时，会弹出【密码】提示框，在输入正确的密码后，才能打开工作簿。

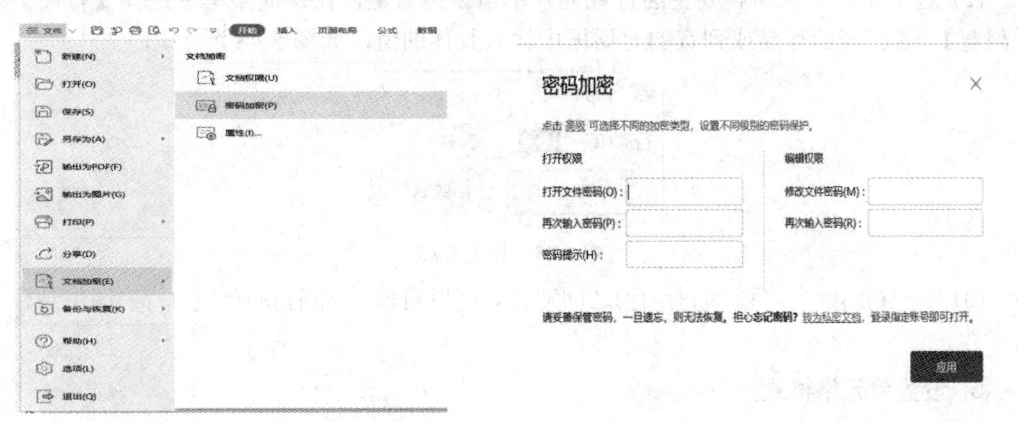

图 5-45 【密码加密】命令　　　　图 5-46 【密码加密】对话框

2) 保护工作表

保护工作表功能可以实现对单元格、单元格格式、插入行/ 列等操作的锁定，防止其他用户随意修改。打开工作表，单击【审阅】选项卡中的【保护工作表】命令，出现如图 5-47 所示的【保护工作表】对话框。

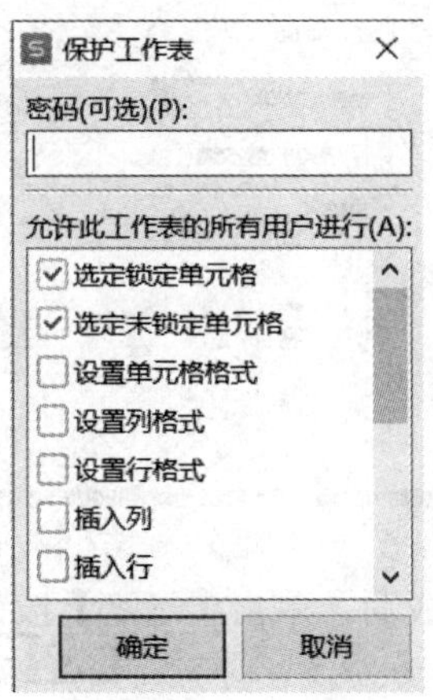

图 5-47 【保护工作表】对话框

在【密码】文本框中输入工作表保护密码，在【允许此工作表的所有用户进行】列表框中根据需要勾选或取消复选框选项，单击【确定】按钮，在弹出的【确认密码】对话框中再次输入密码，单击【确定】按钮。

当需要撤销工作表保护时，单击【审阅】选项卡中的【撤销工作表保护】命令，在打开的【撤销工作表保护】对话框中输入当初设定的保护密码，单击【确定】按钮即可。

说明：只有选择“保护工作表”后，才会有【撤销保护工作表】按钮。在【保护工作表】的对话框中，可以根据自己的需要选择保护的内容和类型，确定保存后再次打开，受保护的项就会起到保护作用，不能进行编辑。

4. 行高和列宽的调整

行高和列宽的调整方法一般有三种：

(1) 直接拖动行列之间的分隔线来调整。

(2) 选中要调整行高和列宽的行或列，单击鼠标右键，在快捷菜单中选择【行高】或【列宽】，在打开的行高或列宽的对话框中输入具体的值，如图5-48所示。

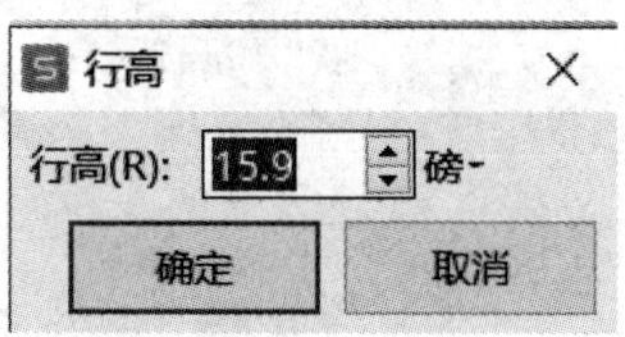

图5-48　设置行高

(3) 在列(行)标上的列-列(行-行)之间双击，可以将前一列(行)的列宽(行高)调整到合适的尺寸。

5. 设置单元格格式

WPS表格的单元格格式包括很多项，有数字、对齐、字体、边框、填充、保护等。在单元格上点击鼠标右键，在快捷菜单中选择【单元格格式】命令，即弹出【单元格格式】对话框，如图5-49所示。

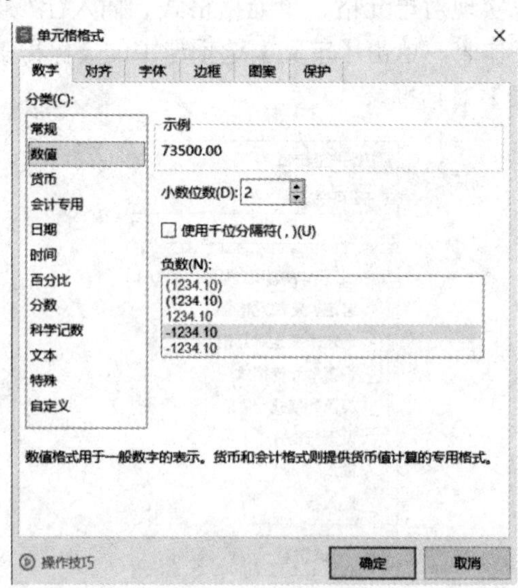

图5-49　【单元格格式】对话框

(1)“数字”选项卡：WPS 表格提供了包括常规、数值、货币、会计专用、日期、时间、百分比、分数、科学记数、文字和特殊等很多数字类型。此外，用户还可以自定义数据格式。其中，【数值】格式可以选择小数点的位数、是否使用千位分隔符和负数的表示方法；【货币】格式可以选择货币符号；【会计专用】格式可对一列数值设置所用的货币符号和小数点对齐方式；【分数】可以选择分母的位数；【日期】和【时间】可以设置不同的日期或时间格式；【百分比】可以将数值设置成百分比的样式，还可以设置保留的小数位数；自定义则提供了多种数据格式。

(2)【对齐】选项卡：为单元格提供了水平对齐和垂直对齐两种常用对齐方式；还可以在【方向】中用鼠标调整任意角度的倾斜；也可以在【文本控制】中设置【自动换行】、【缩小字体填充】以及【合并单元格】选项。

(3)【字体】选项卡：设置单元格内字体的格式，有字体、字号、大小、颜色、特殊效果等。

(4)【边框】选项卡：设置单元格的边框样式、颜色等。

(5)【图案】选项卡：设置单元格的填充颜色、效果及图案等。

6. 自动套用格式和样式

利用 WPS 表格提供的套用表格格式或样式功能可以快速设置表格的格式，为用户节省大量的时间，制作出优美的报表。WPS 表格共提供了几十种不同的工作表格式，其使用步骤如下：

(1) 在工作表中选择需要设置样式的单元格区域。

(2) 单击【开始】选项卡中的【表格样式】命令，在打开如图 5-50 所示的【预设样式】下拉列表中选择一种需要的表格样式，弹出【套用表格样式】对话框，如图 5-51 所示，选择数据区域以及标题行，确定后会套用之前选择的样式。

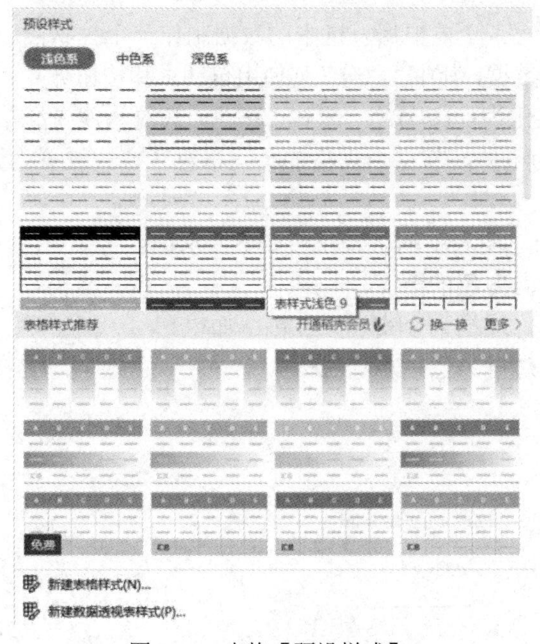

图 5-50　表格【预设样式】

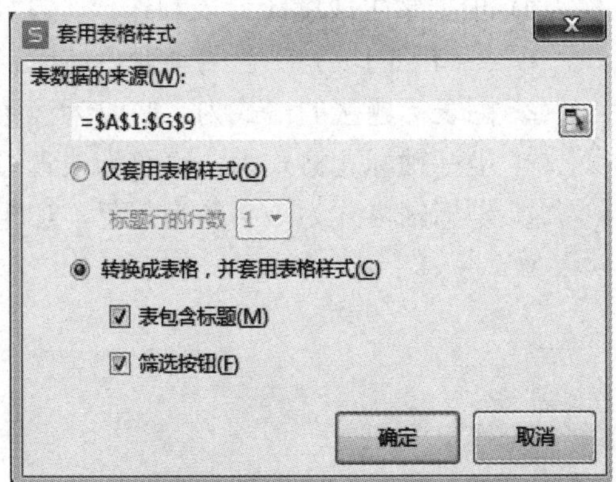

图 5-51　【套用表格样式】对话框

实 训

实训一 制作一张转账凭证

(1) 在页面设置中设置纸张为 A4，横向。

(2) 输入表格标题内容。

(3) 先插入一个 7 行 3 列的表格，然后使用【绘制表格】模拟效果图进行详细绘制。

(4) 在表格中输入文字内容，输入如图 5-52 中的文字，并适当设置其单元格对齐方式。

(5) 为边框加粗。按照效果图的效果对表格中的某些边框线进行加粗设置。

转 账 凭 证

年 月 日 字 第 号

摘要	总账科目	明细科目	借方金额									贷方金额								
			百	十	万	千	百	十	元	角	分	百	十	万	千	百	十	元	角	分
合计																				
财务主管		记账				出纳						审核				制单				

图 5-52 转账凭证表格的效果图

实训二 制作学生成绩统计表格和图表

以小组为单位，制作同小组的同学的统计表格，再根据表格中的数据制作一个柱状图。

(1) 制作一个成绩统计表格并输入相应的数据，其中“总分”列使用自动求和按钮计算。

(2) 合并第一行输入标题，并将标题格式化为：16 号字，宋体，红色，底纹为浅青绿。

(3) 将字段名一行格式化为蓝色，字体为粗体，将整个表格的单元格对齐方式设置为水平和垂直方向均为“居中”。

(4) 根据学生成绩统计表制作一个柱状图，图表中的格式化按如下要求：

① 绘图区的填充颜色为渐变色：天蓝色向白色的渐变。

② 图表标题区的格式为：底纹为浅黄色，边框为单实线，红色，加粗。

③ 坐标轴标题格式为：底纹为浅青绿，边框为黑色单实线。

④ 坐标轴格式为：字体为蓝色，加粗。

项目 6　WPS 表格的数据处理

【项目目标】

- 熟悉 WPS 表格中数据的输入方法。
- 掌握 WPS 表格中图表、数据透视表的制作方法。
- 熟练掌握工作表中数据的排序、筛选和分类汇总操作。

任务 6.1　处理学生成绩(一)

利用 WPS 表格的数据处理功能，可以迅速完成对学生成绩的处理。本例要求对学生的期末成绩作如下处理：

1. 制作本学期成绩综合评定表

在综合评定表中包含学生的各科成绩、综合分数、综合名次、奖学金等。效果如图 6-1 所示。

	A	B	C	D	E	F	G	H	I	J	K	L	M
1	2021级02052班学生期末成绩综合评定表												
2	学号	姓名	性别	高等数学	信息技术	大学英语	应用文写作	大学体育	邓小平理论	形势与政策	综合分数	综合名次	奖学金
3	210205201	张伟	男	90	83	*47*	94	88	92	90	83.43	8	
4	210205202	李婷玉	女	68	**97**	68	86	**97**	77	76	81.29	12	
5	210205203	孟涵	女	73	85	76	**95**	75	86	86	82.29	10	
6	210205204	吕青青	女	**95**	94	**95**	79	86	68	76	84.71	6	三等奖
7	210205205	杨晓伟	男	76	75	85	76	**95**	79	90	82.29	10	
8	210205206	李曼	女	69	*46*	74	**96**	66	94	87	76.00	16	
9	210205207	邹玉红	女	85	**95**	93	89	85	85	79	87.29	3	二等奖
10	210205208	杨展	男	79	69	85	*43*	**95**	92	90	79.00	14	
11	210205209	李明兰	女	94	79	94	69	86	81	89	84.57	7	
12	210205210	张玉阳	男	87	*44*	78	85	**95**	75	78	77.43	15	
13	210205211	梁思源	男	74	85	85	*55*	74	86	*49*	72.57	17	
14	210205212	韩慧	女	**95**	69	**95**	85	93	94	92	89.00	2	二等奖
15	210205213	刘宇星	男	75	86	75	76	*56*	*58*	76	71.71	18	
16	210205214	郑朝晖	男	94	**95**	85	**99**	84	**95**	90	91.71	1	一等奖
17	210205215	叶澜依	女	84	**95**	93	78	69	69	73	80.14	13	
18	210205216	王洋	男	**95**	86	85	86	74	70	85	83.00	9	
19	210205217	李铭	男	*53*	94	85	**95**	91	92	**99**	87.00	4	三等奖
20	210205218	王雷	男	79	92	93	86	83	77	86	85.14	5	三等奖

图 6-1　成绩综合评定表

2. 单科成绩统计分析

统计单科成绩的最高分、最低分、各分数段人数与比例等，效果如图 6-2 所示。

	A	B	C	D	E	F	G	H
1	单科成绩统计分析							
2		高等数学	信息技术	大学英语	应用文写作	大学体育	邓小平理论	形势与政策
3	应考人数	18	18	18	18	18	18	18
4	最高分	95	97	95	99	97	95	99
5	最低分	53	44	47	43	56	58	49
6	90分以上人数	6	7	6	5	6	6	6
7	比例	33.33%	38.89%	33.33%	27.78%	33.33%	33.33%	33.33%
8	80~90分人数	3	5	6	6	6	4	5
9	比例	16.67%	27.78%	33.33%	33.33%	33.33%	22.22%	27.78%
10	70~80分人数	6	2	4	4	3	5	6
11	比例	33.33%	11.11%	22.22%	22.22%	16.67%	27.78%	33.33%
12	60~70分人数	2	2	1	1	2	2	0
13	比例	11.11%	11.11%	5.56%	5.56%	11.11%	11.11%	0.00%
14	60分以下人数	1	2	1	2	1	1	1
15	比例	5.56%	11.11%	5.56%	11.11%	5.56%	5.56%	5.56%

图 6-2 单科成绩分析表

3. 单科成绩统计图

以饼图的形式直观地显示各门课程 90 分以上人数的比例。效果如图 6-3 所示。

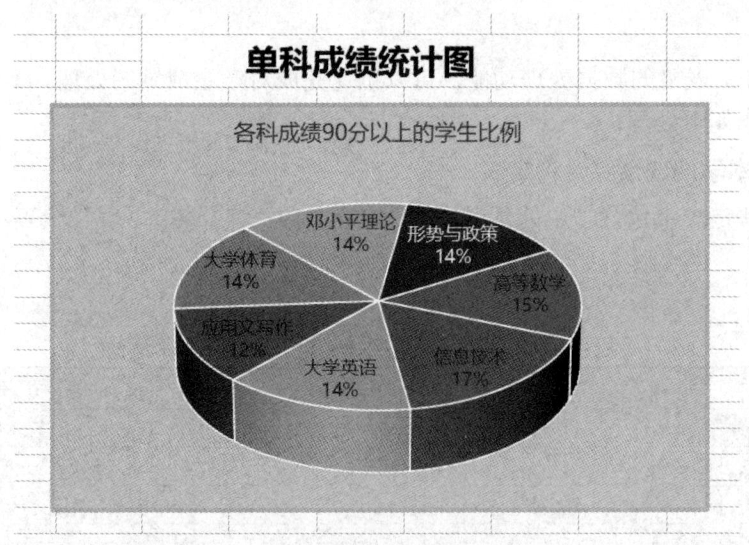

图 6-3 单科成绩统计图

实例制作要求：

(1) 为了便于在屏幕上查看，需要将数据表格中单元格文字、数字的格式(字体、边框、底纹等)进行适当处理。

(2) 为了保障数据准确，各类原始成绩数据输入前要进行数据有效性设置。

(3) 为了直观显示优秀和不及格学生的考试成绩，利用数据的条件格式对高于 90 分和低于 60 分的成绩采用不同字体颜色显示。

(4) 名次和奖学金以及单科成绩分析中的数据需要使用公式和函数进行计算得出。

(5) 为了输入优秀学生和不及格学生的名单，使用高级筛选将符合条件的名单显示出来。

6.1.1　新建“学生成绩处理”工作簿

新建 WPS 表格，增加四张新的工作表，将五个工作表的名称依次更改为“成绩综合评定”“优秀学生筛选”“不及格学生筛选”“单科成绩分析”“单科成绩统计图”。工作表命名结束后，以“学生成绩处理”为名保存工作簿。

6.1.2　制作“成绩综合评定”表

步骤 1　制作标题和字段名。

在“学生成绩处理”工作簿中选择“成绩综合评定”表，在 A2:M2 单元格区域中依次输入各个字段标题(分别为“学号”“姓名”“性别”“高等数学”“信息技术”“大学英语”“应用文写作”“大学体育”“邓小平理论”“形势与政策”“综合分数”“综合名次”“奖学金”等共 13 个)。合并单元格区域 A1:M1 并输入标题“2021 级 02052 班学生期末成绩综合评定表”。

说明：在输入标题时，由于开始不知道表格有多少列，因此一般先输入字段名，再根据字段名的列数来合并单元格。

步骤 2　设置表格框架的格式。

① 设置标题和字段名格式。选定 A1 单元格，设置字体格式为微软雅黑、20 号、红色，行高为 40。选定 A2:M2 单元格区域，将字体格式设置为 10 号。为了区分考试课与考查课，将相关课程设置为不同字体：高等数学、信息技术、大学英语、应用文写作四门考试课用蓝色；大学体育、邓小平理论、形势与政策三门考查课用红色。

② 设置边框和底纹。选中 A2:M38 区域(本例假设班里有 36 名学生)，选择【开始】选项卡中【边框】下拉列表中的【所有框线】，为工作表指定区域设置边框。选中标题单元格，将标题底纹设置为浅黄色；选中字段名单元格区域，将字段项底纹设置为浅蓝色。

③ 设置所有单元格内容为垂直方向和水平方向居中。选择要编辑的数据，右键单击打开【设置单元格格式】，在弹出来的窗口中点击【对齐】中的【水平对齐】，选择【居中】，点击【垂直对齐】，选择【居中】，之后回车确定即可。

制作效果如图 6-1 所示。

步骤 3　为“学号”设置特殊单元格格式。

该表中的“学号”字段需要设置特殊的数字类型，选择该列，点击鼠标右键，在弹出的快捷菜单中选择【设置单元格格式】命令，弹出【单元格格式】对话框，如图 6-4 所示，选择【数字】选项卡，在【分类】列表框中选择“文本”，单击【确定】按钮。输入学号。

说明：在 WPS 表格中，输入的数据类型一般为常规。常规的意思是系统根据用户输入的数据来判断是哪种类型，如数字默认为数值型等。因此，如果输入的数据和想得到的结果不一致，就需要改变单元格的类型。

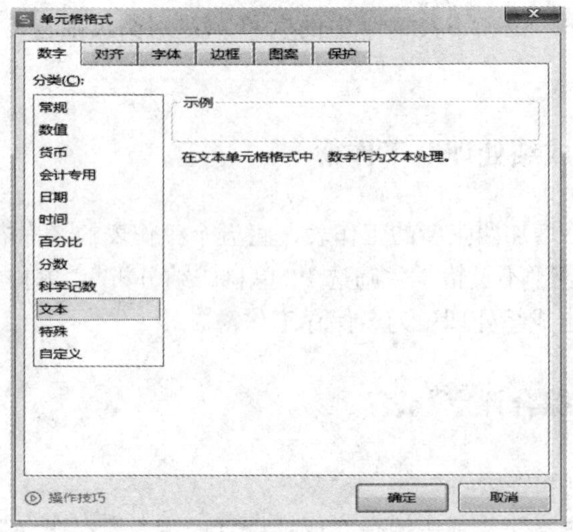

图 6-4 【单元格格式】对话框

步骤 4　设置数据的有效性。

在信息输入之前，为了保证数据输入正确和快捷，可以利用数据的有效性来对单元格进行设置。例如，需要保证七门成绩中只能输入 0～100 之间的数字，还有一些字段的数据来源于一定的序列，如性别，此时可以在设置序列的有效性后选择序列中的某一项，而不用一一输入，这样既保证了正确性，又提高了效率。本例中，各门课程对应的成绩范围应为 0～100，性别设置范围为“男，女”。具体操作步骤如下：

① 设置各科成绩的数据有效性。选择单元格区域 D3:J38，选择【数据】选项卡中的【有效性】命令，打开【数据有效性】对话框，如图 6-5 所示。在【设置】选项卡中设置【允许】为“小数”，【数据】为“介于”，【最小值】为“0”，【最大值】为“100”。

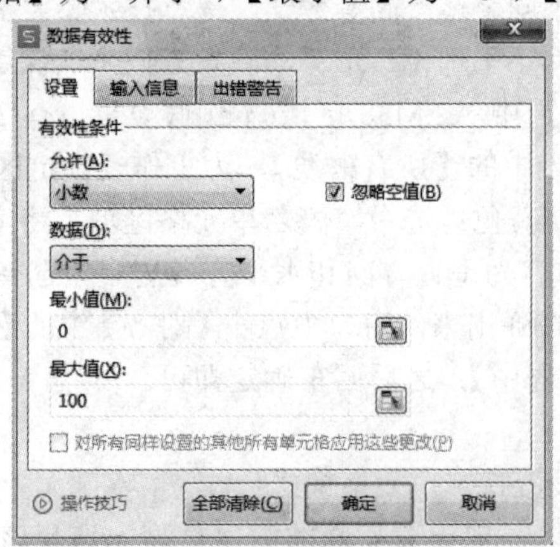

图 6-5 【数据有效性】对话框

在【输入信息】选项卡中，勾选【选定单元格时显示输入信息】，在【标题】文本框中输入“输入成绩”，在【输入信息】文本框中输入“请输入对应成绩(0～100 之间)”，如图 6-6 所示。

单元格或单元格区域设置输入提示信息后，选择对应单元格，系统就会出现提示信息，输入人员可以根据输入信息的提示向其中输入数据，避免数据超出范围。

在【出错警告】选项卡中，勾选【输入无效数据时显示出错警告】，将【标题】设置为“出错”，将【错误信息】设置为“输入数据超出合理范围”，将【样式】(共有 3 个选项，即停止、警告、信息)，设置为“停止”，如图 6-7 所示，单击【确定】。

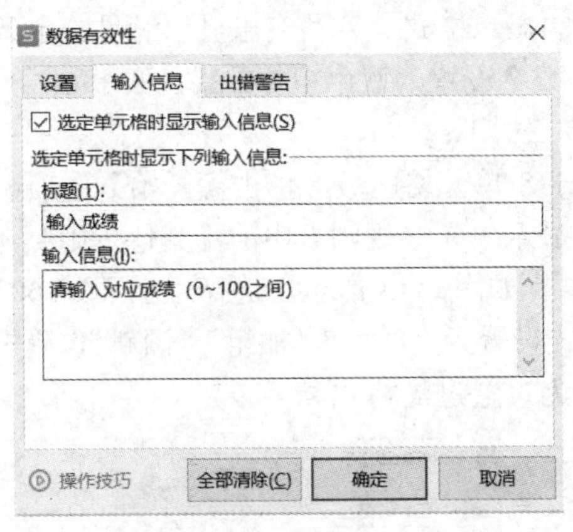

图 6-6 【输入信息】选项卡

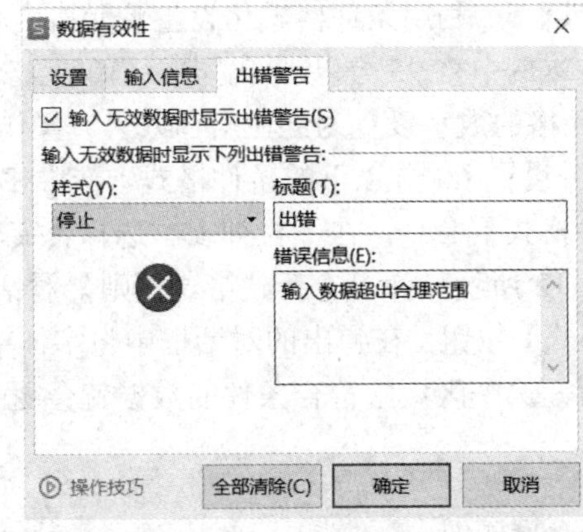

图 6-7 【出错警告】选项卡

在单元格或单元格区域设置出错警告信息后，选择对应单元格，输入超出范围的数据，系统将会发出警告声音，同时自动出现错误警告信息。

当输入各科成绩时，在单元格右下角会出现相应的提示信息，如图 6-8 所示。当输入的数据不正确时会出现【出错】对话框，如图 6-9 所示。

学号	姓名	性别	高等数学	信息技术	大学英语	应用文写作
210205201	张伟	男	90			
210205202	李婷玉	女	68			
210205203	孟涵	女	73			
210205204	吕青青	女	95			
210205205	杨晓伟	男	76			
210205206	李曼	女	69			
210205207	邹玉红	女	85			
210205208	杨展	男	79			
210205209	李明兰	女	94			

输入成绩
请输入对应课程成绩（0~100）

图 6-8　提示信息示意图

图 6-9 【出错】对话框

② 设置性别的序列有效性。选择区域 C3:C38，在【数据有效性】对话框的【设置】选项卡中，设置【允许】为“序列”，【来源】为“男，女”，如图 6-10 所示。注意此时的序列项之间的逗号为英文输入法下的逗号。单击【确定】，即可为单元格设置序列有效性，输入时就可以直接选择，如图 6-11 所示。

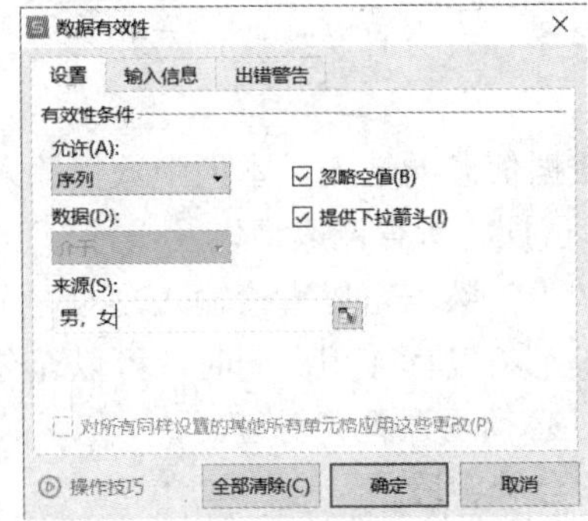

图 6-10　设置序列的有效性

学号	姓名	性别	高等数学	信息技术	大学英语
210205201	张伟		90	83	47
210205202	李婷玉	男，女	68	97	68
210205203	孟涵		73	85	76
210205204	吕青青		95	94	95
210205205	杨晓伟		76	75	85
210205206	李曼		69	46	74
210205207	邹玉红		85	95	93

图 6-11　选择序列项

说明：数据有效性的设置应该在数据输入之前，否则不会起作用。取消有效性设置的方法为：先选定相应单元格，然后打开【数据有效性】对话框，单击【全部清除】按钮，最后单击【确定】按钮。

步骤 5 利用条件格式化设置单元格内容的显示格式。为了突出显示满足一定条件的数据，本例中将 95 分以上(优秀成绩)单元格的数字设置为蓝色粗体效果，低于 60 分(不及格)单元格的数字设置为红色斜体效果。操作步骤如下：

① 设置 60 分以下的条件格式。选中 D3:J38 单元格区域，单击【开始】选项卡中的【条件格式】命令，在下拉列表中选择【突出显示单元格规则】中的【其他规则】命令，如图 6-12 所示，弹出【新建格式规则】对话框，如图 6-13 所示。选择"小于""60"，单击【格式】按钮，在弹出的对话框中将字体格式设置为"红色""加粗""倾斜"，单击【确定】后，选中区域中符合条件的数据就会更改为设置过的格式。

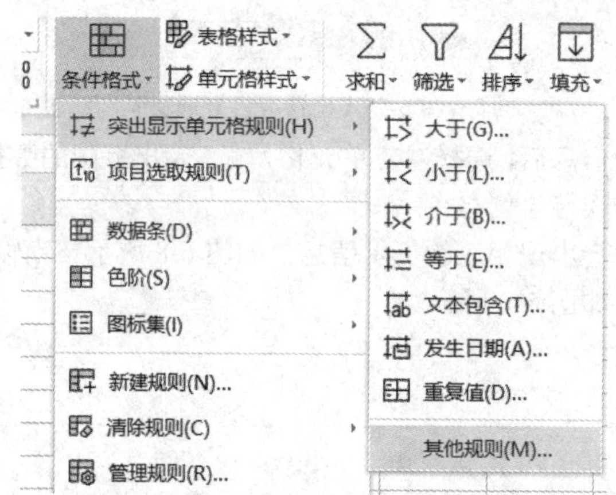

图 6-12 设置条件格式

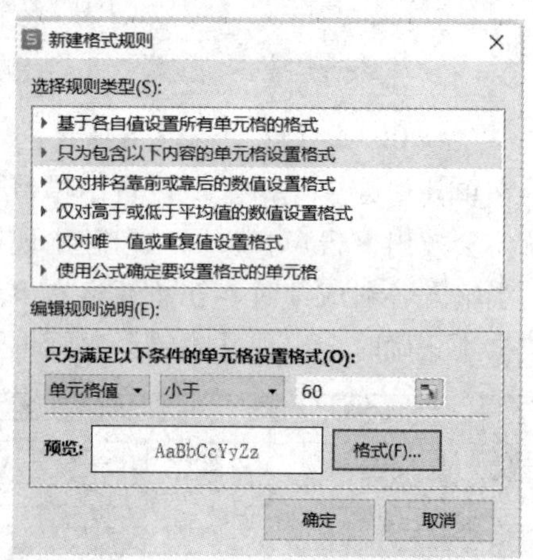

图 6-13 "新建格式规则"对话框

② 设置 95 分以上的条件格式。方法同上，不同的是设置条件为"大于或等于""95"，【格式】为"蓝色""粗体"，单击【确定】后成绩区域就有两种数据的条件格式。

③ 删除条件格式。选择【开始】选项卡中【条件格式】下拉列表中的【清除规则】命令，此时可以根据需要选择【清除所选单元格的规则】或【清除整个工作表的规则】来删除条件格式。

说明：同一区域可多次设置条件格式。对于设置好条件格式的单元格，在数据输入之前，表面上没有任何变化，但当输入数据后，数字的字体格式会自动按照设定样式进行改变，并且会随着内容的变化自动调整格式。

步骤 6 输入数据。完成各项设置后，即可进行数据信息的输入。本例中数据输入是指学生基本信息(学号、姓名、性别)和原始数据(7 门考试课、考查课成绩以及操行分)的录入，其他列的内容都需要使用公式和函数计算。在本例中，数据可以直接输入，即逐个字段输入数据。此时，单元格的有效性设置、条件格式等都将发挥作用。同时，可以充分利用序列填充等技巧加快数据输入速度。但要注意输入时必须与课程列对应。

步骤 7 利用公式计算综合分数、综合名次、奖学金等字段值。

① 计算综合分数。综合分数的计算方法是：四门考试课平均分 × 4 / 7 + 三门考查课成绩平均分 × 3 / 7。此处需要使用 AVERAGE 函数。操作方法为：先选择 K3，在编辑栏

中输入公式“=AVERAGE(D3:G3)*4/7+AVERAGE(H3:J3)*3/7”。拖动填充柄，复制得到每个学生的综合分数。

计算出综合分数后还要设置其保留位数为 2 位，方法如下：选择 K3:K38，打开【设置单元格格式】对话框，在【数字】选项卡中设置【分类】为“数值”，【小数位数】为“2 位”，单击【确定】即可将该区域中的数字全部设置为保留 2 位小数的数值。

② 排列综合名次。排列综合名次需要使用 Rank 函数。先选择 L3 单元格，在编辑栏中输入公式 “=RANK(K3,$K$3:$K$38)”。拖动填充柄，复制得到每个学生的综合名次。

说明： RANK 函数是专门进行排列名次的函数，K3 为评定分所在单元格，$K$3:$K$38 为所有人总分单元格区域，第三个参数缺省，则排名按降序排列，也就是分数高者名次靠前，与实际相符。需要注意的是，$K$3:$K$38 采用绝对引用，主要是为了保证将来公式复制的结果正确——不管哪个人排列名次，都是利用其总分单元格在$K$3:$K$38 中排名，所以公式中前者为相对引用，后者必须绝对引用。

③ 确定奖学金等级。奖学金等级的评定方法为：一等奖 1 名，二等奖 2 名，三等奖 3 名。在 M3 单元格中的公式为“=IF(L3<=1, "一等奖", IF(L3<=3, "二等奖", IF(L3<=6," 三等奖","")))”。其中：IF 函数用来进行条件判断，因为共有 4 种情况，所以 IF 函数嵌套了 3 层。公式最后的""表示为空，即没有获得奖学金的学生对应的单元格为空。

说明：在使用 IF 函数进行多层嵌套时，括号要成对出现；公式中的符号必须使用英文输入法下的符号。

步骤 8　排列名次。将鼠标置于“综合名次”列中的任意一个单元格，单击【数据】选项卡中【排序】下拉列表中的升序按钮，即可实现在学生成绩评定表中按名次升序排列。

6.1.3　制作“单科成绩分析”表

在“单科成绩分析”表中按图 6-2 创建表框架。利用公式和函数进行各项计算。

步骤 1　在 B 列分别输入下列公式：

B3 中公式为“=COUNTA(成绩综合评定!$A$3:$A$20)”；

B4 中公式为“=MAX(成绩综合评定!D3:D20)”；

B5 中公式为“=MIN(成绩综合评定!D3:D20)”；

B6 中公式为“=COUNTIF(成绩综合评定!D3:D20,">=90")”；

B7 中公式为“=B6/B3”；

B8 中公式为“=COUNTIF(成绩综合评定!D3:D20,">=80")-B6”；

B9 中公式为“=B8/B3”；

B10 中公式为“=COUNTIF(成绩综合评定!D3:D20,">=70")-B6-B8”；

B11 中公式为“=B10/B3”；

B12 中公式为“=COUNTIF(成绩综合评定!D3:D20,">=60")-B10-B8-B6”；

B13 中公式为“=B12/B3”；

B14 中公式为“=COUNTIF(成绩综合评定!D3:D20,"<60")”；

B15 中公式为“=B14/B3”。

步骤 2　输入公式以后，将 B1:H1 单元格区域合并，选中 B3:B15 单元格，拖动填充柄向右填充至 H3:H15。

步骤 3　设置比例行的单元格格式。

将所有比例行中的数据选中，在单元格格式中将类型设置为百分比，保留两位小数。

步骤 4　格式化表格。

选中整个表格，设置所有的边框线为黑色单实线，将标题行设置为微软雅黑、18 号字、加粗，底纹为浅黄色，字体名单元格区域的字体加粗，底纹为浅红色，A3:A15 区域的底纹为浅青绿色。

6.1.4　创建"单科成绩统计图"

在 WPS 表格中，可以利用图表的形式直观地反映学生成绩分布情况。例如利用学生的单科成绩统计分析表中的数据，制作各门课程在 90 分以上的学生人数比例的饼图，并且设置这张图表和原数据不在一张工作表上。

(1) 打开"单科成绩图"工作表，合并单元格区域 D3:H4，输入文本"单科成绩统计图"，将其格式设置为微软雅黑、18 号字、粗体。

(2) 选择【插入】选项卡的【饼图】命令，如图 6-14 所示，在下拉列表中选择【三维饼图】，此时会插入一个空白的图表，如图 6-15 所示。

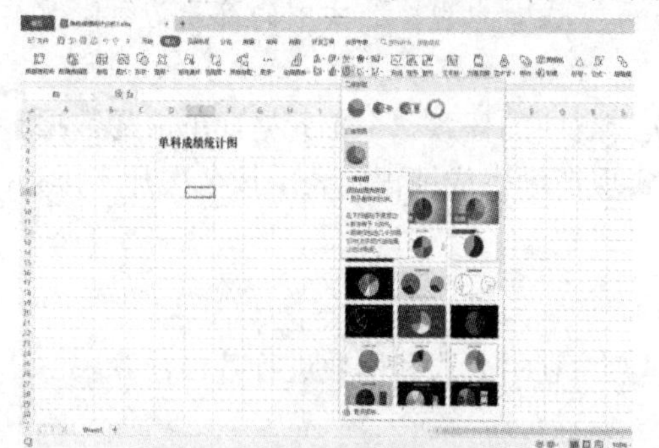

图 6-14　插入三维饼图

图 6-15　空白图表

选择【图表工具】选项卡中的【选择数据】命令，弹出【编辑数据源】对话框，如图 6-16 所示。将光标定位在图表数据区域中，选择"单科成绩分析"工作表中的 B2:H2 和 B6:H6 区域，单击【确定】后将出现如图 6-17 所示的图表样式。

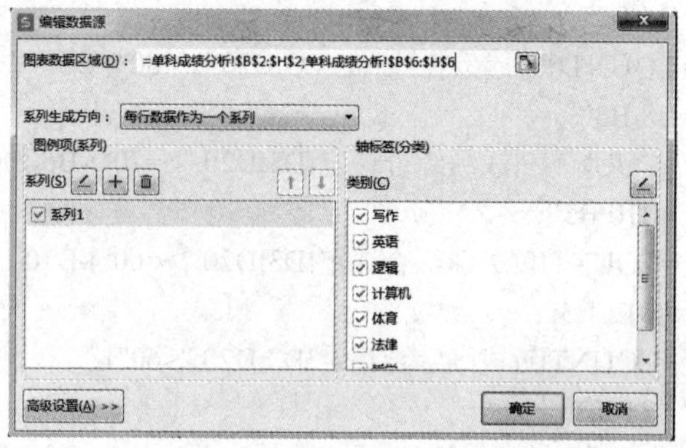

图 6-16　【编辑数据源】对话框

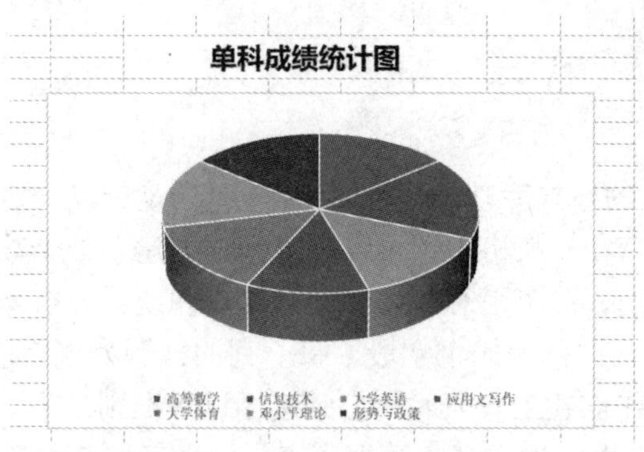

图 6-17　初步生成的饼图

在【图表标题】中输入“各科成绩 90 分以上的学生比例”，选中图表，选择【图表工具】选项卡中的【快速布局】命令，在下拉列表中选择“布局 1”命令，结果如图 6-18 所示。

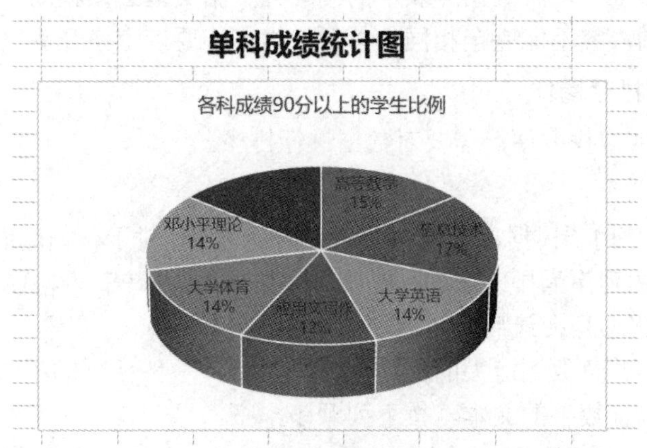

图 6-18　改变布局样式

选择【图表工具】选项卡中【设置格式】命令，此时页面右侧出现【属性】对话框，单击【效果】选项卡中的【三维旋转】命令，设置其 X 的旋转角度为 60°，结果如图 6-19 所示。最后设置图表的边框和填充颜色，结果如图 6-3 所示。

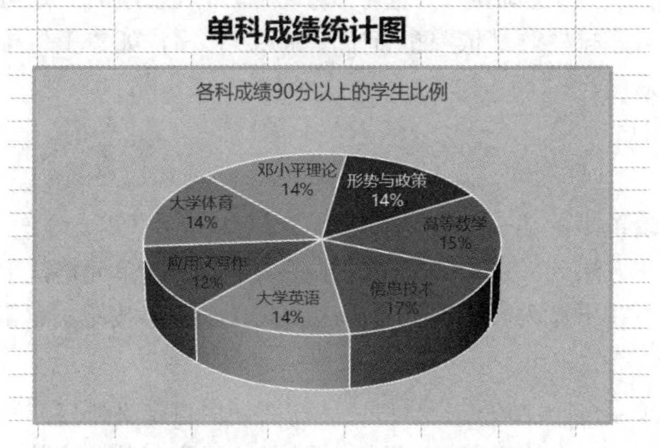

图 6-19　对图表进行三维旋转

拓展知识

WPS 表格具有强大的数据库功能，所谓“数据库”是指以一定的方式组织存储在一起的相关数据的集合。在 WPS 表格中，可以在工作表中建立一个数据库表格，对数据库表中的数据进行排序、筛选、分类汇总等各种数据管理和统计分析。数据库表中每一行数据被称为一条记录，每一列被称为一个字段，每一列的标题为该字段的字段名。使用 WPS 表格的数据库管理功能在创建工作表时，必须遵循以下准则：

(1) 避免在一张工作表中建立多个数据库表，如果工作表中还有其他数据，数据库表应与其他数据间至少留出一个空白列和一个空白行。

(2) 数据库表的第一行应有字段名，字段名使用的格式应与数据表中其他数据有所区别。

(3) 字段名必须唯一，且数据库表中的同一列数据类型必须相同。

(4) 任意两行的内容不能完全相同，单元格内容不要以空格开头。

1. 数据库中的排序操作

为了数据观察或查找方便，需要对数据进行排序。

1) 排序的依据

WPS 表格在排序时，根据单元格中的内容排列顺序。对于数据库而言，排序操作将依据当前单元格所在的列作为排序依据。在按升序排序时，WPS 表格使用如下顺序(在按降序排序时，除了空格总是在最后外，其他的顺序反转)：

(1) 数字从最小的负数到最大的正数排序。

(2) 文本以及包含数字的文本，按下列顺序排序。

0 1 2 3 4 5 6 7 8 9 ' - (空格) ! " # $ % & ( ) * , . / : ; ? @ [\ ] ^ _ ` { | } ~ + < = >

A B C D E F G H I J K L M N O P Q R S T U V W X Y Z

(3) 在逻辑值中，FALSE 排在 TRUE 之前。

(4) 所有错误值的优先级等效。

(5) 汉字的排序可以按笔画排序、也可按字典顺序(默认)排序，这可以通过有关操作由用户设置。按字典顺序排序时是依照拼音字母 A～Z 排序，如“王”排到“张”前面，而“赵”排在“张”后面。

(6) 空格排在最后。

2) 简单排序

如果只对数据清单中的某一列数据进行排序，可以利用【开始】选项卡中的排序按钮，简化排序过程。操作方法为：将光标置于待排序列中的任一单元格，单击【开始】选项卡中的【排序】命令，在下拉列表中选择【升序】或【降序】按钮，单击【确定】。

3) 多字段排序

如果对数据清单中多个字段进行排序，就需要使用自定义排序命令。例如在学生成绩综合评定表中，按“综合名次”“综合评定分”“计算机”三项进行依次排序。方法是：

(1) 将光标定位在待排序数据库的任一单元格中，选择【开始】选项卡中【排序】命令，在下拉列表中选择【自定义排序】命令，弹出【排序】对话框，如图 6-20 所示。

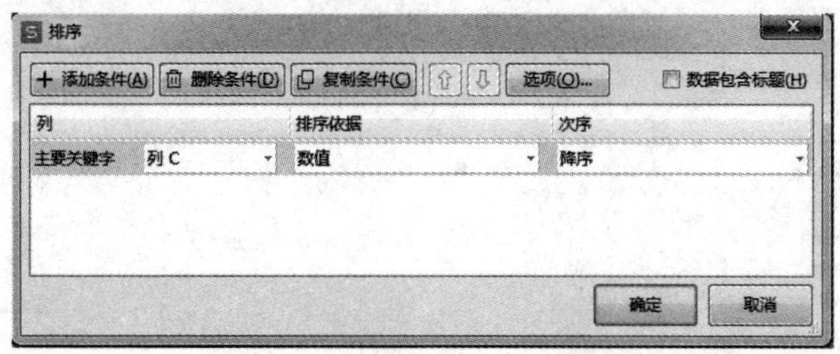

图 6-20　数据库多字段排序

(2) 先在主要关键字中选择【综合名次】、次序中选择【降序】，连续单击【添加条件】按钮两次，增加两个【次要关键字】，分别选择“综合评定分”和“计算机”，次序均选择“降序”。

(3) 选定所需的其他排序选项，然后单击【确定】按钮。

说明：按数据库多列数据排序时，只需单击数据库中任一单元格而不用全选表格，否则会引起数据的混乱。在“选项”对话框中，若不选择“方向”和“方法”，系统默认的排序方向为“按列排序”，默认的排序方式为“字母排序”。如选择“笔画排序”方法，就可实现开会代表名单、教材编写人员名单中经常看到按姓氏笔画排序的效果。

4) 自定义排序

用户可以根据特殊需要进行自定义排序。在如图 6-21 所示的表格中，如果按照职称对“职称”列排序，用上述的方法是无法排序的，这时只能用自定义排序法，方法如下：

(1) 定义自定义列表。打开【文件】下拉列表，如图 6-22 所示，单击【选项】命令，弹出【选项】对话框，选择【自定义序列】，在【输入序列】中输入“教授，副教授，讲师，助教”，如图 6-23 所示。单击【添加(A)】按钮，即可将新的序列添加到【自定义序列】列表框中，如图 6-24 所示。

	A	B	C	D
1	参加会议的人员名单			
2	姓名	性别	职称	
3	宁渊博	男	教授	
4	赵鑫丹	女	教授	
5	叶　兰	女	教授	
6	赵晓晓	女	副教授	
7	马小霞	女	副教授	
8	杨延雷	男	副教授	
9	张刚强	男	副教授	
10	董　旭	男	讲师	
11	陈宝宝	男	讲师	
12	王　颖	女	讲师	
13	梁　靓	女	讲师	
14	王　科	男	讲师	
15	孙静远	女	助教	
16	李　丽	女	助教	
17	周军业	男	助教	
18	黄迎春	女	助教	
19				
20				

图 6-21　需要自定义排序的表格

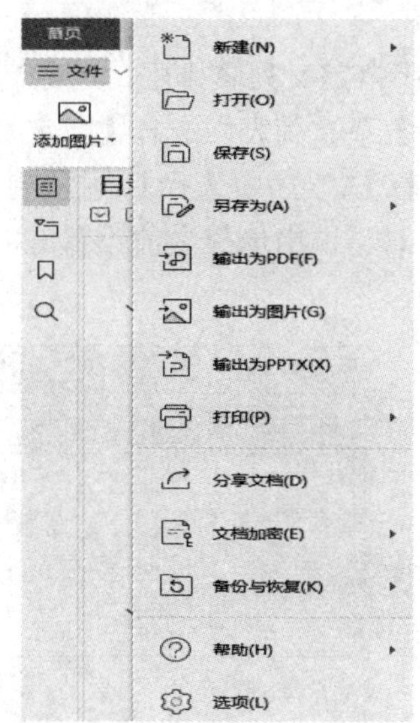

图 6-22 【选项】命令

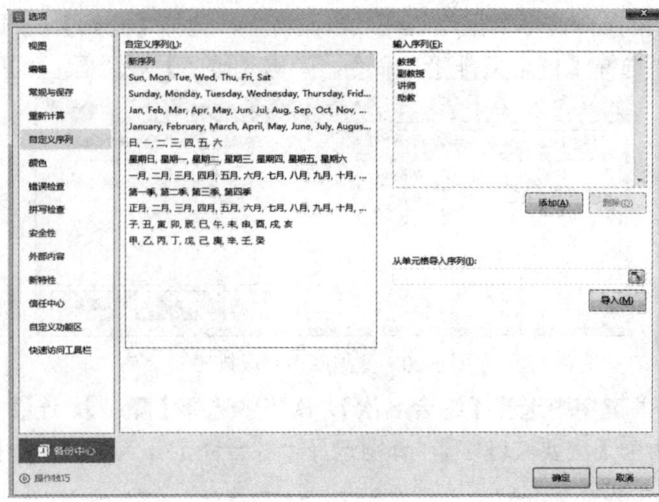

图 6-23　输入序列

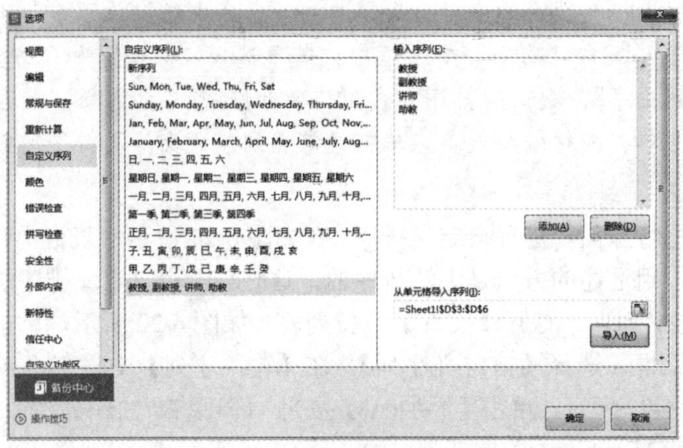

图 6-24　将序列添加到列表框中

(2) 按照自定义列表排序。选定需要排序的字段列的任一单元格，在【开始】选项卡中的【排序】下拉列表中选择【自定义排序】命令，弹出【排序】对话框，在主要关键字中选择【职称】，次序中选择【教授、副教授、讲师、助教】，如图 6-25 所示。在弹出的【自定义序列】对话框中选择之前设置好的序列，单击【确定】按钮完成自定义排序，结果如图 6-26 所示。

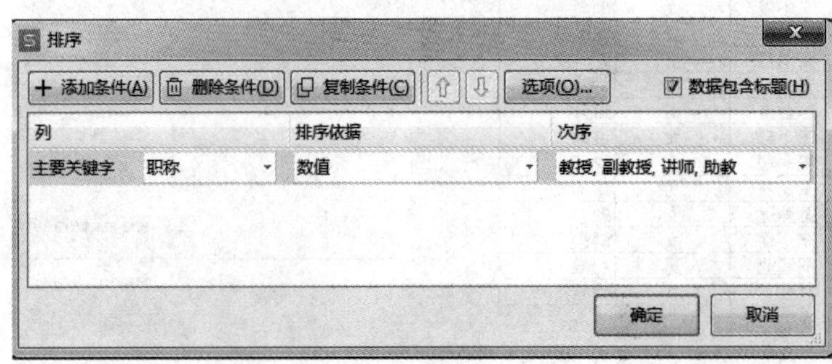

图 6-25 【排序】对话框

参加会议的人员名单		
姓名	性别	职称
宁渊博	男	教授
赵鑫丹	女	教授
叶　兰	女	教授
赵晓晓	女	副教授
马小霞	女	副教授
杨延雷	男	副教授
张刚强	男	副教授
董　旭	男	讲师
陈宝宝	男	讲师
王　颖	女	讲师
梁　靓	女	讲师
王　科	男	讲师
孙静远	女	助教
李　丽	女	助教
周军业	男	助教
黄迎春	女	助教

图 6-26　自定义序列结果

2. 数据库中的筛选操作

对数据进行筛选是在数据库中查询满足特定条件的记录，它是一种查找数据的快速方法。使用筛选可以从数据清单中将符合某种条件的记录显示出来，而那些不满足筛选条件的记录将被暂时隐藏起来；或者将筛选出来的记录送到指定位置存放，而原数据不动。

WPS 表格提供了两种筛选方法：“自动筛选”和“高级筛选”。

1) 自动筛选

利用自动筛选可以筛选指定学生成绩、筛选单科成绩的分数段、筛选单科成绩前 10 名、筛选各科之间的“与”运算、筛选获奖学金学生情况等。

下面以筛选“英语成绩在 80 到 90 之间(包括 80，而不包括 90)的记录”为例，说明自动筛选的操作。操作步骤如下：

将鼠标定位到需要筛选的数据库中任一单元格。选择【开始】选项卡中的【筛选】命令，这时在每个字段名旁出现筛选器箭头，如图 6-27 所示。单击【英语】字段名旁的筛选器箭头，从弹出的菜单中选择【数字筛选】中的【自定义筛选】命令，弹出如图 6-28 所示的【自定义自动筛选方式】对话框，按照图中样式设置筛选条件。

2021级02052班学生期末成绩综合评定表

学号	应用文写作	大学体育	邓小平理论	形势与政策	综合分数	综合名次	奖学金
210205201	94	88	92	90	83.43	8	
210205202	86	97	77	76	81.29	12	
210205203	95	75	86	86	82.29	10	
210205204	79	86	68	76	84.71	6	三等奖
210205205	76	95	79	90	82.29	10	
210205206	96	66	94	87	76.00	16	
210205207	89	85	85	79	87.29	3	二等奖
210205208	43	95	92	90	79.00	14	
210205209	69	86	81	89	84.57	7	
210205210	85	95	75	78	77.43	15	
210205211	55	74	86	49	72.57	17	
210205212	85	93	94	92	89.00	2	二等奖
210205213	76	56	58	76	71.71	18	
210205214	99	84	95	90	91.71	1	一等奖
210205215	78	69	69	73	80.14	13	
210205216	86	74	70	85	83.00	9	
210205217	95	91	92	99	87.00	4	三等奖
210205218	86	83	77	86	85.14	5	三等奖

升序　降序　颜色排序　高级模式
内容筛选　颜色筛选　数字筛选　清空条件
(支持多条件过滤，例如：北京 上海)
名称　选项
(全选)（19）
47（1）
68（1）
74（1）
75（1）
76（1）
78（1）
85（6）
93（3）
94（1）
95（2）
大学英语（1）
前十项　高于平均值　低于平均值
分析　确定　取消

图 6-27　使用自动筛选器筛选记录

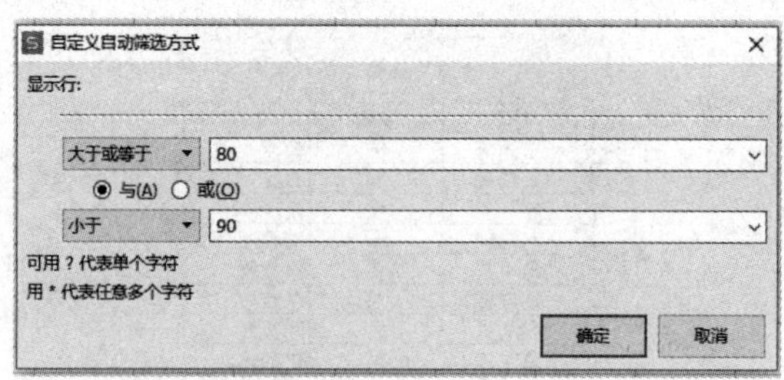

图 6-28 【自定义自动筛选方式】对话框

在筛选器中选择具体数字，将只显示对应数字的记录；单击【全选】显示所有记录；单击【前 10 个】(默认 10 个，可以自行设置)可以显示最高或最低的一些记录。

除了数学运算符，还包括各种其他的数学关系运算，以及【包含】【开头是】【开头不是】【不包含】等字符关系运算。利用他们可以筛选姓【张】的学生、名字中带【丽】字的学生、最后一个字是【杰】的学生等记录。图中【或】表示两个条件只要有一个成立即可，而【与】要求两个同时成立。单击【确定】按钮，完成操作。筛选出来的英语成绩在 80～90 分之间的学生记录如图 6-29 所示。

2021级02052班学生期末成绩综合评定表

210205205	杨晓伟	男	76	75	85	76	95	79	90	82.29	10	
210205208	杨展	男	79	69	85	43	95	92	90	79.00	14	
210205211	梁思源	男	74	85	85	55	74	86	49	72.57	17	
210205214	郑朝晖	男	94	95	85	99	84	95	90	91.71	1	一等奖
210205216	王洋	男	95	86	85	86	74	70	85	83.00	9	
210205217	李铭	男	53	94	85	95	91	92	99	87.00	4	三等奖

图 6-29　筛选出来的英语成绩在 80～90 之间的学生记录

说明：取消数据筛选的操作方法为：如果要取消对某一列的筛选，单击该列筛选器箭头，然后再单击【全选】中的【清除筛选】命令。如果要取消对所有列的筛选，可选择【开始】选项卡中的【筛选】|【全部显示】命令。如果要撤销数据库表中的筛选箭头，可选择【开始】选项卡中的【筛选】命令。

2) 高级筛选

从前面讲解已经看到，自动筛选可以实现同一字段之间的“与”运算和“或”运算，通过多次进行自动筛选也可以实现不同字段之间的“与”运算，但是它无法实现多个字段之间的“或”运算，这就需要使用高级筛选。

本节实例中，对优秀学生的筛选和不及格学生筛选均采用高级筛选来完成。在使用高级筛选时，需要注意以下几个问题：

(1) 高级筛选必须指定一个条件区域，它可以与数据库表格不在一张工作表上；也可以在一张工作表上，但是此时它必须与数据库之间有空白行或空白列隔开。

(2) 条件区域中的字段名内容必须与数据库中的完全一样，最好通过复制得到。

(3) 如果【条件区域】与数据库表格在同一张工作表上，在筛选之前，最好把光标放置到数据库中某一单元格上，这样数据区域就会自动显示数据库所在位置，省去鼠标再次选择或者重新输入之劳。当二者不在同一张工作表，并且想让筛选结果送到条件区域所在工作表中时，鼠标必须先在条件区域所在工作表中定位，因为筛选结果只能送到活动工作表。

(4) 执行【将筛选结果复制到其他位置】时，在【复制到】文本框中输入或选取将来要放置位置的左上角单元格即可，不要指定某区域(因为事先无法确定筛选结果)。

(5) 根据需要，条件区域可以定义多个条件，以便用来筛选符合多个条件的记录。这些条件可以输入到条件区域的同一行上，也可以输入到不同行上。必须注意：两个字段名下面的同一行中的各个条件之间为“与”的关系；两个字段名下面的不同行中的各个条件之间为“或”的关系。

任务 6.2　处理学生成绩(二)

本任务利用 WPS 表格处理功能统计原始期末学生成绩数据，使用 WPS 表格的分类汇总、图表、数据透视等分析工具对学生进行统计分析，效果如图 6-30～图 6-34 所示。

	A	B	C	D	E
1	期末成绩统计表				
2	编号	考试科目	题目类型	分数	学生姓名
3	DXYY01	大学英语	客观题	45	张伟
4	DXYY01	大学英语	客观题	22	李婷玉
5	DXYY01	大学英语	客观题	35	孟涵
6	DXYY01	大学英语	客观题	50	吕青青
7	DXYY01	大学英语	客观题	45	杨晓伟
8	DXYY01	大学英语	客观题	40	李曼
9	DXYY01	大学英语	客观题	48	邹玉红
10	DXYY01	大学英语	客观题	45	杨展
11	DXYY01	大学英语	客观题	48	李明兰
12	DXYY01	大学英语	客观题	43	张玉阳
13	DXYY01	大学英语	客观题	40	梁思源
14	DXYY01	大学英语	客观题	50	韩慧
15	DXYY01	大学英语	客观题	39	刘宇星
16	DXYY01	大学英语	客观题	43	郑朝晖
17	DXYY01	大学英语	客观题	50	叶澜依
18	DXYY01	大学英语	客观题	48	王洋
19	DXYY01	大学英语	客观题	48	李铭
20	DXYY02	大学英语	发挥题	2	张伟
21	DXYY02	大学英语	发挥题	46	李婷玉
22	DXYY02	大学英语	发挥题	41	孟涵

图 6-30　期末成绩统计表

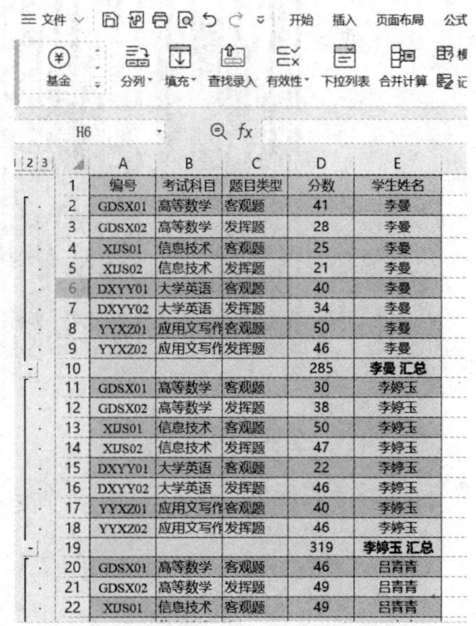

	A	B	C	D	E
1	编号	考试科目	题目类型	分数	学生姓名
2	GDSX01	高等数学	客观题	41	李曼
3	GDSX02	高等数学	发挥题	28	李曼
4	XIJS01	信息技术	客观题	25	李曼
5	XIJS02	信息技术	发挥题	21	李曼
6	DXYY01	大学英语	客观题	40	李曼
7	DXYY02	大学英语	发挥题	34	李曼
8	YYXZ01	应用文写作	客观题	50	李曼
9	YYXZ02	应用文写作	发挥题	46	李曼
10				285	李曼 汇总
11	GDSX01	高等数学	客观题	30	李婷玉
12	GDSX02	高等数学	发挥题	38	李婷玉
13	XIJS01	信息技术	客观题	50	李婷玉
14	XIJS02	信息技术	发挥题	47	李婷玉
15	DXYY01	大学英语	客观题	22	李婷玉
16	DXYY02	大学英语	发挥题	46	李婷玉
17	YYXZ01	应用文写作	客观题	40	李婷玉
18	YYXZ02	应用文写作	发挥题	46	李婷玉
19				319	李婷玉 汇总
20	GDSX01	高等数学	客观题	46	吕青青
21	GDSX02	高等数学	发挥题	49	吕青青
22	XIJS01	信息技术	客观题	49	吕青青

图 6-31　按学生分类汇总

编号	考试科目	题目类型	分数	学生姓名
DXYY02	大学英语	发挥题	2	张伟
DXYY01	大学英语	客观题	43	张玉阳
DXYY02	大学英语	发挥题	35	张玉阳
DXYY01	大学英语	客观题	43	郑朝晖
DXYY02	大学英语	发挥题	42	郑朝晖
DXYY01	大学英语	客观题	48	邹玉红
DXYY02	大学英语	发挥题	45	邹玉红
	大学英语 汇总		1398	
GDSX01	高等数学	客观题	50	韩慧
GDSX02	高等数学	发挥题	45	韩慧
GDSX01	高等数学	客观题	41	李曼
GDSX02	高等数学	发挥题	28	李曼
GDSX01	高等数学	客观题	47	李明兰
GDSX02	高等数学	发挥题	47	李明兰
GDSX01	高等数学	客观题	39	李铭
GDSX02	高等数学	发挥题	14	李铭
GDSX01	高等数学	客观题	30	李婷玉
GDSX02	高等数学	发挥题	38	李婷玉
GDSX01	高等数学	客观题	46	梁思源
GDSX02	高等数学	发挥题	28	梁思源
GDSX01	高等数学	客观题	43	刘宇星

图 6-32　按考试科目分类汇总

求和项:分数	学生姓																	
考试科目	韩慧	李曼	李明兰	李铭	李婷玉	梁思源	刘宇星	吕青青	孟涵	王洋	杨晓伟	杨展	叶澜依	张伟	张玉阳	郑朝晖	邹玉红	总计
大学英语	95	74	94	85	68	85	75	95	76	85	85	85	93	47	78	85	93	1398
高等数学	95	69	94	53	68	74	75	95	73	95	76	79	84	90	87	94	85	1386
信息技术	69	46	79	94	97	85	86	94	85	86	75	69	95	83	44	95	95	1377
应用文写作	85	96	69	95	86	55	76	79	95	86	76	43	78	94	85	99	89	1386
总计	**344**	**285**	**336**	**327**	**319**	**299**	**312**	**363**	**329**	**352**	**312**	**276**	**350**	**314**	**294**	**373**	**362**	**5547**

(a) 透视表

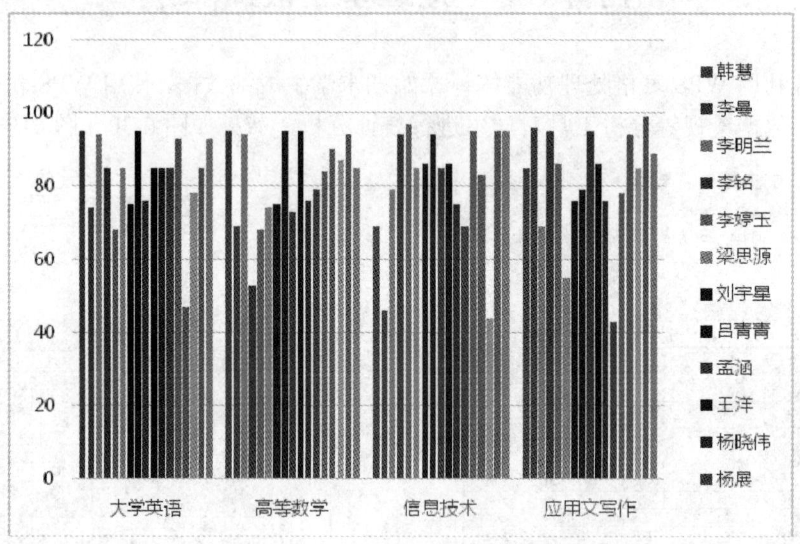

(b) 透视图

图 6-33　按考试科目统计学生成绩

求和项:分数	题目类型		
学生姓名	发挥题	客观题	总计
韩慧	174	170	344
李曼	129	156	285
李明兰	167	169	336
李铭	142	185	327
李婷玉	177	142	319
梁思源	143	156	299
刘宇星	161	151	312
吕青青	182	181	363
孟涵	165	164	329
王洋	159	193	352
杨晓伟	151	161	312
杨展	125	151	276
叶澜依	153	197	350
张伟	126	188	314
张玉阳	137	157	294
郑朝晖	184	189	373
邹玉红	171	191	362
总计	**2646**	**2901**	**5547**

(a) 透视表

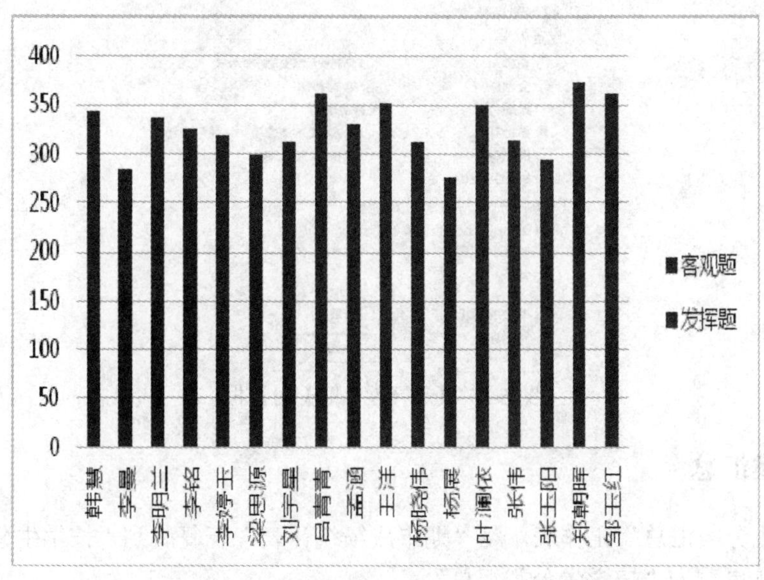

(b) 透视图

图 6-34　按题目类型统计学生成绩

6.2.1　新建工作簿

新建一个工作簿，命名为“学生成绩统计表”，在原有工作表上插入两张工作表，分别命名为“按学生分类汇总”“按考试科目分类”。

6.2.2　制作“学生成绩统计表”

步骤 1　标题和框架设置。

打开“学生成绩统计表”。在该工作表中输入标题“期末成绩统计表”和各字段。设置标题、字段格式、行高和列宽、单元格对齐方式、边框与底纹等，创建好工作表框架。

步骤 2　冻结窗格。

当数据记录太多时，使用鼠标向下滚动翻看数据时，标题行就不会显示。如果想让标题行始终可见，可以使用 WPS 表格提供的“冻结窗格”功能来实现。将光标定位到 A3 单元格(即所要冻结行的下一行中任一单元格)，选择【视图】选项卡中的【冻结窗格】命令，即可实现标题与字段行的冻结。在翻滚数据时，标题行始终可见。

步骤 3　格式设置。

为使数据显示清晰，浏览记录方便，可将数据表中相邻行之间设置成阴影间隔效果，如图 6-30 所示。设置方法如下：

(1) 在图中选择 A4:E4 区域，将该区域设置为“灰色”底纹效果。

(2) 复制区域 A3:E4。选择数据库中记录区域 A3:E138。

(3) 单击【开始】选项卡的【粘贴】图标，在下拉列表中选择【选择性粘贴】命令，弹出【选择性粘贴】对话框中，在【粘贴】栏中选中【格式】，如图 6-35 所示，确定后即可实现 6-30 图中的效果。

图 6-35 【选择性粘贴】对话框

6.2.3　分类汇总

“按学生分类汇总”工作表。将“期末成绩统计表”表复制到“按学生分类汇总”表中，并将标题更改为“按学生分类汇总”。

步骤 1　将光标置于“学生姓名”列下任一单元格，对学生姓名列进行升序或降序排列。

步骤 2　单击【数据】选项卡的【分类汇总】图标，弹出【分类汇总】对话框，在【分类字段】列表框中选择【学生姓名】，在【汇总方式】列表中选择【求和】命令，在【选定汇总项】列表中勾选【分数】复选框，如图 6-36 所示。单击【确定】按钮即可完成汇总。

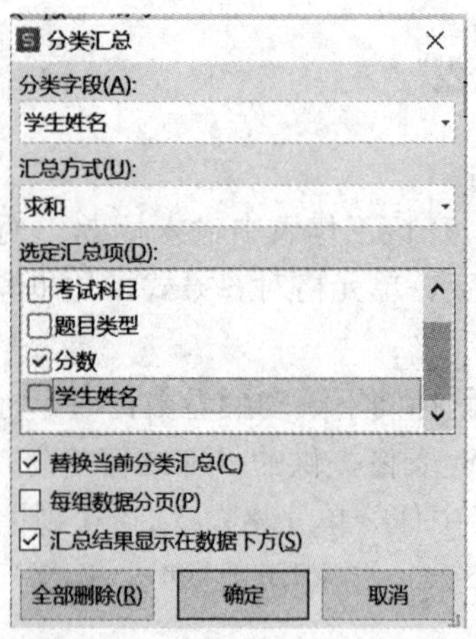

图 6-36 【分类汇总】对话框

“按考试科目分类汇总”工作表。按“考试科目”分类汇总时，分类字段为“考试科目”，汇总方式和选定汇总项同上。

拓展知识

实际应用中，经常要用到分类汇总，其特点是首先要进行分类，即将同一类别的数据放在一起，然后再进行统计计算。WPS 表格中的分类汇总功能可以进行分类求和、计数、求平均值等。

1. 分类汇总数据的分级显示

进行分类汇总后，WPS 表格会自动对列表中的数据分级显示。在显示分类汇总结果的同时，分类汇总的左侧自动显示一些分级显示按钮。单击左侧的“+”和“-”按钮分别可以展开和隐藏细节数据；“1”“2”“3”按钮表示显示数据的层次，“1”只显示总计数据，“2”显示部分数据以及汇总结果，“3”显示所有数据；　“|”　形状为级别条，用来指示属于某一级别的细节行或列的范围。

2. 嵌套汇总

如果要对同一数据进行不同汇总方式的分类汇总，可以再重复分类汇总的操作。例如，在图 6-36 所示的结果中还希望得到汇总的平均值，操作方法：选择【数据】选项卡中的【分类汇总】命令，在打开的【分类汇总】对话框【汇总方式】下拉列表中选择汇总方式为【平均值】，在【选定汇总项】窗口中选择要求“平均值”的数据项，并取消选中【替换当前分类汇总】选项，即可叠加多种分类汇总。

3. 取消分类汇总

分类汇总效果可以清除，打开如图 6-36 所示的分类汇总对话框，然后单击【全部删除】按钮即可；但是为了保险，在取消之前最好进行数据库备份。

6.2.4　建立数据透视表和数据透视图

步骤 1　将光标定位在“期末成绩统计”表中需要透视分析数据中的任一单元格上，单击【插入】选项卡的【数据透视表】图标，弹出【创建数据透视表】对话框，如图 6-37 所示。

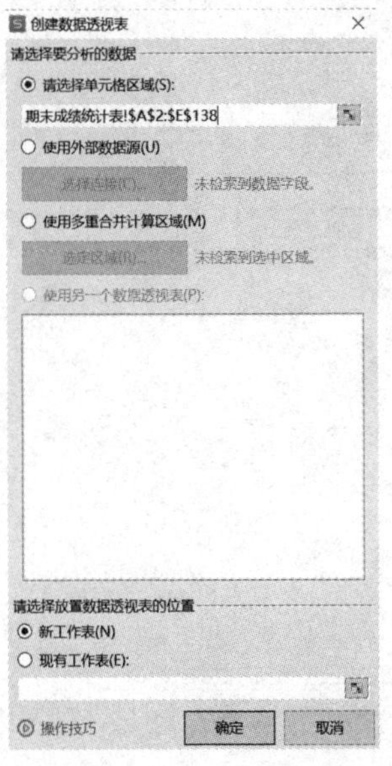

图 6-37　【创建数据透视表】对话框

步骤 2　在对话框的【请选择要分析的数据】区域选中【请选择单元格区域】单选按钮，在【请选择单元格区域】文本框中输入要进行分析的数据范围(一般情况下，系统会自动选择与当前光标所在单元格连续的数据区域或表格，此处为整个表)，在【选择放置数据透视表的位置】区域中选中【新工作表】单选按钮，单击【确定】按钮，在一个新工作表中插入空白的数据透视表，如图 6-38 所示，同时显示“数据透视表字段列表”。

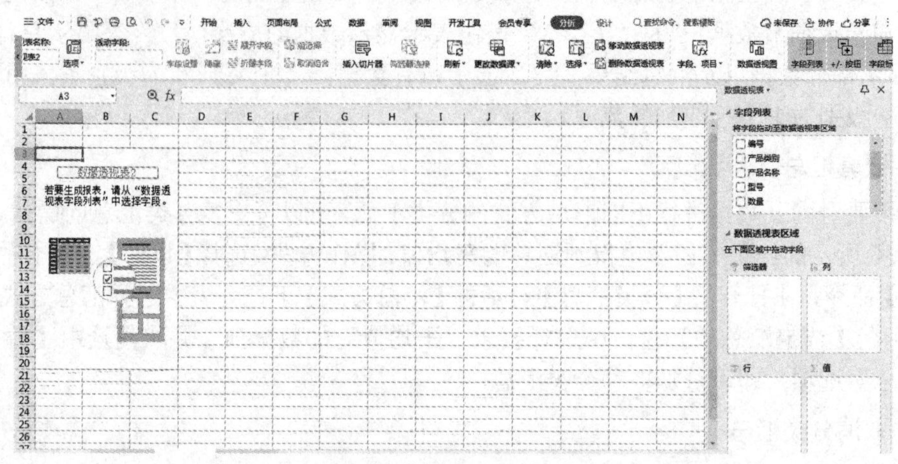

图 6-38　“数据透视表”框架

步骤 3　将“数据透视表字段列表”中的“学生姓名”字段拖放到【行】处，将“考试科目”字段拖放到【列】处，将“分数”拖放到【值】处。在行列字段交叉单元格内(即左上角“求和项：数量”所在的 A3 单元格)双击，弹出【值字段设置】对话框，如图 6-39 所示。

步骤 4　选择汇总方式为【求和】后单击【确定】按钮，则在“数据透视表字段列表”中的行标签和列标签分别显示“学生姓名”和“考试科目”，在“数值”中显示“求和项：分数”，如图 6-40 所示。

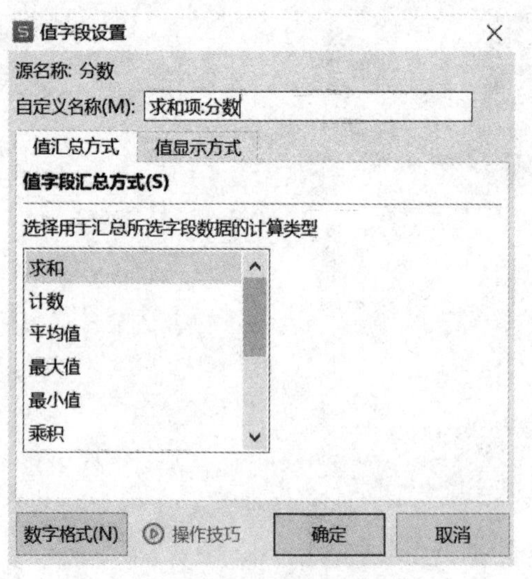

图 6-39　【值字段设置】对话框

图 6-40　数据透视表属性

步骤 5　将工作表更名为“按考试科目统计学生的分数”。

步骤 6　建立数据透视表以后， 菜单栏就会增加【分析】和【设计】两个选项卡，如图 6-41 所示，在【分析】选项卡中，用户可以增减不同的内容设置，如可以在透视表的基础上添加一个数据透视图或数据源发生变化时更新数据。

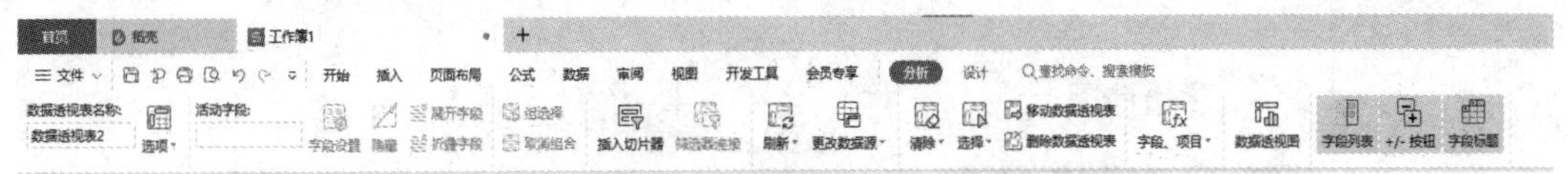

图 6-41　数据透视表工具

将光标定位在“按考试科目统计学生成绩”工作表的数据透视表中，选择【分析】选项卡的【数据透视图】命令，弹出【图表】界面，如图 6-42 所示，单击【簇状柱形图】，插入数据透视图。此时，数据透视图的数据更新和数据透视表是同步的，即数据透视表中的数据有变化，数据透视图中的数据也随之发生变化。

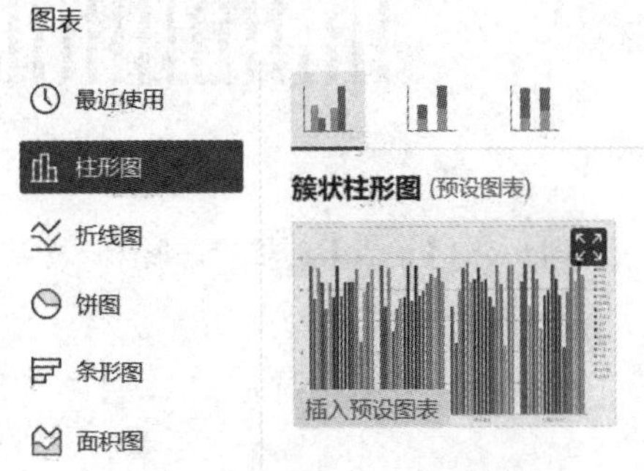

图 6-42 【图表】的簇状柱形图

步骤 7　按前面介绍的方法建立一个以“按题目类型统计学生成绩”命名的空白数据透视表，将“学生姓名”字段拖动到【行】处，将“题目类型”拖放到【列】处，将“分数”拖放到【值】区域，如图 6-43 所示。单击【确定】按钮插入数据透视表。

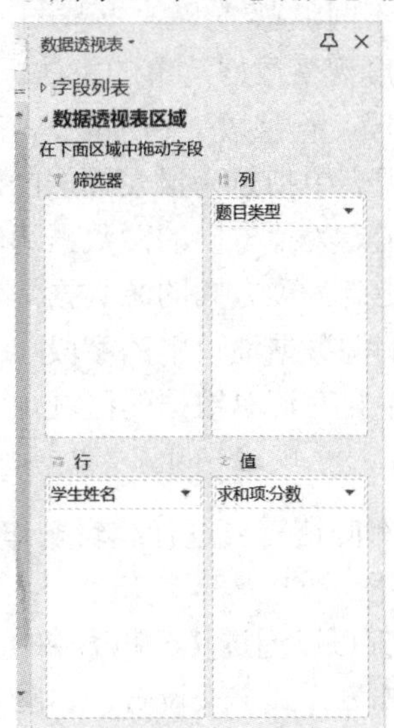

图 6-43　按题目类型统计的学生成绩

选中数据透视表，在【分析】选项卡中选择【数据透视图】命令，在弹出的【图标】界面中单击【堆积柱状图】，如图 6-44 所示，插入数据透视图。

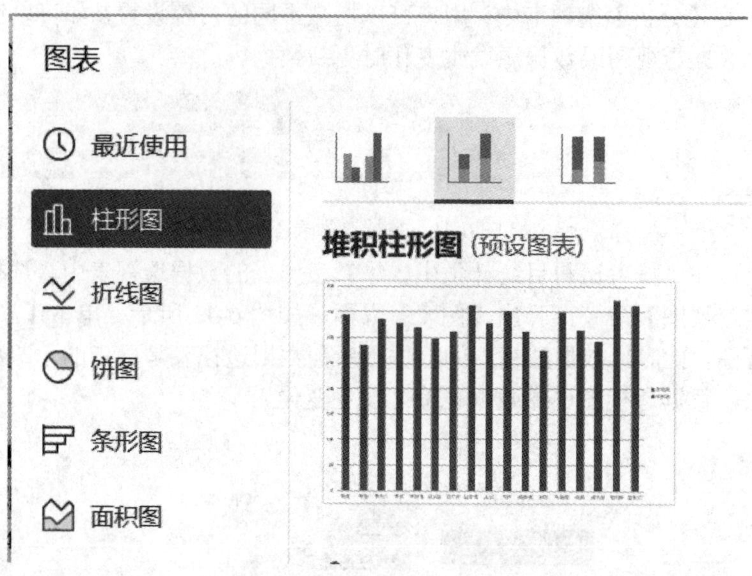

图 6-44 【图表】的堆积柱形图

拓展知识

分类汇总适用于按一个字段进行分类汇总，如果需要按多个字段进行分类汇总时就会用到数据透视表。数据透视表是一种让用户可以根据不同的分类、不同的汇总方式、快速查看各种形式的数据汇总报表。简单来说，就是快速分类汇总数据，能够对数据表中的行与列进行交换，以查看源数据的不同汇总结果。它是一种动态工作表，通过对数据的重新组织与显示，提供一种以不同角度观察数据清单的方法。

数据透视表一般由筛选器字段、行字段、列字段、值字段和数据区域 5 部分组成。

(1) 筛选器字段：是数据透视表中指定为报表筛选的源数据清单中的字段。

(2) 行字段：数据透视表中指定为行方向的源数据清单中的字段。

(3) 列字段：数据透视表中指定为列方向的源数据清单中的字段。

(4) 值字段：是指含有数据的源数据清单中的字段

(5) 数据区域：数据透视表中含有汇总数据的区域。

1. 数据透视表的编辑与修改

对于制作好的数据透视表，有时还需要进行编辑操作。编辑操作包括设置数据透视表的格式、修改布局、添加/删除字段等。

数据透视表的许多编辑操作都可以通过【分析】和【设计】选项卡来实现。如可以利用【设计】选项卡中的【数据透视表样式】来设置，如图 6-45 所示，选择其中一种样式应用。此外，还可以利用【分析】选项卡中的【更改数据源】命令来重新选择数据源。

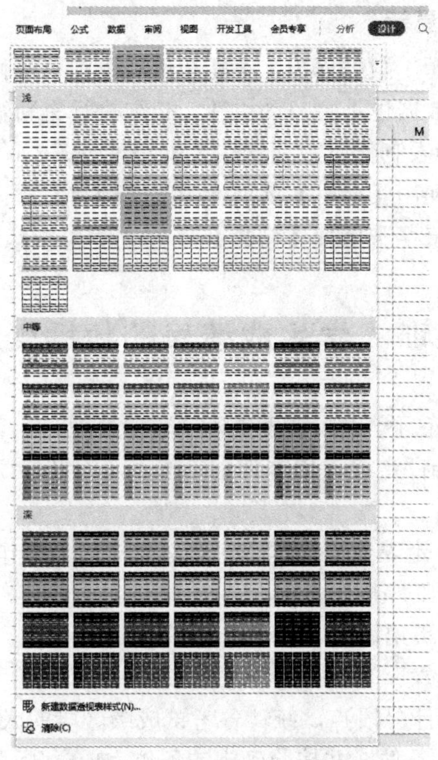

图 6-45　设置数据透视表样式

有时建立的数据透视表布局并不满意，结构中的行、列、数据项等需要修改，WPS 表格具有动态视图的功能，允许用户随时更改透视表的结构。可以直接单击右侧导航窗口数据透视表中要调整的字段，按住鼠标左键将其拖放到合适的位置来修改透视表。如行列字段位置互换时，将行字段拖放到列字段中，列字段拖放到行字段即可。还可以通过拖动的方法添加字段和删除字段。添加字段时将需要添加的字段从字段列表中拖放到数据透视表的适当位置；删除字段将要删除的字段名拖放到透视表数据区以外即可。删除某个字段后，与之相关的数据会从数据透视表中删除。需要时，可再次添加已删除的字段。

如果要删除数据透视图，单击要删除的数据透视表中的任一单元格。选择【分析】选项卡中的【选择】命令|【整个数据透视表】命令，如图 6-46 所示。选择【分析】选项卡中的【清除】命令|【全部清除】命令，即可删除数据透视表，如图 6-47 所示。

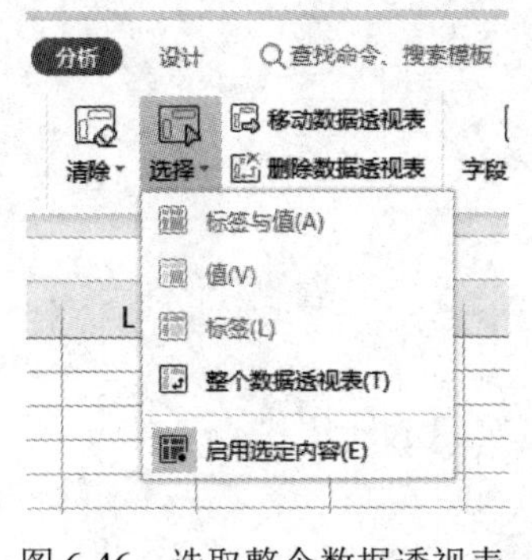

图 6-46　选取整个数据透视表

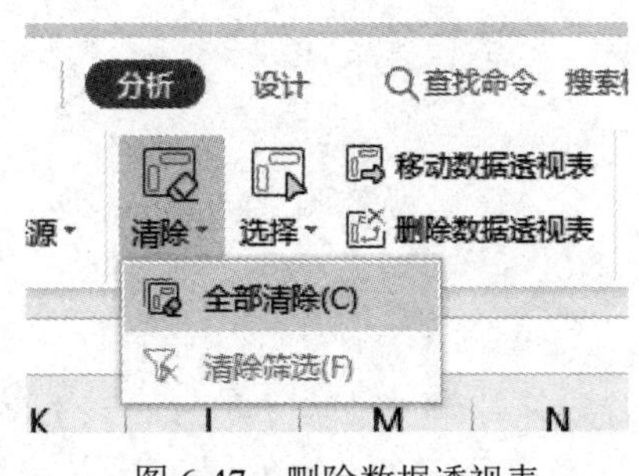

图 6-47　删除数据透视表

2. 数据透视表的数据更新

数据透视表的数据来源于数据库表，不能在透视表中直接修改；即使源数据库中的数据被修改了，透视表中的数据也不会自动更新，必须执行更新数据操作，数据透视图也是这样。这一点与 WPS 中图表制作时数据变动会引起对应图表的自动更新不同。

更新数据透视表可以使用【分析】选项卡中的【刷新】命令，也可以在数据区域单击鼠标右键，在弹出的快捷菜单中选择【刷新】命令。

实训　学生成绩表的数据处理

制作学生成绩表，并练习学生成绩表中各项数据处理。

(1) 制作学生成绩综合评定表、优秀学生筛选表及不及格学生筛选表、单科成绩统计表和单科成绩统计图。

(2) 在学生成绩综合评定表数据处理完成后，完成以下操作。

① 按照学习成绩总分降序排序。

② 同时按照计算机、英语、写作成绩升序排序。

③ 按照班级学生名单姓氏笔画排序。

④ 输入考试成绩的统计分段点，统计各考试成绩区段的人数分布情况。

(3) 自行确定分类汇总条件，并按照确定的条件完成学生成绩的汇总。

项目 7　WPS 演示文稿的使用

【项目目标】

- 了解演示文稿的基础知识。
- 熟悉 WPS 演示中建立演示文稿的方法。
- 掌握幻灯片的编辑与修饰方法。
- 熟练掌握演示文稿的放映设置方法。

任务 7.1　制作介绍人工智能应用技术的幻灯片

本实例制作介绍人工智能应用技术基础的演示文稿，效果如图 7-1 所示。

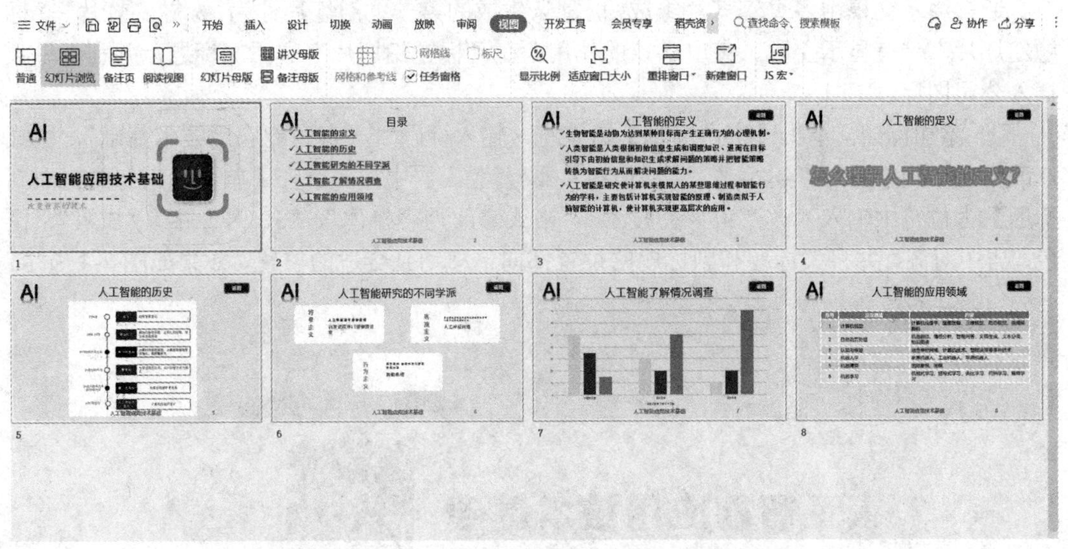

图 7-1　介绍人工智能应用技术基础的演示文稿效果图

7.1.1　创建演示文稿

启动 WPS 演示，创建一个空白演示文稿，以“飞源文化传播有限公司简介”为名保存该演示文稿。默认生成的空白演示文稿背景是白色的，文本是黑色的，可以选择演示文稿模板改变主题。

步骤 1　设置幻灯片设计模板。

单击【设计】或在选项卡中的【更多设计】图表，在弹出的对话框中，通过选择风格为商务，颜色为蓝色，或在搜索框中搜索“年度工作总结”，都可以寻找我们想要使用的模板，本例选择图 7-2 所示中框选的模板。

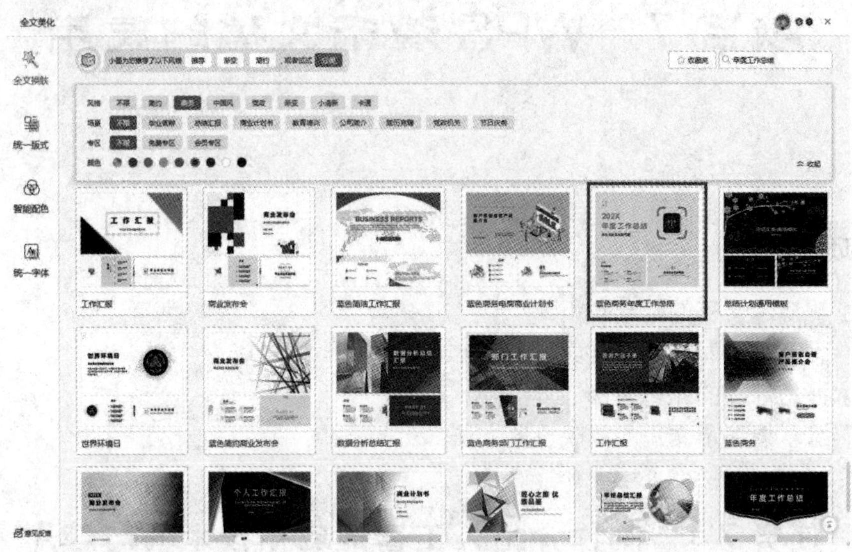

图 7-2　选择设计模板

步骤 2　制作标题幻灯片。

通常演示文稿由多页幻灯片组成，而默认生成的第一页幻灯片称为“标题幻灯片”。“标题幻灯片”具有显示主题、突出重点的作用。在“标题幻灯片”中添加标题，并利用母版插入公司图标。

① 添加标题。单击【空白演示】占位符，输入标题“人工智能应用技术基础”，格式修改为“微软雅黑”、“48 号”字、“加粗”、深蓝色、居中对齐。在【单击输入您的封面副标题】占位符中输入“改变世界的技术”，格式修改为“楷体”、“32 号”字、“加粗”、橙色、居中对齐，并将大标题和副标题的位置都向下移动到合适的位置，效果如图 7-3 所示。

图 7-3　标题页面

② 利用母版制作公司图标。单击【视图】选项卡中的【幻灯片母版】图标，打开幻灯片母版视图。单击左侧列表框中【标题幻灯片】版式，在标题幻灯片中删除左上方图标，然后点击【插入】选项卡中的【艺术字】，在预设样式中选择使用渐变填充，然后在弹出的文本框中输入“AI”，调整颜色为“深蓝”，字号为“48”，并调整到合适位置，如图 7-4 所示。切换至普通视图后，效果如图 7-5 所示。

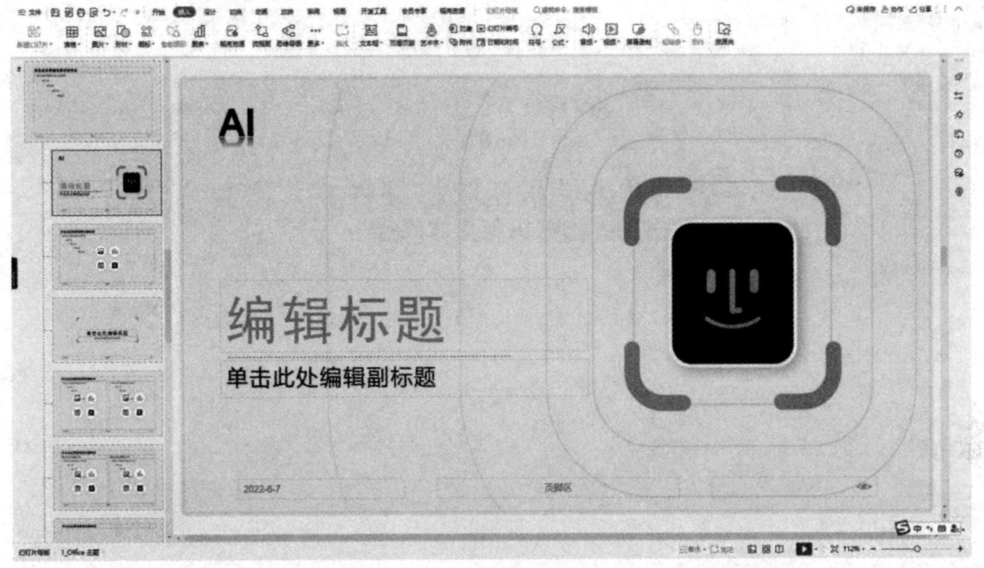

图 7-4　设置标题幻灯片母版

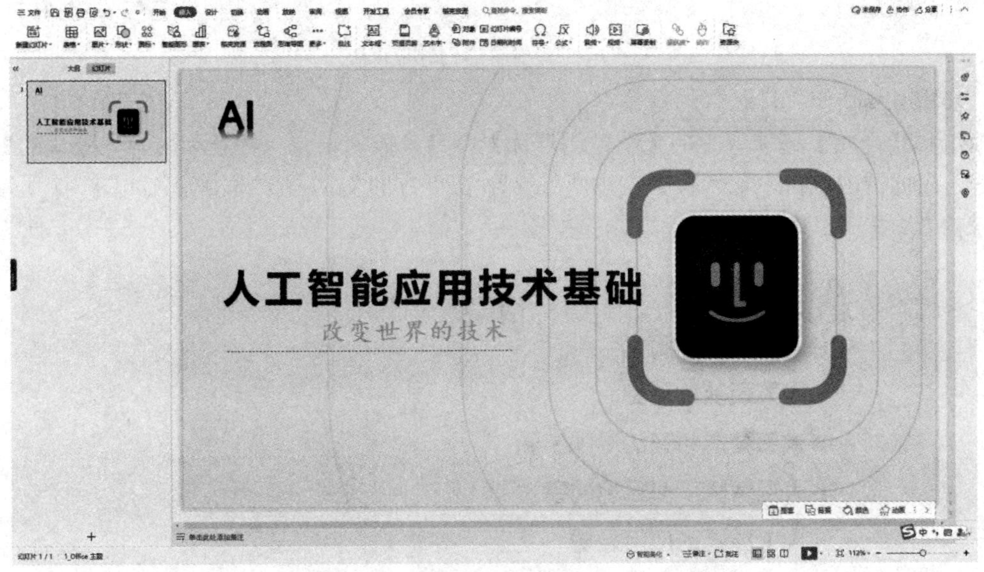

图 7-5　设置后的标题幻灯片

步骤 3　设置标题和内容的幻灯片母版。

在幻灯片母版下单击左侧母版缩略图中“标题和内容”版式，将在“标题母版”中制作好的公司图标复制到“幻灯片母版”中，并调整大小和位置。当插入新幻灯片时，该图标将同时出现在各个新幻灯片中。修改幻灯片的标题和正文内容的格式，如图 7-6 所示。

本例中将标题格式改为“微软雅黑”、“40 号”字、蓝色，将正文中的第一级文本改为“微软雅黑”、“32 号”字、蓝色、“加粗”，第二级文本改为“宋体”、“28 号”字、蓝色、“加粗”，第三级文本改为“楷体”“24 号”字、蓝色、“加粗”，项目符号改为效果图中的样式。

将视图切换到普通视图，即“标题和内容”母版设置好后，需要不断地插入新幻灯片以完成其他页的制作。

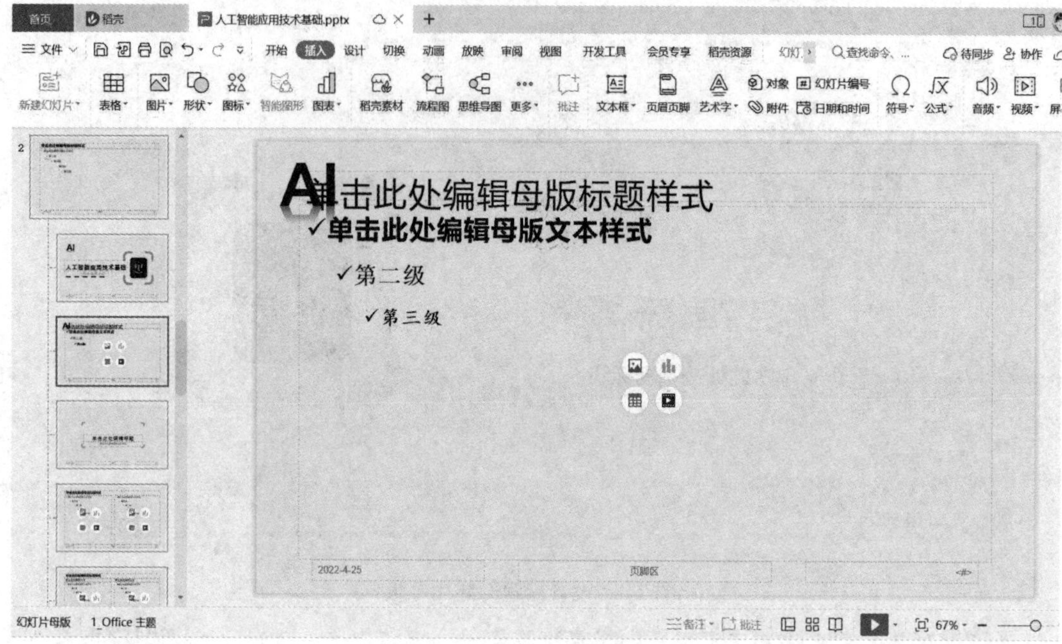

图 7-6 设置普通幻灯片母版

步骤 4 制作“目录”幻灯片。

选择【开始】选项卡中的【新建幻灯片】命令，插入一张“标题和内容”版式的新幻灯片，在标题占位符中输入标题文本“目录”，在下方的文本占位符中输入如图 7-7 所示的目录内容。

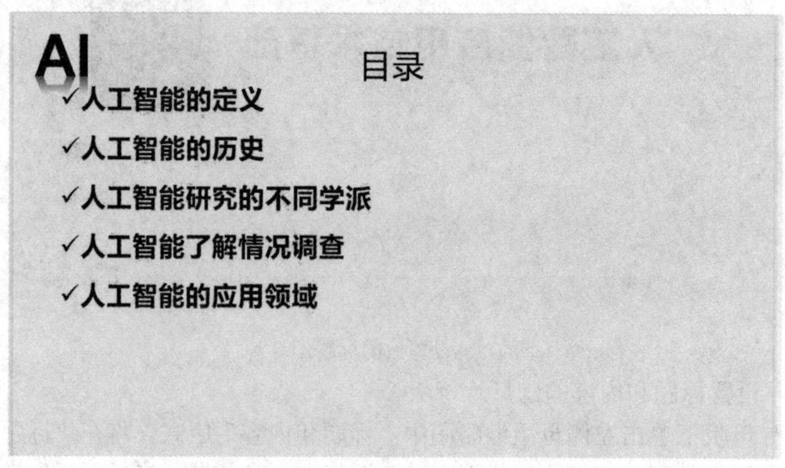

图 7-7 “目录”幻灯片

步骤 5　制作“人工智能的定义”的第一张幻灯片。

选择【开始】选项卡中的【新建幻灯片】命令，插入一张“标题和内容”版式的新幻灯片，在标题占位符中输入标题文本“人工智能的定义”，在下方的文本占位符中输入有关人工智能新技术的内容，效果如图 7-8 所示。

说明：“大纲”选项卡可以为正文内容升、降级。打开左边列表中的“大纲”选项卡，将光标放在需要降级的文本处，按【Shift+Tab】和【Tab】键就可以完成升级和降级了。

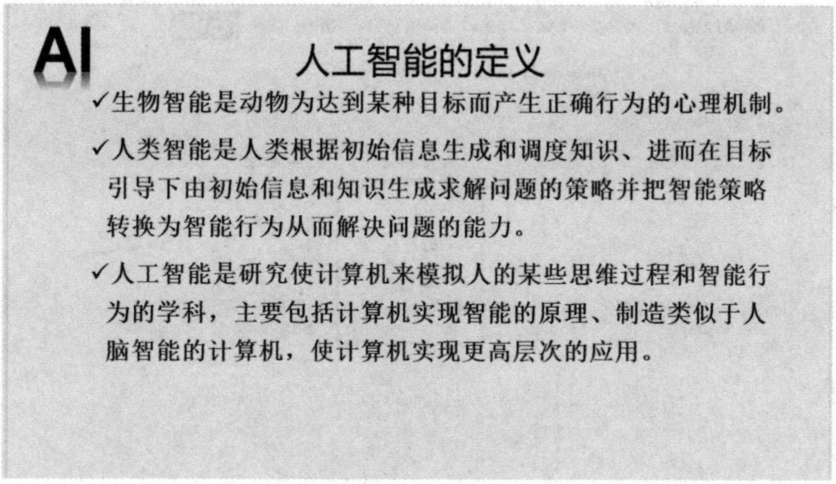

AI

人工智能的定义

✓生物智能是动物为达到某种目标而产生正确行为的心理机制。

✓人类智能是人类根据初始信息生成和调度知识、进而在目标引导下由初始信息和知识生成求解问题的策略并把智能策略转换为智能行为从而解决问题的能力。

✓人工智能是研究使计算机来模拟人的某些思维过程和智能行为的学科，主要包括计算机实现智能的原理、制造类似于人脑智能的计算机，使计算机实现更高层次的应用。

图 7-8　“人工智能的定义”的第一张幻灯片

步骤 6　制作“人工智能的定义”的第二张幻灯片。

利用上面的方法再插入一张新的幻灯片，标题名称改为“人工智能的定义”，选择【插入】选项卡中的【艺术字】命令，在下拉列表中选择一种艺术字样式，输入“怎么理解人工智能的定义？”，并进行字体、字号等格式设置后，单击【确定】按钮。对新添加的艺术字进行位置、大小及方向等的调整，如图 7-9 所示。

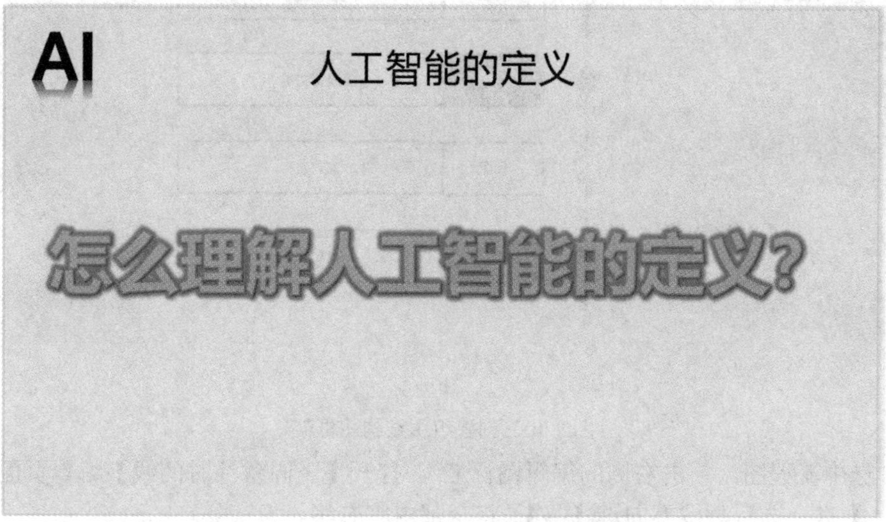

人工智能的定义

图 7-9　“人工智能的定义”的第二张幻灯片

步骤 7　制作“人工智能的历史”幻灯片。

利用流程图中的时间轴描述人工智能的历史。

① 插入一张“标题和内容”版式的幻灯片，单击【插入】选项卡中的【流程图】图标，弹出【流程图】对话框，在“免费专区”中选择【竖向备注时间线】样式，如图 7-10(a)所示，插入后的效果如图 7-10(b)所示。

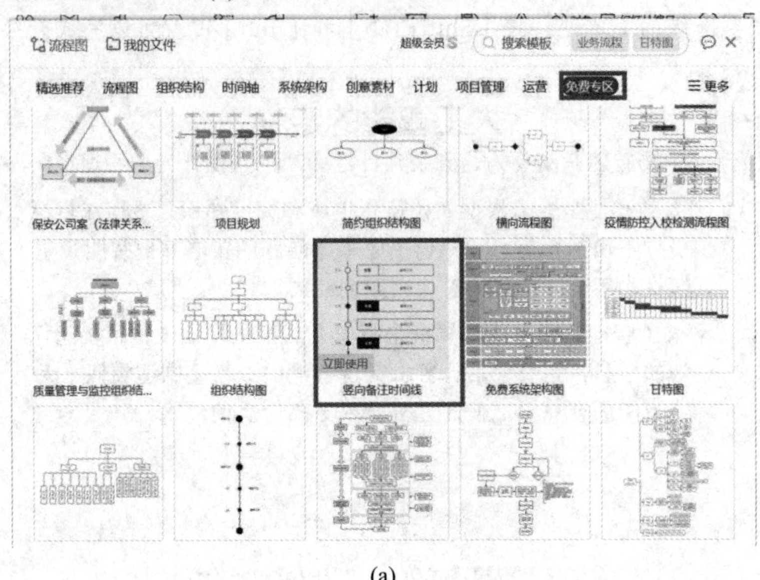

(a)

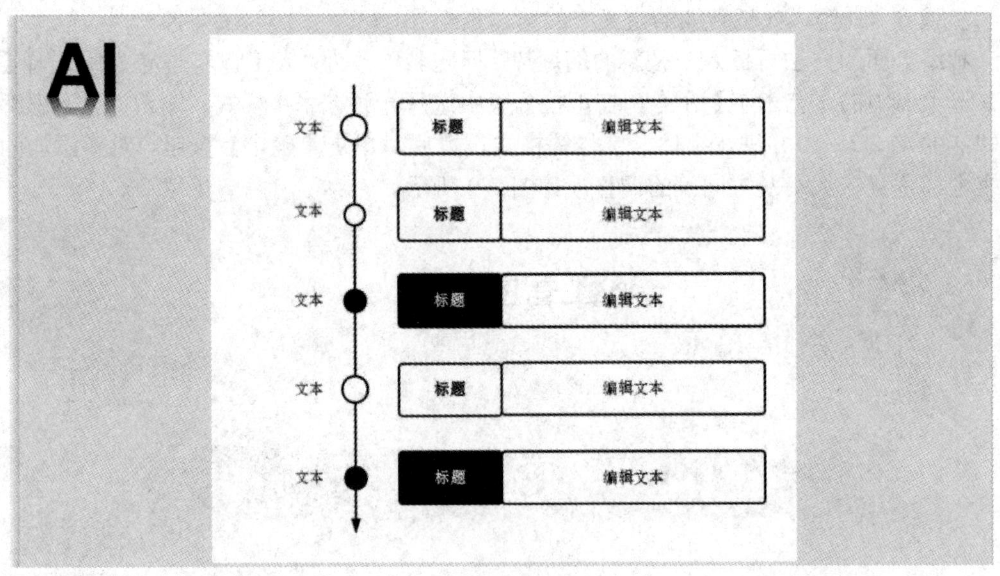

(b)

图 7-10　创建组织结构图框架

② 选中流程图，单击右侧的编辑图标，打开【竖向备注时间线】编辑页面。按住【Ctrl+A】键全选后，按方向键【→】，将全部内容右移。

③ 在最左侧的文本框中输入时间。由于原流程图只有五个文本框，而输入的内容需

要六个文本框，因此此处需要添加文本框和圆圈。单击白色的圆圈，按住【Ctrl】键的同时将鼠标移动到圆圈左侧的文本框上，当鼠标旁边出现加号时单击。用同样的方法添加右侧的文本框，同时选中圆圈和文本框，按住【Ctrl+C】键复制，再按住【Ctrl+V】键粘贴，然后将其移动到合适的位置。

④ 在各文本框中输入文字，将“诞生”“黄金时代”“第一次低谷”“繁荣期”“第二次低谷”“人工智能的春天”文字改为白色，填充蓝色，边框颜色设置为白色，如图 7-11 所示。

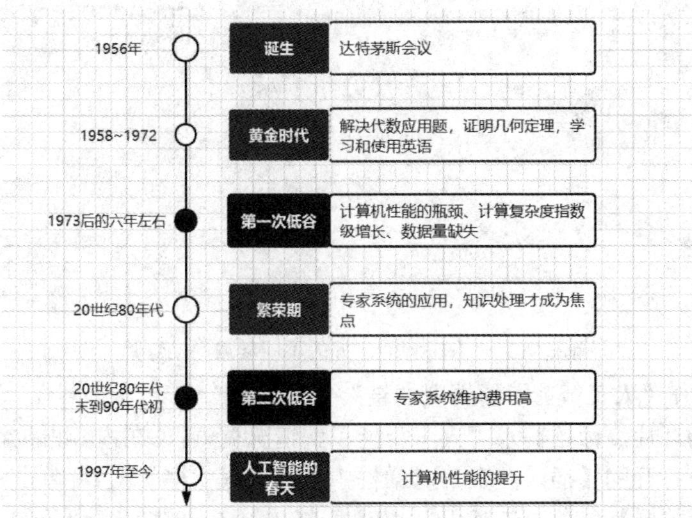

图 7-11　输入文字并进行颜色和边框设置后的效果

⑤ 关闭【竖向备注时间线】页面，返回演示文稿，可以看到文稿中的流程图已经更新，如图 7-12 所示。

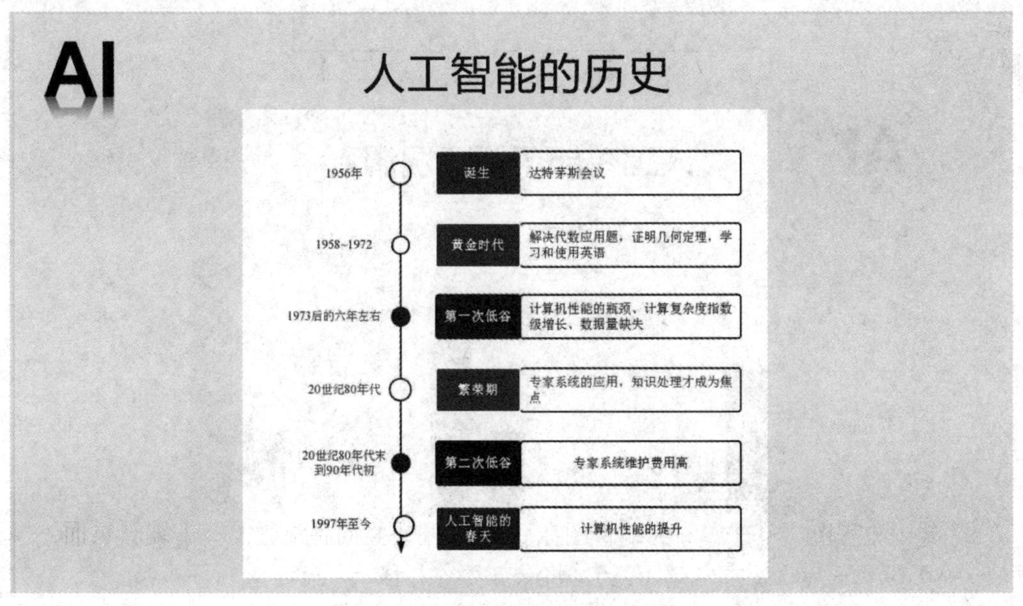

图 7-12　“人工智能的历史”幻灯片

步骤 8　制作“人工智能研究的不同学派”幻灯片。

插入一张新的“标题和内容”版式的幻灯片，在标题占位符处输入标题“人工智能研究的不同学派”，删除内容占位符，单击【智能图形】图标，弹出【智能图形】页面，在【列表】选项卡中选择样式，插入幻灯片中，在文本框中输入文字，效果如图 7-13 所示。

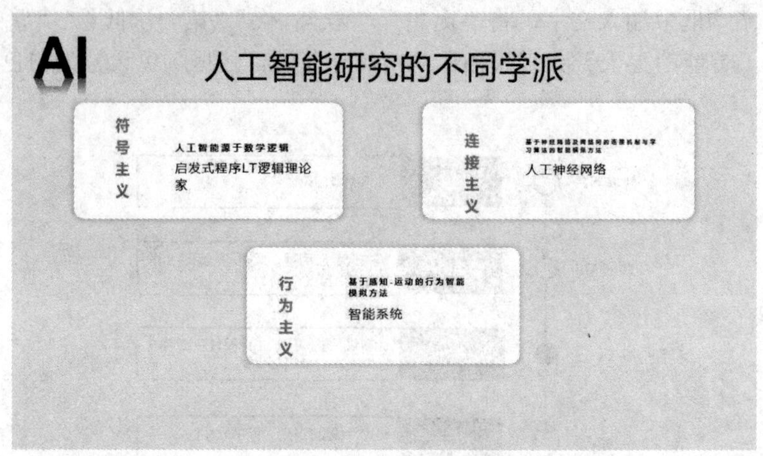

图 7-13　“人工智能研究的不同学派”幻灯片

步骤 9　制作“人工智能了解情况调查”。

插入新的幻灯片，标题输入“人工智能了解情况调查”，在内容占位符中点击【插入图表】图标，在打开的【插入图表】对话框中选择【簇状柱状图】，单击【图表工具】选项卡中的【编辑数据】命令，在打开的 WPS 表格中输入如图 7-14 所示的数据，生成相应的图表。对图表进行合适的格式设置，效果如图 7-15 所示。

	非常了解	了解	不了解
计算机专业	50	35	15
设计专业	30	20	50
文学专业	10	20	70

图 7-14　图表数据表的内容

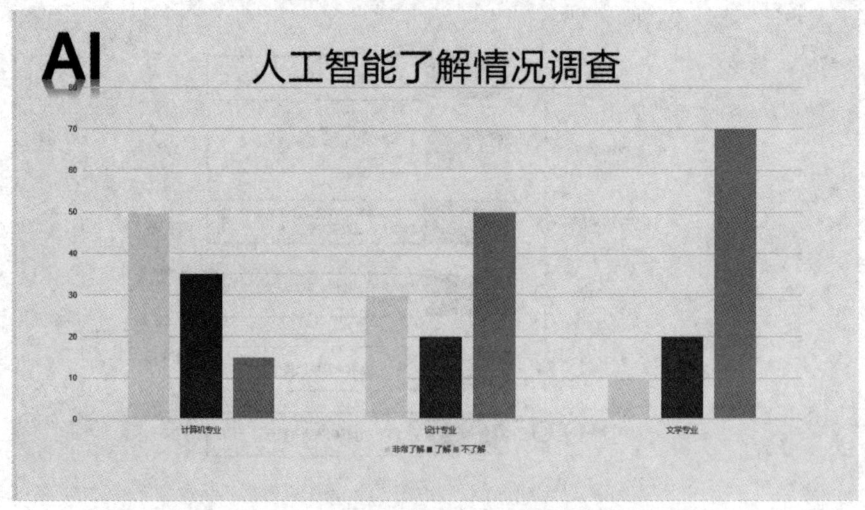

图 7-15　“人工智能了解情况调查”幻灯片

说明：一般情况下，图表或表格会在 WPS 演示文稿做好后直接复制到幻灯片中。

步骤 10　制作“人工智能的应用领域”幻灯片。

插入一张“标题和内容”版式的新幻灯片，将标题修改为“人工智能的应用领域”，插入表格，在表格内输入相关的内容，如图 7-16 所示。

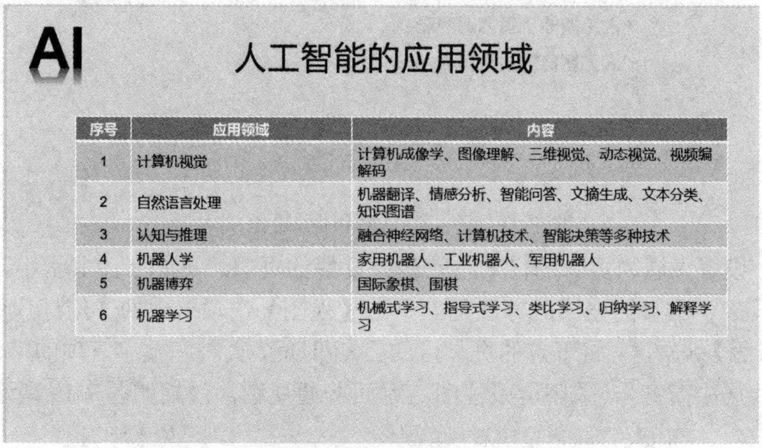

AI
人工智能的应用领域
序号
应用领域
内容
1
计算机视觉
计算机成像学、图像理解、三维视觉、动态视觉、视频编解码
2
自然语言处理
机器翻译、情感分析、智能问答、文摘生成、文本分类、知识图谱
3
认知与推理
融合神经网络、计算机技术、智能决策等多种技术
4
机器人学
家用机器人、工业机器人、军用机器人
5
机器博弈
国际象棋、围棋
6
机器学习
机械式学习、指导式学习、类比学习、归纳学习、解释学习

图 7-16 “人工智能的应用领域”幻灯片

7.1.2　在幻灯片中添加页眉页脚

本例中要为除了标题幻灯片之外的每张幻灯片添加页脚，并且设置页眉页脚的格式，具体操作步骤下：

步骤 1　单击【插入】选项卡中的【页眉页脚】图标，弹出【页眉和页脚】对话框。

步骤 2　选择【幻灯片】选项卡，设置幻灯片包含的内容，即将日期和时间设置为自动更新，勾选【幻灯片编号】按钮，勾选【页脚】复选框并输入“人工智能应用技术基础”文本，勾选【标题幻灯片不显示】复选框，如图 7-17 所示。单击【全部应用】按钮即可为除标题幻灯片之外的每张幻灯片添加上页眉和页脚，效果如图 7-18 所示。

页眉和页脚
幻灯片
备注和讲义
幻灯片包含内容
日期和时间(D)
自动更新(U)
2022-4-26
语言(国家/地区)(L):
中文(中国)
固定(X)
2022-4-26
幻灯片编号(N)
页脚(F)
人工智能应用技术基础
标题幻灯片不显示(S)
全部应用(Y)
应用(A)
取消
预览
操作技巧

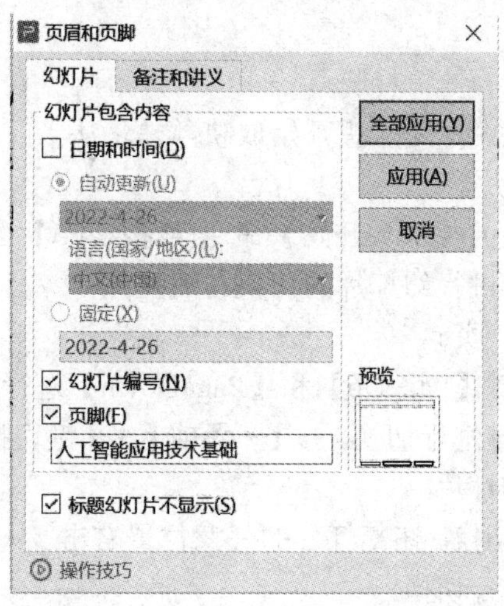

图 7-17 【页眉和页脚】对话框

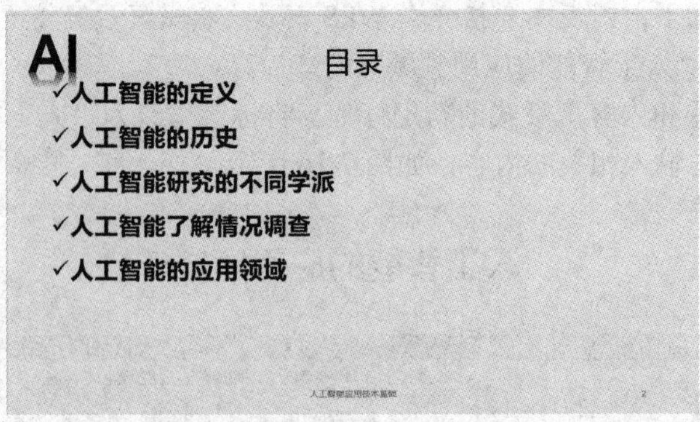

图 7-18　添加过页眉和页脚的幻灯片

步骤 3　设置页眉、页脚的格式。初步设置好的页眉、页脚字体非常小，可能不符合要求。修改页眉、页脚的格式的方法是：单击【视图】选项卡中的【幻灯片母版】图标，在【幻灯片母版】编辑区，将下方的页脚区的日期/时间、页脚和数字三项的字体设置为“20号”“粗体”“居中对齐”，关闭母版视图，返回普通视图，效果如图 7-19 所示。

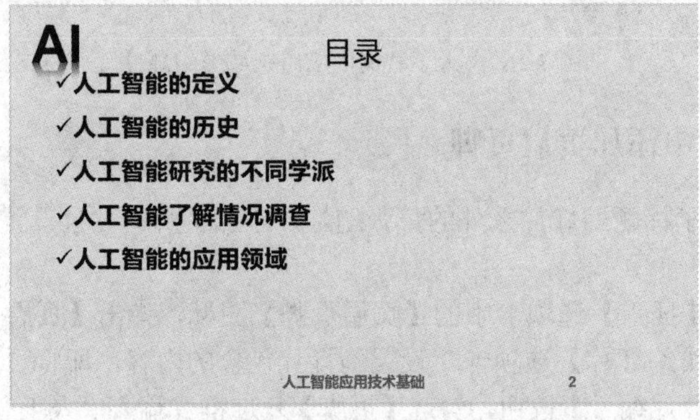

图 7-19　设置过页眉、页脚格式的幻灯片

说明：在【页眉和页脚】对话框中，还可以设置备注和讲义的页眉、页脚。

7.1.3　放映幻灯片

幻灯片放映有两种方式：一是从头开始放映，二是从当前的幻灯片开始放映。

操作 1　从头放映幻灯片。

选择【放映】选项卡中的【从头开始】命令(或按【F5】键)，即可开始放映幻灯片。可以采用以下任何一种方法进行幻灯片的切换与放映：

① 单击鼠标切换到下一页。

② 利用键盘上的翻页键【PageUp】和【PageDown】进行切换。

③ 利用键盘上的方向键进行切换。按【←】或【↑】键切换到上一张幻灯片，按【→】或【↓】键切换到下一张幻灯片。

④ 利用快捷菜单进行切换。在幻灯片的任意位置右击，从弹出的快捷菜单中选择【上一张】或【下一张】命令进行切换。

⑤ 通过按空格键或回车键切换到下一张。

操作 2　从当前幻灯片开始放映。

选择【放映】选项卡中的【当页开始】命令(或按【Shift+F5】键)，可以从当前幻灯片开始放映。

注：如果中途要退出放映状态，可以按【Esc】键结束放映。

7.1.4　建立超链接

在幻灯片播放过程中，可以通过设置超链接从目录幻灯片切换到演示文稿中的相应幻灯片，也可以由后面相应的幻灯片切换回目录幻灯片。具体步骤如下：

步骤 1　建立超链接。

打开目录幻灯片，选中“人工智能的定义”文本，单击鼠标右键，在弹出的快捷菜单中选择【超链接】命令，打开【插入超链接】对话框，如图 7-20 所示，在左边【链接到】中选择【本文档中的位置】，在右边选择“人工智能的定义”幻灯片，确定后就为“人工智能的定义”添加了超链接。用同样的方法，为目录中其他文本插入超链接，分别链接到“人工智能的历史”“人工智能研究的不同学派”“人工智能了解情况调查”“人工智能的应用领域”等幻灯片，如图 7-21 所示。

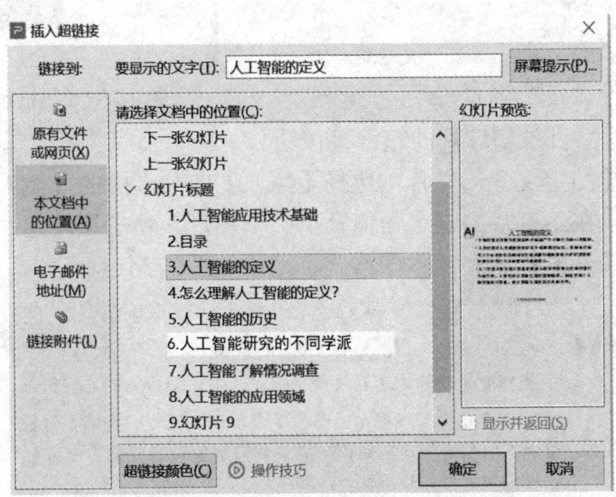

图 7-20　【插入超链接】对话框

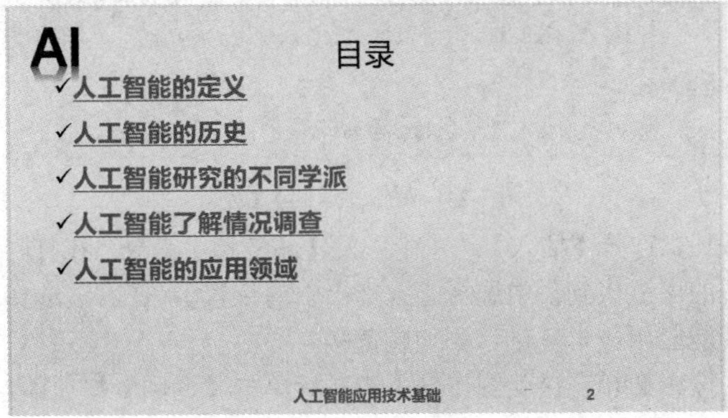

图 7-21　插入超链接的幻灯片

步骤 2　更改超链接文本的颜色。

初步制作好的超链接文本的颜色不符合要求，所以要更改文本的颜色。操作方法如下：选中文本，点击鼠标右键，选择【超链接】中的【超链接颜色】命令，如图 7-22 所示，弹出【超链接颜色】对话框，将“超链接颜色”设置为蓝色，“已访问超链接颜色”设置为红色，如图 7-23 所示。单击【应用到当前】按钮即可设置成功。在放映的过程中，没有访问的超链接文本是蓝色的，已访问过的超链接文本是红色的。

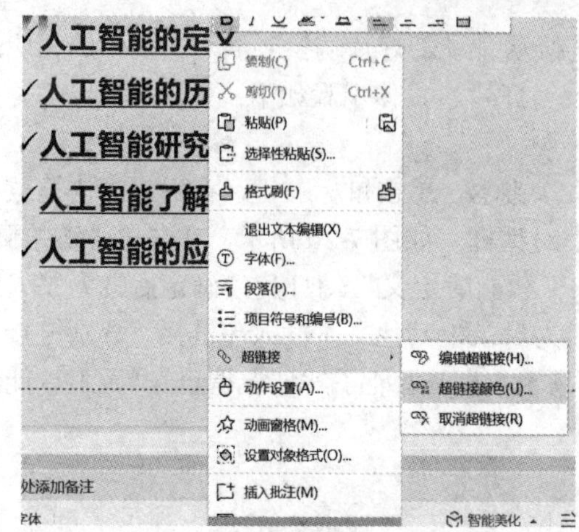

图 7-22　更改超链接的颜色

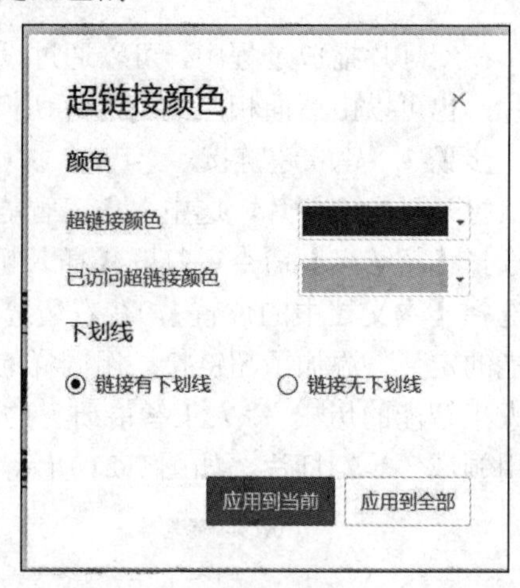

图 7-23　【超链接颜色】对话框

步骤 3　制作返回目录幻灯片的超链接按钮。

打开“人工智能的定义”幻灯片，选择【插入】选项卡中的【插入形状】命令，选择【圆角矩形】形状，在幻灯片的右上角拖画出一个图形，单击该图形，添加文字“返回”，并适当设置该形状图形的样式和文本的格式，结果如图 7-24 所示。

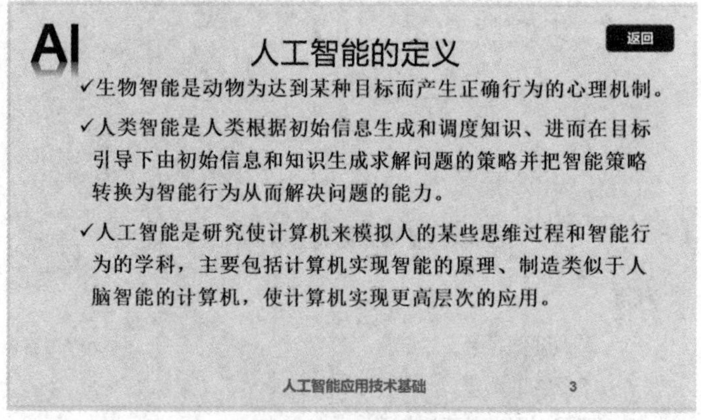

图 7-24　制作【返回】按钮

选中该形状按钮，选择【插入】选项卡中的【超链接】命令，在打开的【插入超链接】对话框中，在左边的【链接到】中选择【本文档中的位置】，在右边选择“目录”幻灯片，确定后为“人工智能应用技术基础”添加超链接。

这样【返回】按钮的超链接就制作好了。鼠标单击【返回】按钮即返回到“目录”幻灯片中。

复制【返回】按钮，分别在各幻灯片中粘贴，这样从第三张幻灯片开始，每张幻灯片都有一个能返回到“目录”幻灯片的按钮。也就是说，“目录”幻灯片和后面的几张幻灯片可以随意使用超链接切换。

7.1.5　设置幻灯片的切换动画

操作 1　设置不同的切换效果。

为了让幻灯片在放映时更生动，可以为其设置不同的切换效果。选择第一张幻灯片，在【切换】选项卡中选择合适的换片动画效果，如本例中选择【形状】，在声音中选择【照相机】，速度为【00:50】，换片方式为【单击鼠标时换片】，如图 7-25 所示。这样放映第一张幻灯片时就可以以设置的效果切换。

图 7-25　设置幻灯片的切换效果

使用上面的方法，为后面几张幻灯片设置不同的切换效果，这样整个演示文稿都可以有不同的切换效果。

操作 2　设置相同的切换效果。

除了设置不同的切换效果之外，还可以设置相同的切换效果。选择演示文稿中的任一幻灯片，选择【切换】选项卡中的【应用到全部】命令，就可以为所有幻灯片设置相同的切换效果。

说明：一般情况下，商务幻灯片的切换效果不宜过多，通常用两种即可，标题幻灯片是一种，非标题幻灯片是另一种。如果用户想对幻灯片中的各个对象设置不同的动画效果，则需要用到自定义动画。

7.1.6　自动放映幻灯片

一般情况下，幻灯片切换通过单击鼠标即可实现，但是也可以设置固定的时间段切换。在【切换】选项卡中选择【自动换片】，在后面的文本框中设置幻灯片切换相隔的时间，如图 7-26 所示，设置时间间隔为 03:20。如果需要为每张幻灯片设置相同的时间间隔和动画效果，应单击【应用到全部】。

图 7-26　设置幻灯片自动切换的时间

7.1.7　拓展

1. WPS 演示功能介绍

WPS 演示是一个易学易用、功能丰富的演示文稿制作软件，用户可以利用它制作图文、声音、动画、视频相结合的多媒体幻灯片，并达到最佳的现场演示效果。

1) WPS 演示的应用场合

WPS 演示有以下两个应用场合：

(1) 用于公开演讲、商务沟通、经营分析、页面报告、培训课件等正式工作场合。

(2) 用于电子相册、搞笑动画、自测题库等娱乐休闲场合。

2) 演示文稿和幻灯片

由 WPS 演示创建的文件称为演示文稿。WPS 演示文稿是以“.pptx”或者“.ppt”为扩展名保存的文件。一个演示文稿中包含多张幻灯片，每张幻灯片在演示文稿中既相互独立又相互联系。幻灯片是由不同的对象组成的，通常包括文字、图片、图表、表格、动画等。

2. WPS 演示的界面组成

WPS 演示的主界面如图 7-27 所示，主要包括功能区、幻灯片编辑区、幻灯片列表区、备注窗格、状态栏等。

图 7-27　WPS 演示的主界面

(1) 功能区：作用和操作方法与其他办公软件一样，这里不再赘述。

(2) 幻灯片编辑区：用来显示或编辑幻灯片中的文字、字符、图表、图片等内容。

(3) 幻灯片列表区：该区可在“幻灯片”和“大纲”两种方式间切换，单击该区中的“幻灯片”或“大纲”选项卡即可。“幻灯片”方式显示当前演示文稿的所有幻灯片的缩略图，“大纲”方式显示当前演示文稿的文本大纲。

(4) 备注窗格：可以为每张幻灯片添加备注。备注在放映时不显示，但是可以打印。

(5) 状态栏：显示当前操作的状态，如光标位置、当前编辑的幻灯片序号、整个文稿所包含的幻灯片的页数以及文稿中所用模板的名称等信息。

3. 创建演示文稿框架

通过【文件】选项卡中的【新建】命令，可以创建多种演示文稿。

1) 创建空演示文稿

在【演示】选项卡列表区中选择【新建空白演示】，如图 7-28 所示，即可创建一个空白演示文稿文件。此文件中的幻灯片具有白色背景，且文字默认为黑色，没有任何动画效果。

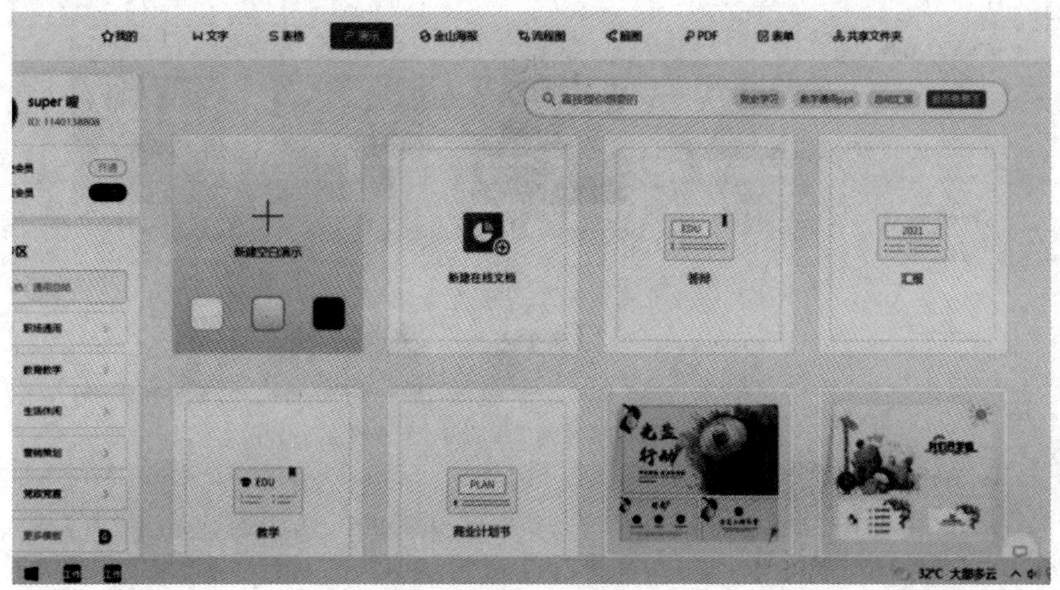

图 7-28　创建空白演示文稿

2) 根据现有模板创建演示文稿

单击【文件】选项卡中的【新建】命令中的【本机上的模板】命令，弹出如图 7-29 所示的对话框，用户可以选择任一种模板创建演示文稿。

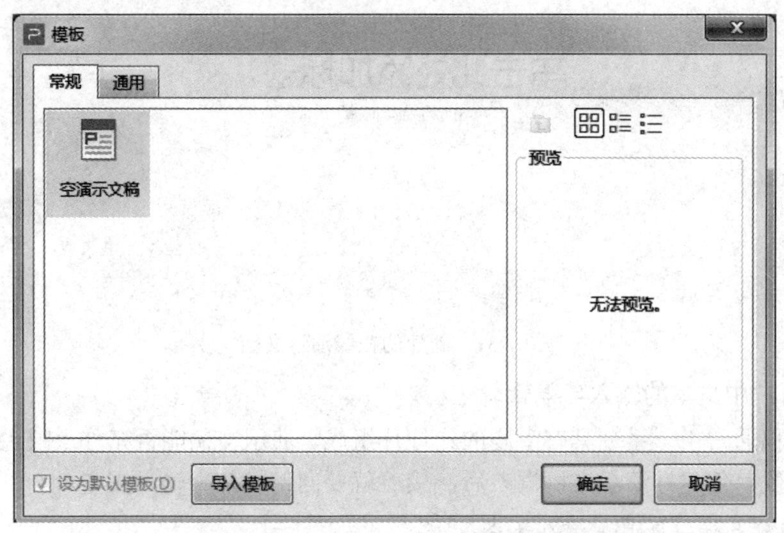

图 7-29　根据现有模板创建演示文稿

3) 根据 WPS 演示提供的模板创建演示文稿

模板包括预先设置好的颜色、字体、背景和效果，可以作为一套独立的选择方案应用于文件中。在【演示】选项卡列表中选择某一模板，如图 7-30 所示，即可创建演示文稿。

图 7-30　根据 WPS 演示提供的模板创建演示文稿

4) 新建在线演示文档

WPS 演示还有一个强大的功能，即可以多人在线编辑 PPT。方法是：单击【文件】选项卡中的【新建】命令中的【新建在线演示文档】命令。新建的在线演示文档如图 7-31 所示。

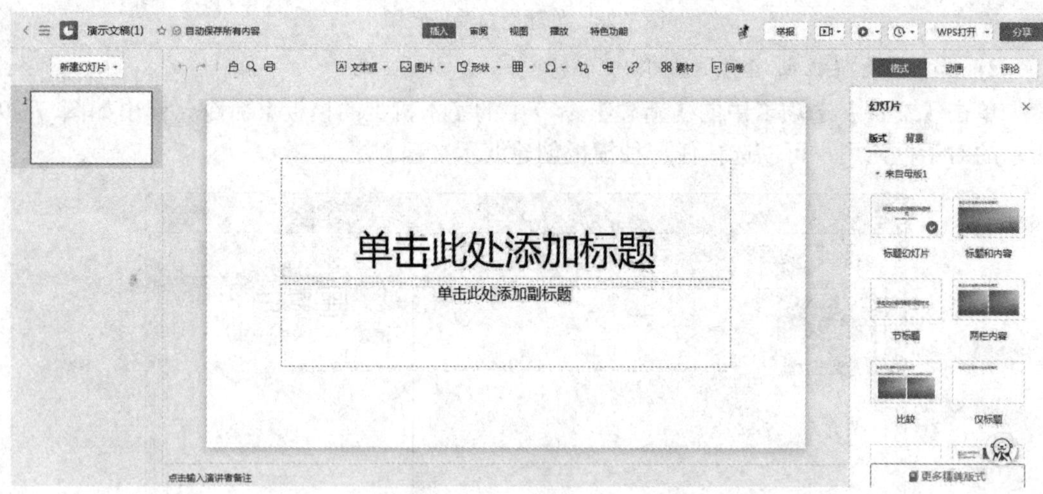

图 7-31　新建的在线演示文档

4. 幻灯片中文本的输入与编辑

演示文稿通常由一系列具有主题的幻灯片组成。演示文稿能否充分反映主题，文本是最基本的手段。创建好演示文稿框架后，接着就要向幻灯片中输入文本。

1) 在幻灯片编辑区直接输入文本

幻灯片一般分为两个部分：标题区和主体区。标题区用于输入每张幻灯片的标题，主体区用于输入幻灯片要展示的文字信息。按照幻灯片中标题区及主体区占位符所指示位置，输入相应标题及文本。输入完成后，可根据需要对标题及主体区中文本的位置、字体等进行设置。

说明：幻灯片中的“单击此处添加标题”为占位符，放映时不显示，可以不用管它，如果觉得不合适，可以删除。

2) 在幻灯片大纲区输入文本

在“幻灯片列表区”单击“大纲”选项卡，在弹出的大纲列表中输入标题。可以一次给多个幻灯片输入标题，方法是：输完一个幻灯片的标题后按【Enter】键，在系统自动增加的幻灯片中输入标题；若输入层次小标题，则应先选择级别，最多可以给一个幻灯片建立五级标题。

说明：输入文字最快的方式就是在大纲列表区中输入，输入一个标题后接着输入下一个标题。通过“升级”/“降级”(按【Shift+Tab】/【Tab】键)可以实现标题级别的设置。

3) 幻灯片中文本的编辑

幻灯片中的文本可以进行复制、移动、删除等编辑操作，对文字的字体和颜色也可进行设置，其操作同其他软件中的文本的编辑类似，这里不再赘述。

5. 演示文稿母版

母版是用来定义演示文稿格式的，它可以使一个演示文稿中每张幻灯片都包含某些相同的文本特征、背景颜色、图片等。当每一张幻灯片中都需要出现相同内容(如企业标志、CI 形象、产品商标以及有关背景设置等)时，这些内容就应该放到母版中。本例中，在母版上设计了一个公司图标后，这个图标将出现在每张幻灯片的相同位置，它使演示文稿具有了相同的风格。

1) 演示文稿母版的类型

演示文稿的母版类型一般分为三种：幻灯片母版、标题母版和备注母版。通常使用的是幻灯片母版。

幻灯片母版主要用来控制除标题幻灯片以外的幻灯片的标题、文本等外观样式，如果修改了母版的样式，将会影响到所有基于该母版的演示文稿的幻灯片样式。

标题母版控制的是以“标题幻灯片”版式建立的幻灯片，是演示文稿的第一张幻灯片，相当于演示文稿的封面，因此标题幻灯片在一个演示文稿中只对一张幻灯片起作用。

备注母版主要提供演讲者备注使用的空间以及设置备注幻灯片的格式。

2) 幻灯片母版的设置

选择【视图】选项卡中的【幻灯片母版】命令，可以打开幻灯片母版视图。幻灯片母版内容的设置和幻灯片版式相关，不同的版式应用不同的母版，若想要整个演示文稿都应用母版样式，必须为在演示文稿中出现的不同版式进行母版设置。

6. 幻灯片版式

幻灯片版式是幻灯片中对象的布局，包括位置和内容。单击【开始】选项卡中的【版式】命令，如图 7-32 所示，在下拉列表中列出了所有版式。若想更改版式，在此列表中选择其中一个即可。

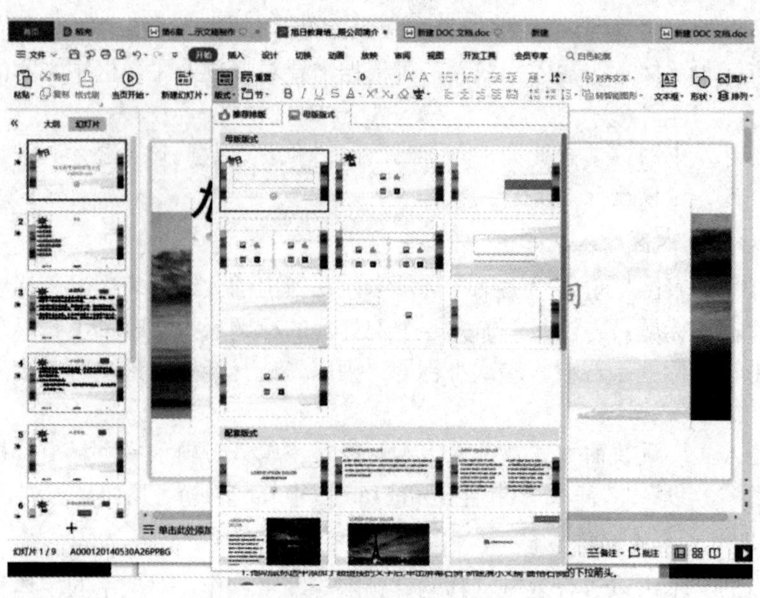

图 7-32　新建不同版式的幻灯片

7. 主题颜色方案的修改

主题颜色方案(又称配色方案)是由文本颜色、背景颜色、强调文本颜色、超链接、已访问的超链接等多种颜色组成的一组用于演示文稿的预设颜色方案。每一个主题都有多个不同的配色方案，一个配色方案可应用于一张或多张幻灯片。在设计幻灯片时可以改变其不同的配色方案，操作步骤如下：

选择【设计】选项卡中的【背景】命令，在下拉列表中单击【背景】命令，此时在页面右侧出现【对象属性】对话框，在【填充】选项卡中选择填充方式和颜色。如果要将该配色方案应用到所有幻灯片上，应选择【全部应用】命令，如图 7-33 所示，此时所有幻灯片的配色方案就被更改为所选配色方案。

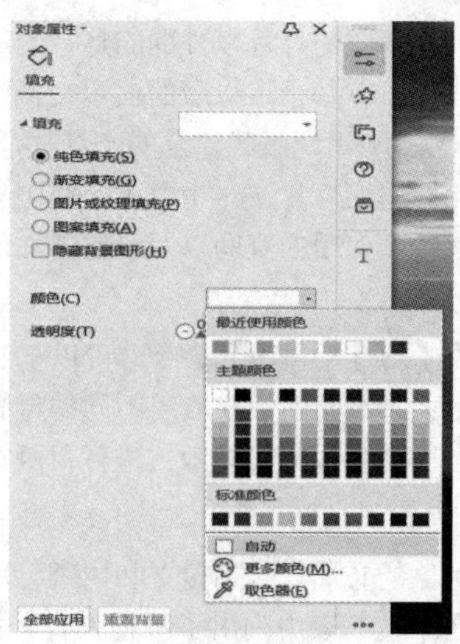

图 7-33　更改幻灯片背景颜色

8. 幻灯片的页面设置与打印

(1) 页面设置是打印的基础，其操作步骤如下：

选择【设计】选项卡中的【幻灯片大小】命令中的【自定义大小】命令，打开如图 7-34 所示的【页面设置】对话框。在该对话框中，可以分别对幻灯片、备注、讲义及大纲等进行各项设置，包括幻灯片的大小、幻灯片编号起始值、方向等，单击【确定】按钮即可。

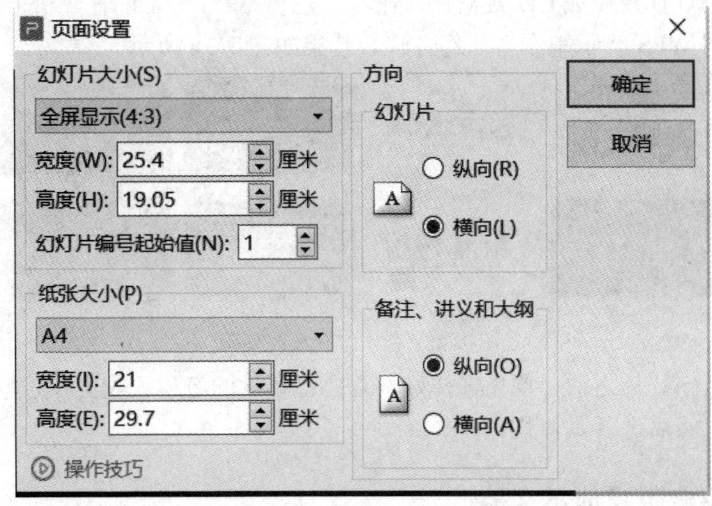

图 7-34 【页面设置】对话框

(2) 演示文稿的打印包括幻灯片、大纲、备注、讲义等的打印，操作步骤如下：

选择【文件】选项卡中的【打印】命令，在下拉列表中选择【打印】，弹出【打印】窗口，如图 7-35 所示，在此可以选择打印机，设置打印的份数，还可以设置打印幻灯片的范围(全部或指定的页数)、打印内容、是否逐份打印、打印的方向和颜色等。本例中将打印内容设置为“6 张水平放置的幻灯片”，单击【确定】按钮即可打印。

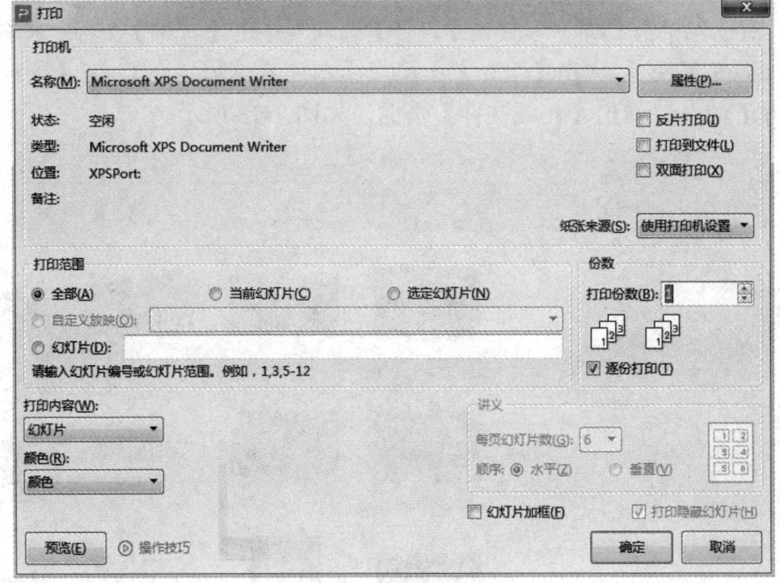

图 7-35 【打印】窗口

任务 7.2　制作音画同步的音乐幻灯片

利用 WPS 演示可以制作图文并茂、音画同步的精美音乐幻灯片，同时，还可以将制作完成的音乐幻灯片打包成 CD 数据包，在没有安装 WPS 演示的计算机上进行放映。

本实例使用 WPS 演示制作音乐幻灯片。效果如图 7-36 所示。

图 7-36　音乐幻灯片效果图

在制作音乐幻灯片之前，首先选择好一首自己喜欢的音乐，收集音乐歌词和相关的精美图片等素材，然后进行具体规划。

7.2.1　新建空白版式演示文稿

启动 WPS 演示，将新建的空白演示文稿更名为“音乐新时尚—我和我的祖国”并保存到 D:\音乐幻灯片文件夹中。在该演示文稿中添加若干幻灯片，将所有幻灯片的版式均选择为空白版式。

7.2.2　设置幻灯片的背景

步骤 1　单击第一张幻灯片，单击【设计】选项卡中的【背景】图标，在右侧弹出【填充】页面，如图 7-37 所示。在【填充】中选择【图片或纹理填充】，在【图片填充】中选择【在线文件】命令，弹出【在线文件】页面，如图 7-38 所示。

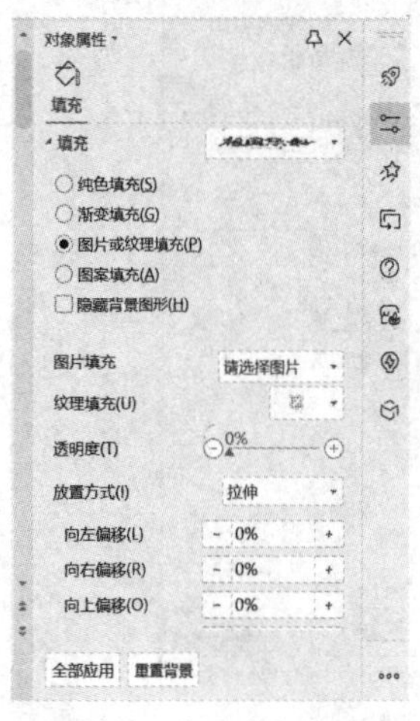

图 7-37　【填充】页面

图 7-38　【在线文件】页面

步骤 2　在【办公专区】选项卡的搜索栏中搜索“祖国”，选择“祖国您好”的图片，单击打开图片后，单击【插入】按钮，将图片插入第一张幻灯片中，如图 7-39 所示。

图 7-39　第一张幻灯片的背景

后面的每一张幻灯片都执行同样的操作，让每一张幻灯片具有不同的背景。

如果单击【填充】对话框中的【全部应用】按钮，则所选定的背景图片将应用到演示文稿中的每一张幻灯片。在此，可为演示文稿选择一张背景图片应用到所有幻灯片，然后根据需要为单张幻灯片选择不同的图片来设置个性化背景。在【填充】对话框中还可以根据需要设置渐变填充、纹理填充、图案填充等效果。

另外，还可以对背景设置特殊的颜色和艺术效果，使普通的图片具有一定的艺术效果，增加幻灯片放映时的美感。

说明：在幻灯片中，图片既可以以一个独立的对象插入幻灯片中，也可以作为幻灯片的背景存在。当作为一个对象插入幻灯片中时，可以在幻灯片的编辑状态下进行位置、大小等的调整。如果将图片设置为幻灯片背景，则图片像画在了幻灯片上一样，不可编辑。

7.2.3　在幻灯片中插入对象

根据需要插入图片、图形、艺术字等对象，对幻灯片做个性设置。

操作 1　插入歌词。

要实现音画同步的效果，就要把歌词输入幻灯片。歌词可以直接输入，也可以添加艺术字。在本例中，将歌词直接添加显示在每张相应的幻灯片中。

操作 2　插入静态图片。

本演示文稿中有多张幻灯片需要插入静态图片。例如选中第 6 张幻灯片，该幻灯片中已经设置了图片背景。选择【插入】选项卡中的【图片】中的【本地图片】，打开【插入图片】对话框，分别选择故宫、长城、鸟巢的静态小图片插入幻灯片中。调整图片的边框控制点，将其放到幻灯片的适当位置，如图 7-40 所示。

图 7-40　插入静态图片效果图

操作 3　插入自定义图形。

在幻灯片中，可以在绘制的不同形状的图形中填充照片来进行幻灯片的个性设置。本例中，在第 8 张幻灯片中插入了一个六边形图案。操作步骤如下：

① 在【插入】选项卡中选择【形状】中的六边形，在要插入图形的幻灯片中拖画出大小合适的六边形。

② 右击该图形，在快捷菜单中选择【设置对象格式】，打开【设置对象格式】对话框，将其填充效果设置为图片填充，选择“图片”文件夹中的一幅图片。

③ 调整图形的格式，将形状图形的轮廓设置为黄色、加粗，效果如图 7-41 所示。

图 7-41　添加过自选图形后的幻灯片

7.2.4　添加连续的背景音乐

在播放音乐幻灯片时，我们希望音乐能够贯穿始终，实现在演示文稿中连续播放的效果。操作方法是：选中首张幻灯片，单击【插入】选项卡中的【音频】图标，在下拉列表中选择【嵌入音频】命令，打开【插入音频】对话框。选择要插入的音乐文件后，单击【打开】按钮，在当前幻灯片页面中就会出现一个小喇叭(见图 7-42)，同时在菜单栏中出现【音频工具】选项卡。选中【跨幻灯片播放】命令前面的单选按钮，同时选择【放映时隐藏图标】前面的复选框按钮，此时放映幻灯片就可以自动连续跨幻灯片播放背景音乐。

如果要查看音乐能否自动播放，单击【动画】选项卡中的【自定义动画】图标，任务窗格中将显示当前幻灯片中所有自定义的动画效果。此时在音频文件前面有个“0”，代表幻灯片出现后自动播放音乐。

图 7-42　在任务窗格中显示动画效果

7.2.5　设置动画效果

为了使动画尽可能美观，每张幻灯片中的对象都要设置自定义动画。下面用其中一张幻灯片举例说明具体操作步骤。

选择第 2 张幻灯片(这张幻灯片除了一张图片背景外，还有两行文字和一张静态图片对象)，按照在幻灯片放映时的顺序，首先选中“阵阵晚风吹动着松涛”艺术字，选择【动画】选项卡，展开动画效果，如图 7-43 所示，选择【强调】中的【放大/缩小】。

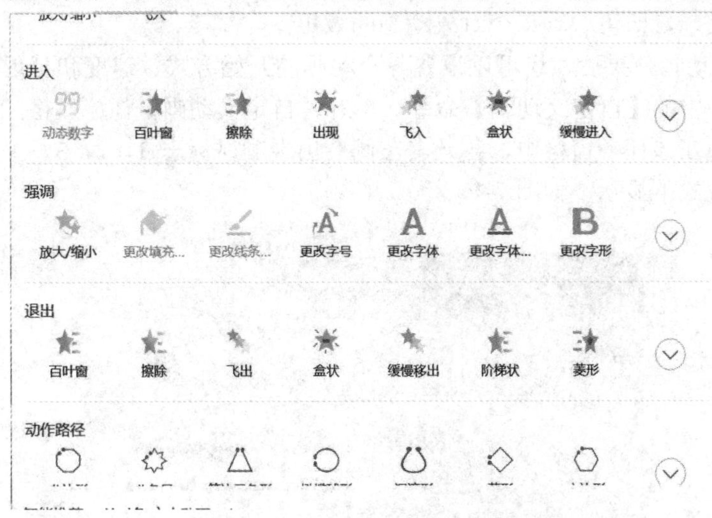

图 7-43　为艺术字设置自定义动画

设置完动画后，【动画窗格】中就会出现每个动画及其出现的序号，如图 7-44 所示。

图 7-44　添加过动画的【动画窗格】

按照上面介绍的方法，可以对其他幻灯片中的对象进行自定义动画效果的设置。

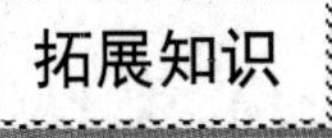

动画是 WPS 演示中很有特色的一部分，动画可以让幻灯片放映增加活泼性和吸引力。

一般情况下，动画分为两类：一是幻灯片的切换动画；二是幻灯片中对象的自定义动画。自定义动画是指用户对幻灯片中的各个对象设置不同的动画方案，各对象按所设置的顺序进行演示。操作步骤如下：

(1) 在幻灯片中选择需要设置动画的部分(标题、文本、多媒体对象等)，选择【动画】选项卡，打开【动画】下拉列表，如图 7-43 所示。对象的动画共 4 种(进入、强调、退出和动作路径)，每种类型下都有若干动画方案，可以在下拉列表中选择显示的动画效果。

(2) 在【自定义动画】任务窗格中选择【自动预览】复选框，当设置一项动画方案后，幻灯片会自动演示，即可看到每个对象动画的效果。

(3) 设置完动画效果后，还可以设置各个动画的开始方式、速度和延迟时间等。单击【动画】选项卡中的【自定义动画】命令，单开【自定义动画】任务窗格，此时刚刚设置过的动画会出现在该任务窗格中，各元素左侧会出现顺序标志 1，2，3，…，这些数码标志在普通视图方式下显示，如图 7-45 所示。

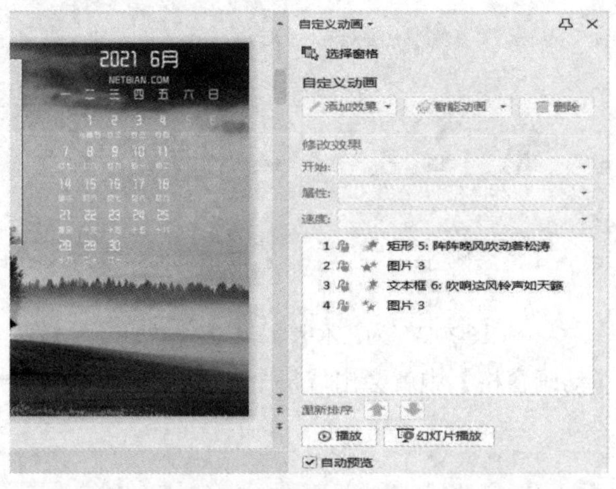

图 7-45 【自定义动画】任务窗格

在放映时将按所标记的顺序依次演示对应的元素，数码标志不会显示出来。单击【播放】按钮可以预览设置过动画的放映效果。此时，如果动画效果不满意，可以选中某一个动画，单击鼠标右键，单击快捷菜单中的【计时】命令，弹出如图 7-46 所示的对话框，在【计时】选项卡中设置各个动画的开始方式、延迟时间和速度等；还可以通过【重新排序】中的向上移动或向下移动图标对各个对象的动画播放次序进行调整。

图 7-46　重新设定计时效果

(4) 要为同一个对象设置不同的动画效果，选择【动画】选项卡中【自定义动画】命令下的【添加效果】命令，在打开的下拉列表中选择 4 种动画方案中的一种即可。

说明：【开始】项中播放开始的时间有单击时、之前、之后 3 种。单击时是指单击幻灯片或按向下方向键时才会播放动画；之前是上一个对象动画播放完之前开始播放；之后是在上一个对象动画播放完之后开始播放。因此，之前比之后更早一些。

(5) WPS 演示中的动画刷工具允许用户把现成的动画效果复制到其他 WPS 演示页面中，用户可以快速地制作 WPS 演示动画。WPS 演示的动画刷使用起来非常简单，选择一个带有动画效果的 WPS 演示幻灯片元素，单击 WPS 演示菜单栏【动画】中的【动画刷】命令，这时鼠标指针会变成带有小刷子的样式，与格式刷的指针样式差不多。找到需要复制动画效果的页面，在其中的元素上单击鼠标，则动画效果已经复制下来了。

7.2.6　设置幻灯片的切换效果

为了让音乐幻灯片放映时更生动、活泼，可在【切换】选项卡中为每一张幻灯片选择不同的换片动画效果。

7.2.7　对幻灯片播放进行排练计时

根据音乐幻灯片中每句歌词演唱的时间不同，结合幻灯片的切换时间和幻灯片中各对象动画效果的显示时间，对每张幻灯片进行排练计时。在进行排练计时操作时，要做到音画同步。单击【放映】选项卡中的【排练计时】图标，即开始播放幻灯片，如图 7-47 所示。

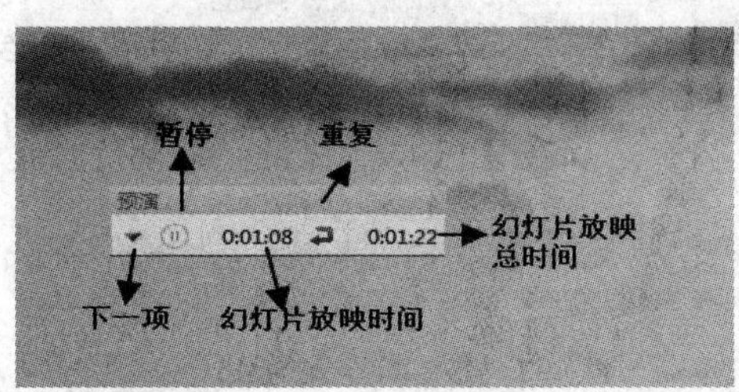

图 7-47　排练计时

【幻灯片放映时间】文本框中显示当前幻灯片的放映时间。如果对当前幻灯片的放映时间不满意，可以单击【重复】按钮，重新放映计时。如果要播放下一张幻灯片，单击【下一项】按钮，或者在正播放的幻灯片的任意位置单击，此时【幻灯片放映时间】文本框将重新计时。

幻灯片放映结束时，弹出提示对话框，如图 7-48 所示，询问是否保存排练计时的结果。单击【是】按钮，保存排练结果。

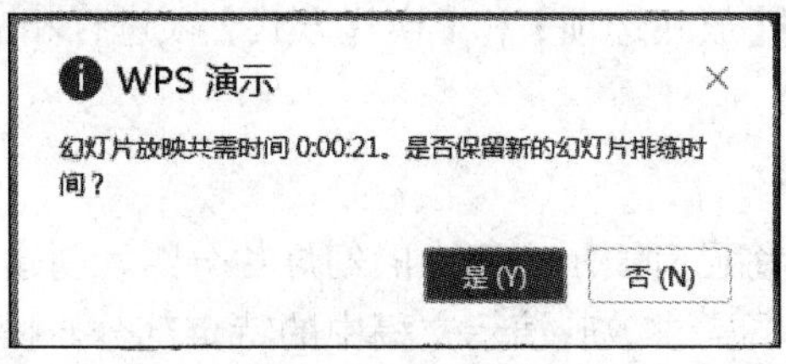

图 7-48　确认排练计时对话框

说明：对于幻灯片和对象比较多的演示文稿来说，一次排练计时不一定能达到要求，可以多做几次排练计时，后面的排练时间会自动替换之前的。因此，只要最后一遍排练计时符合要求即可。

7.2.8 放映幻灯片

排练计时制作好之后，单击【放映】选项卡中的【从头开始】图标，则音画同步的音乐幻灯片以规定的时间和内容伴随着优美的音乐播放出来。

1. 幻灯片放映方式的设置

为了使放映过程更方便灵活，放映效果更佳，可以对演示文稿的放映方式进行设置。设置放映方式的操作步骤如下：

(1) 单击【放映】选项卡中的【放映设置】图标，在下拉列表中选择【放映设置】命令，弹出【设置放映方式】对话框，如图 7-49 所示。

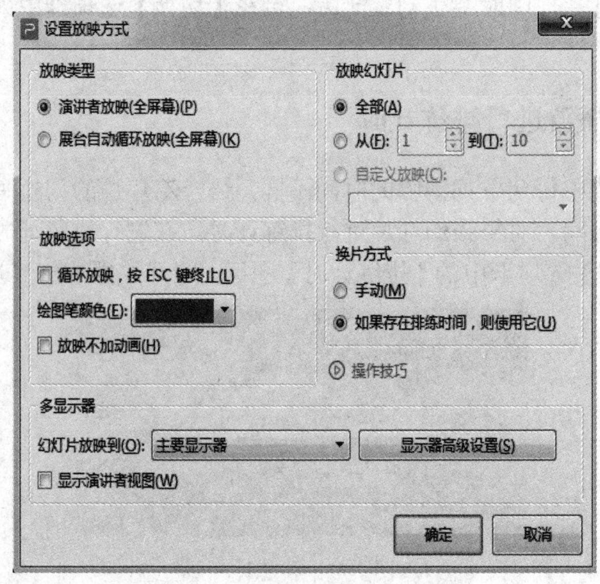

图 7-49 【设置放映方式】对话框

(2) 在【放映类型】的以下两种类型中选择一种：

① 演讲者放映(全屏幕)：全屏显示演示文稿，适用于演讲者播放演示文稿，演讲者完整地控制播放过程。这种放映类型可采用自动或人工方式放映，需要将幻灯片投射到大屏幕上时也采用这种放映类型。

② 展台自动循环放映(全屏幕)：全屏自动显示演示文稿，结束放映用【Esc】键。

(3) 对【放映幻灯片】【放映选项】和【换片方式】项进行相应设置。全部设置完成后，单击【确定】按钮。

2. 自定义放映的设置

自定义放映是指用户将已有演示文稿中的幻灯片分组，创建多个不完全相同的演示文稿，放映时根据观众的不同需求放映演示文稿中的特定部分。操作步骤如下：

(1) 单击【放映】选项卡中的【自定义放映】图标，弹出【自定义放映】对话框，如图 7-50 所示。

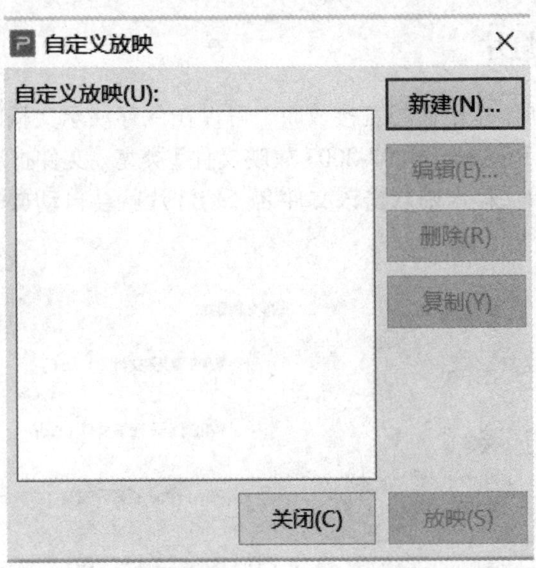

图 7-50 【自定义放映】对话框

单击【新建】按钮，弹出【定义自定义放映】对话框，如图 7-51 所示。在该对话框的左边列出了演示文稿中所有幻灯片的标题或序号。

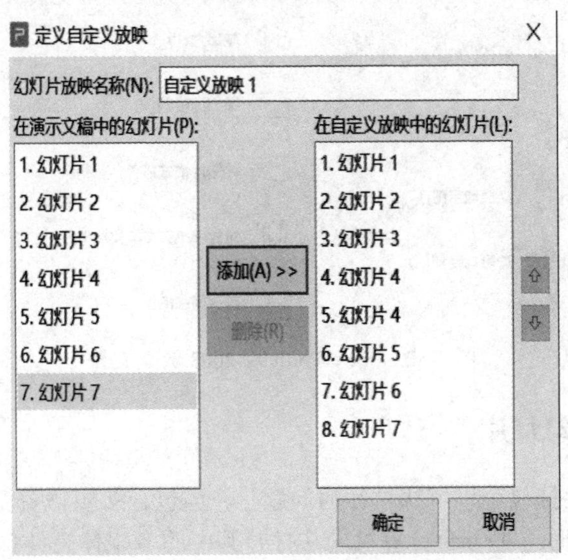

图 7-51 【定义自定义放映】对话框

(2) 在【幻灯片放映名称】文本框中输入自定义放映的名称，在【在演示文稿中的幻灯片】列表框中选择幻灯片，单击【添加】按钮，被选中的幻灯片自动添加到右侧列表框中。单击【删除】按钮，可以对右侧列表框中的幻灯片进行撤销选取。

(3) 单击【确定】按钮，返回【自定义放映】对话框，单击【关闭】按钮。

(4) 单击【放映】选项卡中的【自定义放映】命令，在弹出的对话框中选中之前已经创建好的自定义放映的名称，单击【放映】按钮放映自定义的演示文稿。

7.2.9　存储音乐幻灯片

如果在演示文稿制作完毕后想直接放映，可以在保存演示文稿时在【另存为】对话框中的下拉列表中选择【PowerPoint 97-2003 放映文件】类型，文件扩展名为.ppsx，如图 7-52 所示。若想放映该演示文稿，则双击该文件名，幻灯片就会自动放映。放映模式只能在安装 WPS 演示的计算机上运行。

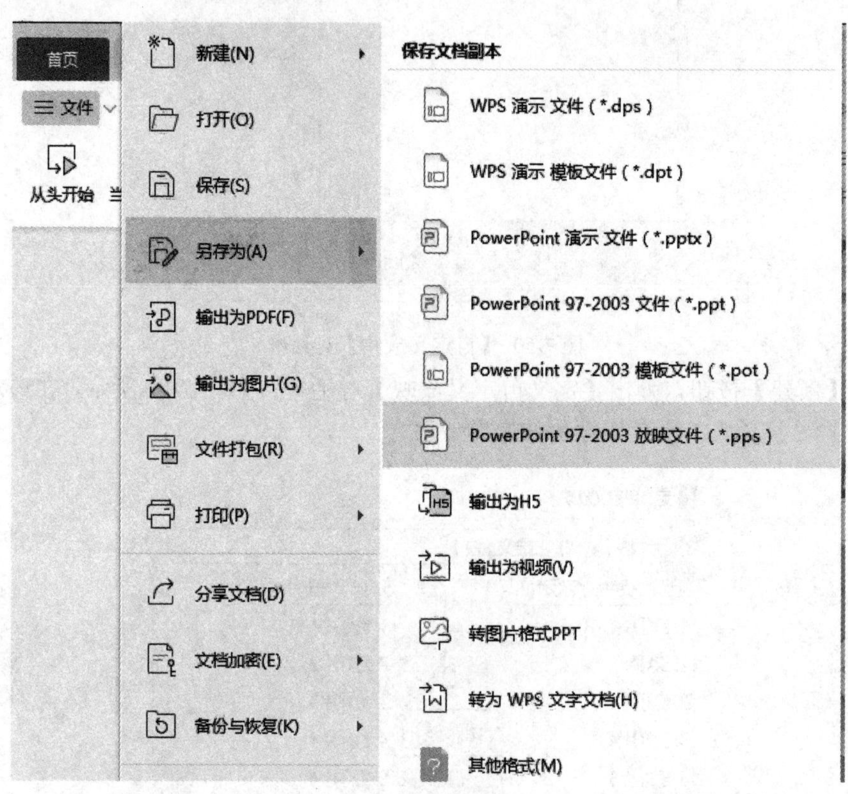

图 7-52　PowerPoint 97-2003 放映文件

7.2.10　打包音乐幻灯片

WPS 演示的文件打包可以解决这样的问题——当包含多媒体资源(视频、音频等)的演示文档进行网络传输时，另一台计算机无法打开其中的多媒体文件。因为 WPS 演示保存时，只保存了一个指向该资源的索引，并不包含该文件，所以无法打开。只有将演示文件打包，才会提取相关资源进行操作。将已经制作完成的演示文稿进行打包处理的操作步骤如下：

步骤 1　打开准备打包的演示文稿。

在【文件】选项卡中选择【文件打包】下的【将演示文档打包成文件夹】命令，如图 7-53 所示。弹出【演示文件打包】对话框，如图 7-54 所示。在【文件夹名称】中输入“音乐欣赏-我和我的祖国”。

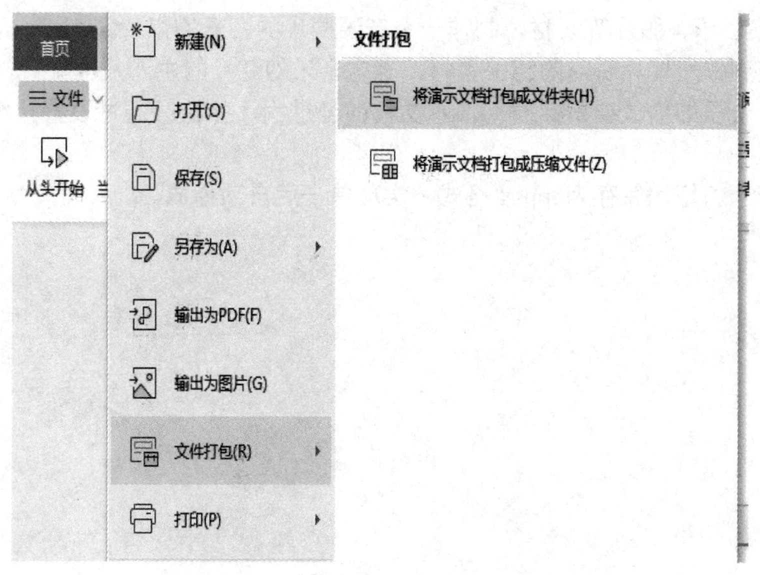

图 7-53　将演示文档打包成文件夹

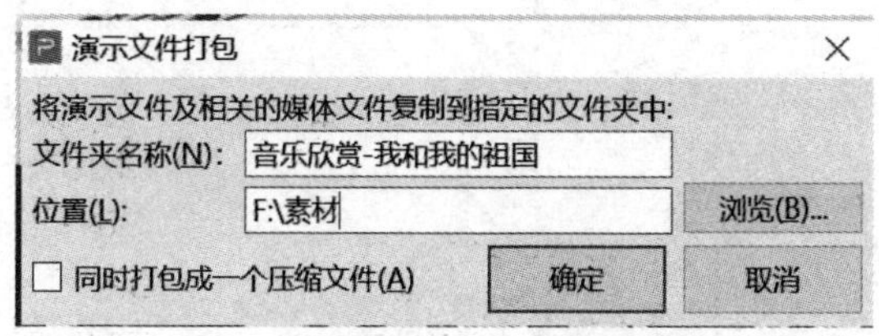

图 7-54 【演示文件打包】对话框

说明：打包之后的文件夹中包含了演示文稿以及演示文稿中涉及的相关资源(如音乐)。

步骤 2　在没有安装 WPS 演示的计算机上运行演示文稿。

WPS 演示在打包后的文件夹中并没有包含播放器文件，因此，如果想在没有安装 WPS 演示的计算机上运行，可以下载安装 PowerPoint Viewer 播放器。运行该播放器，此时让打包的文件夹选择需要播放的文件，单击【打开】按钮即可。

实　　训

实训一　制作个人简介演示文稿

制作个人简介幻灯片，按如下要求进行设计：

(1) 演示文稿中至少包含 7 张幻灯片，包括首页、个人基本信息、教育经历、社团活动、获取证书(奖励、资格证等)、自我评价、结束页。

(2) 通过插入图片、设置背景等达到图文并茂的效果。

(3) 添加声音、动画，突出特长和优点。

(4) 设计存在排练计时的幻灯片放映。

实训二　制作音画同步的音乐幻灯片

自行收集音乐、图片等素材，制作一个音画同步的音乐幻灯片。

(1) 收集制作幻灯片所需的相关素材，确定音乐幻灯片的主题及框架。

(2) 一首音乐的播放要贯穿整个演示文稿的全过程，并能够通过设置排练计时实现音画同步。

(3) 将音乐幻灯片保存为 .ppsx 格式，实现单击后自动播放。

拓展认识篇

项目 8　多媒体技术

【项目目标】

- 了解多媒体基础知识。
- 掌握多媒体信息处理的关键技术。
- 知道多媒体计算机系统的构成。

任务 8.1　多媒体基础知识

8.1.1　多媒体技术的基本概念

多媒体(Multimedia)是多种媒体的综合，一般包括文本、声音和图像等多种媒体形式。在计算机系统中，多媒体指组合两种或两种以上媒体的一种人机交互式信息交流和传播媒体。

多媒体技术(Multimedia Technology)是利用计算机对文本、图形、图像、声音、动画、视频等多种信息进行综合处理、建立逻辑关系、实现人机交互作用的技术，又称为计算机多媒体技术。多媒体技术融计算机、声音、文本、图像、动画、视频和通信等多种功能于一体，借助日益普及的高速信息网，可实现计算机的全球联网和信息资源共享，因此被广泛应用在咨询服务、图书、教育、通信、军事、金融、医疗等领域。

8.1.2　多媒体技术的产生和发展

1. 多媒体的产生

一般认为，1984 年美国苹果公司提出位图概念，标志着多媒体技术的诞生。当时苹果公司正在研制 Macintosh 计算机，为了增强图形处理功能，改善人机交互界面，使用了位图(Bitmap)、窗口(Windows)、图标(Icon)等技术。改善后的图形用户界面(GUI)受到普遍欢迎，在随后的几年间，多媒体技术得到了大力发展。1985 年美国 Commodore 公司推出了世界上第一个真正的多媒体计算机系统 Amiga，该系统以其功能完备的视听处理能力、大量丰富的实用工具以及性能优良的硬件，使全世界看到了多媒体技术的未来。

2. 多媒体技术的发展

多媒体技术的发展大致经历了 3 个阶段：传统多媒体技术、流媒体技术、智能多媒体技术。

传统多媒体技术是多媒体发展的初级阶段。在这个阶段，所有要接收处理的信息都是在完全接收之后才被处理的，这样就拖延了处理的速度，大大增加了处理信息所用的时间，使人们必须花费大量的时间等待产生多媒体信息。

流媒体技术是解决传统多媒体弊端的新技术。所谓流，是一种数据传输的方式，使用这种方式，信息的接收者在没有接收到完整的信息前就可以处理那些已收到的信息。这种一边接收、一边处理的方式，很好地解决了多媒体信息在网络上的传输问题。人们不必等待太长时间就能收听、收看到多媒体信息，并且在此之后边播放边接收，不会感觉到文件没有传完。

智能多媒体技术是人工智能技术和多媒体计算机技术的结合，可充分利用计算机的快速运算能力，综合处理声、文、图信息，用交互式输入弥补计算机智能在文字的识别和输入、语音的识别和输入、自然语言理解和机器翻译、图形的识别和理解、机器人视觉和计算机视觉等方面的不足。

8.1.3 多媒体技术的特性

多媒体技术主要有以下几个特性。

(1) 集成性：能够对信息进行多通道统一获取、存储、组织与合成。

(2) 控制性：以计算机为中心，综合控制和处理多媒体信息，并按人的要求以多种媒体形式表现出来，同时作用于人的多种感官。

(3) 交互性：是多媒体应用有别于传统信息交流媒体的主要特点之一。传统信息交流媒体只能单向地、被动地传播信息，而多媒体技术则可以实现人对信息的主动选择和控制。

(4) 非线性：这一特点将改变人们的传统的循序性的读写模式。以往人们的读写方式大都采用章、节、页的框架，循序渐进地获取知识；而多媒体技术将借助超文本链接(Hyper Text Link)的方法，把内容以一种更灵活、更多变的方式呈现给读者。

(5) 实时性：当用户给出操作命令时，相应的多媒体信息都能够得到实时控制。

(6) 互动性：可以实现人与机器的互动、人与人及机器间的互动、互相交流的操作环境及身临其境的场景。人机相互交流是多媒体最大的特点。

(7) 信息使用的方便性：用户可以按照自己的需要、兴趣、任务要求、偏爱和认知特点来使用信息，获取图、文、声等信息表现形式。

(8) 信息结构的动态性：用户可以按照自己的目的和认知特征重新组织信息，增加、删除或修改节点，重新建立链接。

8.1.4 多媒体技术的应用

近年来，多媒体技术得到了迅速发展，多媒体系统的应用以极强的渗透力进入了人类工作和生活的各个领域，如通信、工业、医学、教育等，给人类的生活和生产带来了极大的便利。

1. 多媒体在通信系统中的应用

多媒体通信是 20 世纪 90 年代迅速发展起来的一项技术。一方面，多媒体技术使计算机能同时处理视频、音频和文本等多种信息，增加了信息的多样性；另一方面，网络通信技术消除了人们之间的地域限制，使信息具有瞬时性。因此，多媒体通信技术把计算机的交互性、通信的分布性及电视的真实性有效地融为一体，成为当今信息社会的一个重要标志。

2. 多媒体在工业领域中的应用

在工业应用领域，一些大公司通过应用媒体 PC 来开拓市场，培训雇员，以降低生产成本，提高产品质量，增强市场竞争能力。现代化企业的综合信息管理、生产过程的自动化控制，都离不开对多媒体信息的采集、监视、存储、传输以及综合分析处理和管理。应用多媒体技术来综合处理多种信息，可以做到信息处理综合化、智能化，从而提高工业生产和管理的自动化水平。多媒体技术在工业生产实时监控系统中，尤其在生产现场设备故障诊断和生产过程参数监测等方面具有非常重要的实际应用价值，特别在一些危险环境中，多媒体实时监控系统将起到越来越重要的作用。

3. 多媒体在医疗影像诊断系统中的应用

随着临床要求的不断提高以及多媒体技术的发展，研究人员构建了新一代具有多媒体处理功能的医疗诊断系统。该系统运用多媒体技术对医疗影像进行数字化和重建处理，使得传统诊断技术在诊断辅助信息、直观性和实时性等方面都相形见绌。在医疗诊断中经常采用的实时动态视频扫描、声影处理等技术都是多媒体技术成功应用的例证。多媒体数据库技术从根本上解决了医疗影像的另一关键问题——影像存储管理问题。多媒体和网络技术的应用还使远程医疗从理想变成了现实。

4. 多媒体在教学中的应用

目前，传统教学模式正受到多媒体教学模式的巨大冲击。因为后者能使教学内容更充实，更形象，更有吸引力，实现网络上的视、听、图形、文本和动画功能，从而提高学生的学习热情和学习效率。可以预见，今后多媒体技术必将越来越多地应用于现代教学实践中，并将推动整个教育事业的发展。

5. 多媒体在生活娱乐中的应用

VOD 和交互电视(ITV)系统是根据用户要求播放节目的视频点播系统，具有提供给单个用户对大范围的影片、视频节目、游戏、信息等几乎同时进行访问的能力。对于用户而言，只需配备相应的多媒体计算机终端或者一台电视机、一个机顶盒、一个视频点播遥控器，就可以“想看什么就看什么，想什么时候看就什么时候看”。用户和被访问的资料之间高度的交互性使这一系统区别于传统的视频节目接收系统。该系统采用了多媒体数据压缩解压技术，综合了计算机技术、通信技术和电视技术。VOD 和交互电视系统的应用，在某种意义上讲是视频信息技术领域的一场革命，具有巨大的潜在市场，具体应用于电影点播、远程购物、游戏、卡拉 OK 服务、点播新闻、远程教学、家庭银行服务等方面。

任务 8.2　多媒体信息与文件

8.2.1　文本信息

文本是以文字和各种专用符号表达的信息形式。它是现实生活中使用最多的一种信息存储和传递方式。用文本表达信息可以给人充分的想象空间。文本主要用于对知识的描述性表述，如阐述概念、定义、原理和问题以及显示标题、菜单等内容。

文本信息可以反复阅读，从容理解，不受时间、空间的限制；但是，阅读屏幕上显示的文本信息，特别是信息量较大时容易引起视觉疲劳，使阅读者产生厌倦情绪。另外，文本信息具有一定的抽象性，阅读者在阅读时必须会将抽象的文字还原为相应事物，这就要求阅读者有一定的抽象思维能力和想象能力，不同的阅读者对所阅读的文本的理解也不完全相同。

在设计多媒体文本时，给文本设置丰富的格式，可吸引学习者的注意力。设置文本的格式可采用以下几种方式：

(1) 借助 Microsoft Word、Word Pad 等专用的文字处理软件来进行文本的输入与加工。

(2) 借助 Microsoft Word Art、PhotoShop 等软件进行图形文字的开发。

(3) 借助 PowerPoint、Authorware 等软件进行动态文字的开发。

8.2.2 声音信息

声音是人们用来传递信息、交流感情最方便、最熟悉的方式之一。在多媒体课件中，按其表达形式，可将声音分为讲解、音乐、效果三类。

1. 声音三要素

声音是一种能量，声音的三要素分别是音色、音调和响度。

音色是一种声音的固有特征。比如，电子琴和小提琴发出的声音是有明显区别的，笛子和古筝也有各自的声音特征。有些声音模仿秀的选手可以通过训练，达到模仿不同人或者不同乐器的效果。

音调指声音的频率，单位是 Hz(赫兹)。频率越高，听起来越刺耳、越尖锐；频率越低，听起来越低沉、越浑厚。医学研究表明，人的听觉系统能察觉的最低频率为 20 Hz，最高为 20 kHz，超出这个范围人类一般就听不到了。其实现实生活中根本就不存在完全能听到 20 Hz～20 kHz 频率范围内声音的人，并且随着年龄的增长、体质的变化，人能听到的声音只会是这个区间的一个子集。人与一些动物的发声和听觉频率范围如图 8-1 所示。

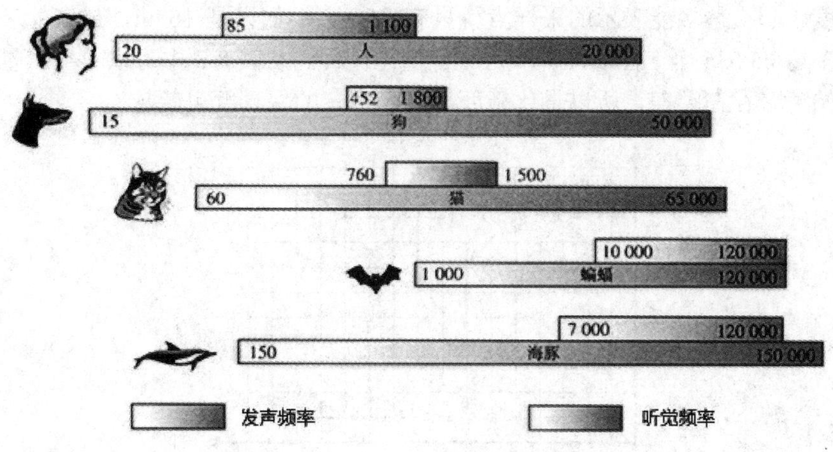

图 8-1　人与一些动物的发声和听觉频率范围(单位为 Hz)

响度是指声音的大小，一般用“分贝”来表示，单位是 dB，这个参数说明声音所携带的能量的大小。声音越大，在相同传播介质里所能传递的距离越远。

人对不同频率、不同分贝的声音的生理反应也是有差别的。人耳对声音的可闻阈如图 8-2 所示。

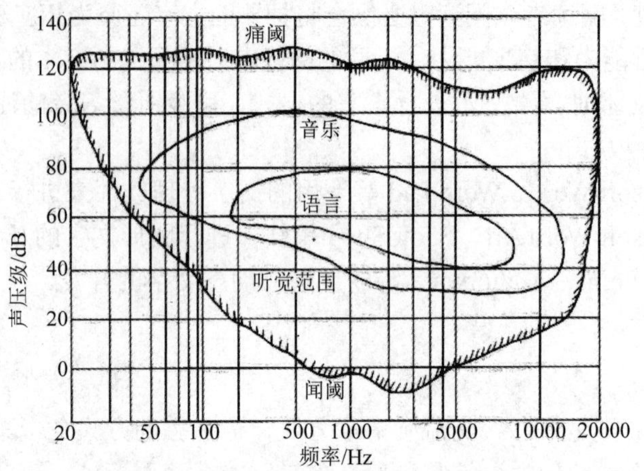

图 8-2　人耳对声音的可闻阈

2. 声音的数字化

在物理世界里，声音在传输过程中都是连续的，如果要让计算机来处理它，就牵扯到人们经常说的数字化了。声音的数字化过程有三个核心步骤：采样、量化和编码。

在模拟声音的时间轴上周期性地取点，将时域连续的模拟信号变成离散信号的过程叫作采样。每秒钟的采样点越多，数字化之后的声音就越接近原模拟声音。每秒钟的采样次数叫作采样频率。根据奈奎斯特定理，采样频率 f_s 和被采样声音的最高频率 f_{max} 的关系如下：

$$f_s \geqslant 2f_{max}$$

量化就是将空域连续的模拟信号转换成离散信号的过程。量化精度越高，所能表示的声音采样范围就越大，量化误差就也越小，相应地，所占用的存储空间也就越大。简而言之，就是对于采样所得到的样本点，打算用几位二进制数来表示它。例如，如果是 8 bit 的量化精度，那么最多能表示的采样点就只有 256 个；如果是 16 bit，最多能表示的采样点就可以多达 65 536 个。图 8-3 所示为声音量化过程。从图 8-3 中可以看出，量化之后的声音与原始声音存在误差，所以量化精度越高，声音的保真度也就越高。

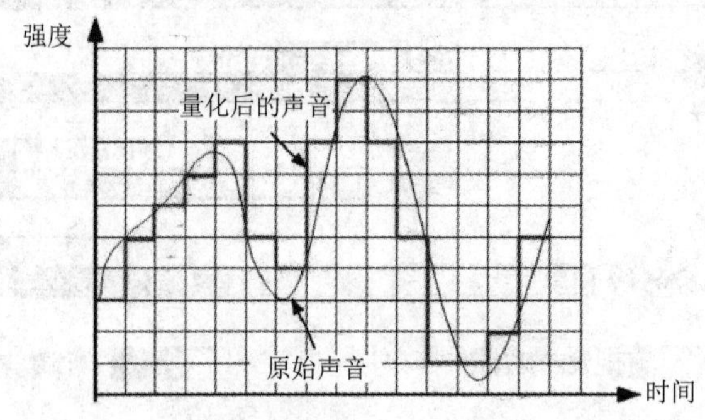

图 8-3　声音量化过程

经过采样量化的数据要按一定的算法进行编码处理。在计算机里最接近模拟声音的编码方式就是 PCM 脉冲编码方式。在计算机中，通常认为 PCM 就是数字音频信号的原始无损格式，其存储方式通常是“.wav 文件”，即 wav 格式的音频文件就是原始的未经任何压缩处理的数字音频文件，这样的文件大多来自录音设备。如果使用音频格式转换工具将 mp3 转成 wav，那么这个 wav 并不是无损格式的文件，因为 mp3 格式的文件是对原始 wav 文件进行有损压缩得来的，而这个过程不是可逆的，即 mp3 转成的 wav 只有原始 wav 的部分信息。但从人的听觉系统来说，一般人分辨不出其中的差别，除非使用专业发烧级音响设备。

8.2.3 图形与图像信息

图形与图像是多媒体软件中最重要的信息表现形式之一，它们是决定多媒体软件视觉效果的关键因素。

图形是从点、线、面到三维空间的黑白或彩色图形，也称为矢量图形。图形是用一组指令集来描述的，这些指令描述了构成一幅图形的所有直线、圆、圆弧、矩形、曲线等几何元素的位置、维数、色彩、大小和形状。图形主要用于线型的图画、美术字、统计图和工程制图等。它占据的存储空间较小，不适合表现复杂的、色彩逼真的图画。

图像是由称为像素的点构成的矩阵图，也称为位图。图像由描述图像中各个像素点的强度和颜色的数位集合组成，即用二进制位来定义图中每个像素的颜色、亮度和属性。图像适合表现比较细致、层次和色彩比较丰富、包含大量细节的图像，如照片和图画等。图像的特点是显示速度快，色彩较逼真，但占用的存储空间较大。图像有广泛的资源，可通过网上下载、扫描仪扫描、数码照相机拍摄、从位图图像素材众多的硬盘上复制等途径获取，还可用众多软件绘制。

图像的基本属性如下：

(1) 图像分辨率：组成一幅图像的像素密度和度量方法，通常使用单位打印长度上的图像像素数目的多少(即每英寸多少点)来表示。对同样大小的一幅图，如果组成该图的图像像素数目越多，说明图像的分辨越高，看起来越逼真。分辨率的单位为 dpi(display pixels/inch)，数值越大，图像越清晰。

(2) 显示分辨率：确定显示图像区域的大小，如显示分辨率为 640 × 480，表示显示屏分成 480 行，每行显示 640 个像素，整个屏幕就有 307 200 个像素。

(3) 图像深度：也称图像的位深，是指图像中每个像素所占的二进制位数。图像的每一个像素对应的数据通常可以是一位或多位，用于存放该像素的颜色、亮度等信息。数据位数越多，可以表达的颜色数目就越多。

8.2.4 动画和视频信息

1. 动画和视频的区别

动画和视频都利用人的视觉暂留特性，快速播放一系列连续运动变化的图形、图像，其中包括画面的缩放、旋转、变换、淡入淡出等特殊效果，具有时序性与丰富的信息内涵，常用于给出事物的发展过程。通过动画和视频可以把抽象的内容形象化，达到事半功倍的效果。

动画与视频具有很深的渊源，它们经常被认为是同一个东西，主要缘于它们都属于“动态图像”的范畴。动态图像是连续渐变的静态图像或者图形序列沿时间轴顺次更换显示，从而产生运动视觉感受的媒体形式。然而，动画和视频是两个不同的概念。

动画的每帧图像都是由人工或计算机产生的。根据人眼的特性，以 15～20 帧/秒的速度顺序地播放静止图像，就会产生运动的感觉。

视频的每帧图像都是通过实时摄取自然景象或者活动对象获得的。视频信号可以通过摄像机、录像机等连续图像信号输入设备来产生。

2. 动画的形式

动画一般可以分为以下几种形式：二维动画、三维动画、建筑动画、影视动画、游戏动画。

1) 二维动画

二维动画是平面上的画面，以纸张、照片或计算机屏幕显示。无论画面的立体感多强，三维动画终究是在二维空间模拟真实的三维空间效果。

2) 三维动画

三维动画中的景物有正面、侧面和反面。调整三维空间的视点，能够看到不同的内容。

3) 建筑动画

建筑动画采用动画虚拟数码技术结合电影的表现手法，根据建筑、园林、室内等规划设计图纸，将建筑外观、室内结构、物业管理、小区环境、生活配套等未来建成的生活场景进行演绎展示。建筑动画的镜头无限自由，可全面逼真地演绎未来的建筑与环境的整体形象，可以展示实景无法表现的镜头，把设计大师的思想完美无误地演绎出来，让人们感受到未来建筑的美丽与真实。制作建筑动画影片时，通过运用计算机知识、建筑知识、美术知识、电影知识和音乐知识等，可制作出真实的影片。

4) 影视动画

影视动画涉及影视特效创意、前期拍摄、影视 3D 动画、特效后期合成、影视剧特效动画等。随着计算机在影视领域的延伸和制作软件的发展，三维数字影像技术打破了影视拍摄的局限，在视觉效果上弥补了拍摄的不足。在一定程度上，电脑制作的费用比实拍所产生的费用要低得多，可为剧组节省费用。制作影视动画的计算机设备均为 3D 数字工作站，制作人员为计算机、影视、美术、电影、音乐等专业人员。影视动画从简单的影视特效到复杂的影视三维场景都能表现得淋漓尽致。

5) 游戏动画

游戏动画技术是依托数字化技术、网络化技术和信息化技术对媒体从形式到内容进行改造和创新的技术，覆盖图形图像、动画、音效、多媒体等技术和艺术设计学科，是技术与艺术的融合和升华。

3. 视频的属性

1) 画面更新率

画面更新率是指视频格式每秒钟播放的静态画面的数量。典型的画面更新率由早期的每秒 6 张或 8 张发展至现在的每秒 120 张不等。画面更新率的单位是 f/p(frame per second)。

PAL(欧洲、亚洲等地的电视广播格式)与 SECAM(法国、俄罗斯等地的电视广播格式)规定其更新率为 25 f/s，而 NTSC(美国、加拿大、日本等地的电视广播格式)则规定其更新率为 29.97 f/s。电影胶卷是以稍慢的 24 f/s 拍摄的，这使得各国电视广播在播映时需要一些复杂的转换手续。要达到最基本的视觉暂留效果，大约需要 10 f/s 的速度。

2) 扫描传送

视频可以通过逐行扫描或隔行扫描来传送。交错扫描是早年广播技术不发达、带宽甚低时用来改善画质的方法。NTSC、PAL 与 SECAM 皆为交错扫描格式。在视频分辨率的简写中经常以 i 来代表交错扫描。例如，PAL 格式的分辨率经常写为 576i50，其中 576 代表垂直扫描线数量，i 代表隔行扫描，50 代表每秒 50 field(一半的画面扫描线)。

3) 分辨率

分辨率就是屏幕图像的精密度。数位视频以像素为度量单位，而类比视频以水平扫描线数量为度量单位。标清电视信号的分辨率为 720/704/640/480i60(NTSC)或 768/720×576i50(PAL/SECAM)。新的高清电视(HDTV)的分辨率可达 1920×1080p60，即每条水平扫描线有 1920 个像素，每个画面有 1080 条扫描线，以每秒钟 60 张画面的速度播放。3D 视频的分辨率以 voxel(volume picture element，体素)来表示。

4) 长宽比例

长宽比例是用来描述视频画面与画面元素的比例。传统的电视屏幕长宽比为 4∶3(1.33∶1)，HDTV 的长宽比为 16∶9(1.78∶1)，而 35 mm 胶卷底片的长宽比约为 1.37∶1。虽然电脑荧幕上的像素大多为正方形，但是数字视频的像素通常并非如此。例如，用于 PAL 及 NTSC 讯号的数位保存格式 CCIR601，以及其相对应的非等方宽荧幕格式。因此以 720×480 像素记录的 NTSC 规格的 DV 影像可能因为是比较“瘦”的像素格式而在放映时成为长宽比 4∶3 的画面，或反之由于像素格式较“胖”而变成 16∶9 的画面。

5) 色彩资料

U-V 色盘中，Y = 0.5 的色彩空间或色彩模型规定了视频中色彩的描述方式。例如，NTSC 电视使用了 YIQ 模型，而 PAL 使用了 YUV 模型，SECAM 使用了 YDbDr 模型。在数位视频中，像素资料量代表了每个像素中可以显示多少种不同颜色的能力。由于带宽有限，所以设计者经常采用色度抽样技术等来降低像素资料量的需求量(如 4∶4∶4、4∶2∶2、4∶2∶0)。

6) 品质

视频品质可以利用客观的峰值信噪比(Peak Signal-to-Noise Ratio，PSNR)来量化，或借由专家的观察来进行主观视频品质的评定。

7) 压缩技术

自从数位信号系统被广泛使用以来，人们发展出许多方法来压缩视频串流。目前最常用的视频压缩技术为 DVD 与卫星直播电视所采用的 MPEG-2，以及因特网传输常用的 MPEG-4。

8) 位元传输率

位元传输率用于表示视频流中所含有的资讯量，其单位为 b/s(每秒间所传送的位元数量)或者 Mb/s(每秒间所传送的百万位元数量)。较高的位元传输率可容纳更高的视频品质。

例如，DVD 格式的视频(典型位元传输率为 5 Mb/s)的画质高于 VCD 格式的视频(典型位元传输率为 1 Mb/s)；HDTV 格式拥有更高的位元传输率(约 20 Mb/s)，也因此比 DVD 有更高的画质。

9) 立体型

立体视频(stereoscopic video，3D film)针对人的左右两眼送出略微不同的视频以营造立体感。由于两组视频画面是混合在一起的，所以直接观看时会觉得模糊不清或颜色不正确，必须借由分光片或特制眼镜才能呈现其效果。

8.2.5　多媒体文件

多媒体文件即表示媒体的各种编码数据，在计算机中都是以文件形式存储的，是二进制数据的集合。文件的命名遵循特定的规则，一般由主名和扩展名两部分组成，主名与扩展名之间用“.”隔开，扩展名用于表示文件的格式类型。

多媒体文件的常见文件类型如下：

图片：.bmp、.gif、.jpg、.jpeg、.psd、.png。

声音：.wav、.mp1、.mp2、.mp3、.mp4、.mid、.ra、.rm、.ram、.rmi。

视频：.avi、.mov、.mp4、.wmv、.gif、.mpeg、.mpg、.dat、.rm、.qt。

任务 8.3　多媒体信息处理的关键技术

8.3.1　多媒体数据的压缩解压技术

1. 数据压缩的目的与意义

在多媒体计算系统中，传输和处理数字化的声音、图片、影像视频等信息其数据量是非常大的。例如，一幅具有中等分辨率(640 像素×480 像素)的彩色图像(24 位/像素)，它的数据量约为每帧 7.37 MB。若要达到每秒 25 帧的全动态显示要求，则每秒所需的数据量为 184 MB，而且要求系统的数据传输速率必须达到 184 MB/s。对于声音也是如此。若用 16 位采样值的 PCM 编码，采样速率选为 44.1 kHz，则双声道立体声声音每秒将有 176 KB 的数据量。由此可见，音频、视频的数据量如此之大，如果不进行处理，计算机系统几乎无法对它进行存取和交换。因此，在多媒体计算机系统中，为了达到令人满意的图像、视频画面质量和听觉效果，必须解决视频、图像、音频信号数据的大容量存储和实时传输的问题。其解决的方法有：提高计算机本身的性能，增加通信信道的带宽，对多媒体进行有效压缩。

数据的压缩实际上是一个编码过程，即把原始的数据进行编码压缩。通俗地说，就是用最少的数码来表示信号。因此数据压缩方法也称为编码方法，其作用有以下几个方面。

(1) 能较快地传输各种信号，如进行传真、Modem 通信等。

(2) 在现有的通信干线并行开通更多的多媒体业务，如各种增值业务。

(3) 紧缩数据存储容量，如 CD-ROM、VCD 和 DVD 等。

(4) 降低发信机功率，这对于多媒体移动通信系统尤为重要。

由此看来，通信时间、传输带宽、存储空间甚至发射能量都可能成为数据压缩的对象。数据的解压缩是数据压缩的逆过程，即把压缩的编码还原为原始数据。

2. 数据压缩技术的分类

目前数据压缩技术日臻发展，适应各种应用场合的编码方法不断产生。针对多媒体数据冗余类型的不同，相应地有不同的压缩方法。

根据解码后数据与原始数据是否完全一致，压缩方法可分为有失真编码和无失真编码两大类。

(1) 有失真压缩法会压缩熵，会减少信息量，而损失的信息是不能再恢复的，因此这种压缩法是不可逆的。

(2) 无失真压缩法去掉或减少数据中的冗余，但这些冗余值是可以重新插入数据中的，因此冗余压缩是可逆的过程，不会产生失真。从信息主义角度讲，无失真编码泛指那种不考虑被压缩信息性质的压缩技术，它是基于平均信息量的技术，把所有数据当作比特序列，而不是根据压缩信息的类型来优化压缩。无失真编码在多媒体技术中一般用于文本和数据的压缩，它能保证百分之百地恢复原始数据。但这种方法压缩比较低，如 LZW 编码、行程编码、赫夫曼(Huffman)编码的压缩比一般在 2∶1 至 5∶1 之间。

根据编码原理进行分类，大致有预测编码、变换编码、统计编码、分析-合成编码、混合编码和其他编码方法。其中，统计编码是无失真编码，其他编码基本上是有失真编码。

(1) 预测编码是针对空间冗余的压缩方法，其基本思想是利用已被编码的点的数据值，预测邻近的一个像素点的数据值。预测根据某个模型进行。如果模型选取得足够好，则只存储与传输起始像素和模型参数就可代表全部数据。按照模型不同，预测编码又可分为线性预测、帧内预测和帧间预测。

(2) 变换编码是针对空间冗余和时间冗余的压缩方法。其基本思想是将图像的光强矩阵(时域)变换到系统空间(频域)上，然后对系统进行编码压缩。在空间上具有强相关性的信号，反映在频域上是某些特定区域内的能量常常被集中在一起，或者系数矩阵的发布具有某些规律。可以利用这些规律分配频域上的量化比特数，从而达到压缩的目的。由于时域映射到频域是通过某种变换进行的，因此称为变换编码。因为正交变换的变换矩阵是可逆的，且逆矩阵与转置矩阵相等，解码运算方便且保证有解，所以变换编码时总采用正交变换。

(3) 统计编码属于无失真编码，它是根据信息出现的概率分布而进行的压缩编码。编码时某种比特或字节模式出现的概率大，用较短的码字表示；出现的概率小，用较长的码字表示。这样可以保证总的平均码长最短。最常用的统计编码方法是赫夫曼编码方法。

(4) 分析-合成编码实质上是通过对原始数据进行分析，将原始数据分解成一系列更适合表示的基元或能从中提取若干更具本质意义的参数，仅对这些基本单元或特征参数进行编码。译码时借助于一定的规则或模型，按一定的算法将这些基元或参数综合成原数据的一个逼近。这种编码方法可能得到极高的数据压缩比。

(5) 混合编码综合两种以上编码方法，这些编码方法必须针对不同的冗余进行压缩，使总的压缩性能得到加强。

8.3.2　多媒体数据的存储技术

多媒体数据存储是将经过加工整理的信息按照一定的格式和顺序存储在特定载体中的一种信息活动，其目的是便于信息管理者和信息用户快速、准确地识别、定位和检索信息。多媒体数据存储技术是跨越时间保存信息的技术，主要包括磁存储技术、缩微存储技术、光盘存储技术等。

1. 磁存储技术

磁存储系统，尤其是硬磁盘存储系统是当今各类计算机系统的最主要的存储设备，在信息存储技术中占据统治地位。磁存储介质和磁介质都是在带状或盘状的带基上涂上磁性薄膜制成的。常用的磁存储介质有计算机磁带、计算机磁盘(软盘、硬盘)、录音机磁带、录像机磁带等。

磁存储系统能存储声音、图像和热机械振动等一切可以转换成电信号的信息，它具有以下特点：存储频带宽广，可以存储从直流到 2 MHz 的信号；信息能长久保存在磁带中，可以在需要的时候重放；能同时进行多路信息的存储；具有改变时基的能力。磁存储技术被广泛地应用于科技信息工作与信息服务之中。磁存储技术为中小文献信息机构建立较大的数据库或建立信息管理系统提供了物质基础，为建立分布式微机信息网络创造了条件。

2. 缩微存储技术

微缩存储技术是缩微摄影技术的简称，是现代高技术产业之一。缩微存储是用缩微摄影机根据感光摄影原理，将文件资料缩小拍摄在胶片上，经加工处理后作为信息载体保存起来，供以后复制、发行、检索和阅读之用。

缩微制品按其类型可分为卷式胶片与片式胶片两大类。卷式胶片采用 16 mm 和 35 mm 的卤化银负片缩微胶卷作为记录介质，一般胶卷长 30.48～60.96 m。卷式胶片成本低，存储容量大，安全可靠，适用于存储率低的大批量资料。片式胶片可分为缩微平片、条片、封套片、开窗卡片等。

缩微制品按材料可以分为卤化银胶片、重氮胶片、微泡胶片三种。卤化银胶片是将含有感光溴化银或氯化银晶粒的乳胶涂在塑料片基上制成的，它是最早使用且目前仍广泛使用的胶片，一般用于制作母片。供用户使用的复制片一般采用价格较低的重氮胶片或微泡胶片。

20 世纪 70 年代以来，缩微技术发展迅速，应用广泛。缩微制品的特点有：缩微制品的信息存储量大，存储密度高；缩微制品体积小，重量轻，可以节省大量的存储空间，需要的存储设备较少；缩微制品成本低；缩微制品的保存期长，在常温下可以保存 50 年，在适当的温度下可以保存 100 年以上；缩微制品忠实于原件，不易出差错；采用缩微技术存储信息，可以将非统一规格的原始文件规格化、标准化，便于管理和计算机检索。

3. 光盘存储技术

光盘是用激光束在光记录介质上写入与读出信息的高密度数据存储载体，它既可以存储音频信息，又可以存储视频信息，还可以用计算机存储与检索。

光盘产品的种类比较多，按其读写数据的性能可分为以下三种：只读式光盘(CD-ROM)，是永久性存放多媒体信息的理想介质；一次写入光盘(WORM)，也称追记型光盘，用户可根据自己的需要自由地进行记录，但记录的信息无法抹去；可擦重写光盘

(CD-RW)，这种光盘在写入信息之后，可以擦掉重写新的信息。

在信息工作中，可以利用光盘技术建立多功能、多形式的数据库，如建立二次文献数据库、专利文献数据库、声像资料数据库等。在信息检索中，用 CD-ROM 信息检索系统检索信息，可反复练习，反复修改检索策略，直到检索结果满意为止。利用光盘可以促进联机检索的发展，可以建立分布式原文提供系统，节省通信费用，取得较好的经济效果。咨询服务人员也可以利用各类光盘数据库系统向用户提供多种信息检索与快速优质的咨询服务。

8.3.3　多媒体的专用芯片技术

1. 音频处理芯片

在影响声卡的功能和性能的因素中，音频处理芯片占了最主要的位置，特别是现在的 3D 音效声卡，其算法和处理过程都由主芯片来完成。目前市场上比较有影响力的音频处理芯片制造商主要有：Advance Logic、Aureal、Ensoniq、E-mu、ESS、台湾骅迅、YAMAHA、Crystal/Cirrus Logic、Fortemedia。

Advance Logic 是一家老资格的音频芯片设计制造商，主攻低端市场。早在 ISA 时代，就有一款著名的 ALS007 音频控制芯片。到了 PCI 时代，Advance Logic 仍旧主攻低端市场。ALS4000 便是一款比较著名的芯片，其功能简单，音质也一般，但价格很便宜。随着竞争的加剧，该制造商转而主攻 Codec 市场，著名的 ALC 系列 Codec 就是他们的杰作。

在 ISA 时代，Aureal 这个名字并不为人所知，但到了 PCI 时代，Aureal 的名字随着帝盟 S90 这款声卡迅速传播开来，S90 这款声卡获得了游戏玩家的广泛赞扬，Aureal 也名声大振。S90 采用的是 Aureal 的 Vortex AU8820 音频控制芯片，支持 A3D 1.0，它让很多人接受了“3D 音效”这个概念。随后 Aureal 发布 Vortex-2 AU8830 音频控制芯片，支持 A3D 2.0。

1997 年，Ensoniq 可谓一时无两。Ensoniq 是最早开发出 PCI 音频控制芯片的厂商之一，其开发的 ES1370 芯片被众多厂家采用。ES1370 支持 32 个硬件复音，通过相应的软波表扩充到 64 复音，支持 2～8 MB 音色库文件，硬件支持 Direct Sound、Direct Sound 3D，软件模拟 A3D 1.0 和 EAX，成为当时中档 PCI 声卡的首选芯片。Ensoniq 开发出的 PCI 音频控制芯片一共有三款——ES1370、ES1371、ES1373。音质好、功能少、信噪比出众是 Ensoniq 系列芯片最大的特点。但是它们也有个显著的缺点，即不支持多音频流，好在随着 WDM 驱动的推出，这个缺点被克服了。Ensoniq 被创新公司收购后，推出了 CT5507、CT2518、CT5880 等芯片，著名的中低端声卡 PCI128 就采用了 CT5880 芯片。

E-mu 是一家实力强劲的音频控制芯片设计商，主要从事音频芯片开发以及合成技术研究，后被创新公司收购。经典的创新 AWE64 系列就采用了 E-mu 的 Emu8000 芯片，其出色的波表合成能力让听过的人都印象深刻。E-mu 的音频控制芯片主要面向高端市场，性能、品质以及功能佳，少有对手，是创新公司最强有力的技术支持。Emu8000 有一个衍生版本——Emu8008，它是 Emu8000 的 PCI 版本。创新公司曾经推出过一款 AWE64 的 PCI 版本，该版本就采用了 Emu8008，但是市场上非常少见。好在 E-mu 及时开发出了跨时代的 Emu10K1，让创新公司成功推出了 Sound Blaster Live 系列。Emu10K1 有诸多崭新的特征，它是一种可编程的 DSP 芯片，基于这款芯片的 Live 能够胜任大部分游戏的需求。2001

年，E-mu 再度开发出比 Emu10K1 更强的芯片(也就是 Audigy 系列采用的音频控制芯片)，这款芯片继承了 Emu10K1 的所有优点，改善了 MIDI 等方面的不足，并将运算能力提升了 4 倍，足够满足所有游戏的需求。2002 年，创新公司推出了 Audigy2。

在 ISA 时代，ESS 是创新公司最大的竞争对手，产品线丰富，性价比高，当年的 ESS688/1868 等都是非常优秀的芯片，其良好的兼容性以及低廉的价格受到了众多板卡商的青睐，市场占有率极大，是中低端市场的绝对首选。进入 PCI 时代后，ESS 也积极扩展，前后推出了 ESS Maestro-Ⅰ、ESS Maestro-Ⅱ、ESS Canyon3D 等芯片。ESS 的兼容性历来口碑甚佳，ESS Maestro-Ⅱ更是获得了帝盟的青睐，著名的 S70 声卡就是基于这款芯片开发的。这款芯片有一个简化的版本 SOLO-I，主要交给主板商用于集成，很少作为独立的声卡芯片使用。Canyon3D 是 ESS 最强的芯片，又被称作 Maestro-2e，是 ESS 第一款支持多声道的芯片，著名的帝盟 MX400 声卡正是采用了此款芯片，这款芯片的运算能力强大。2001 年，ESS 发布 Canyon3D-2，目的是扩展消费类电子市场。

台湾骅讯也是一家拥有广泛影响力的厂家，其推出的 CMI-8338/8738 芯片曾经深深地影响了电子市场。CMI 系列追求性价比，集成了 Codec，降低了成本，还节约了 PCB 的设计和制造费用，因此这几款芯片往往出现在超低价的独立声卡或者主板上。即便价格低廉，但 CMI 系列还提供了 24 bit/44.1 kHz 或 48 kHz 的 S/PDIF 输入/输出功能。

YAMAHA 是日本一家著名的从事交通工具以及电声乐器制造的公司。在 ISA 时代，YAMAHA 的 719 芯片曾经获得极佳口碑。在 PCI 声卡兴起的时代，他们的产品也曾经大出风头，最著名的是 YMF724 系列。YMF724 系列有 724B、724C、724E、724F 四个版本。从 724E 开始，YMF 芯片的兼容性得到了很大改善。YMF724 系列有着温暖的音色以及非常出色的 MIDI 合成能力，性价比也非常出众，成为当时中端声卡的首选。在 724 的基础上，YAMAHA 加入四声道和数字 I/O 支持以及对 3D 音效的改良，推出了 744 系列。可惜的是，744 并没有再次引起 724 旋风。

Cirrus Logic 和 Crystal 是一家公司的两个名字，即平时提到的水晶公司。水晶公司发布过的音频控制芯片很多，最有影响力的是 CS46XX 系列。硬件 SRC 让基于这个系列的声卡的音质都相当不错。该公司 DVD 方面的优势更是其他芯片厂商望尘莫及的。

Fortemedia 最为著名的是 FM801 系列。在 DVD、PC 刚刚普及的时候，很少有芯片可以支持到 6 声道系统，创新公司也没有及时推出 6 声道的声卡，这给 Fortemedia 带来了机遇，也就在这个时候，大量廉价的 6 声道声卡上市，其中大部分都是基于 FM801AU 的。FM801AU 具备数字 I/O 功能(即 DVD 音频优化)。

2. 视频/图像处理芯片

随着视频和图像清晰度的不断提高，目前视频处理芯片的技术主要向高压缩率和高速数据流处理方向发展。当前市场上比较有影响力的芯片主要有 TI 公司的 TMS320DM6446 系列、SPI 公司的 SP8-G80/SP16-G160 系列、威斯达公司的 WSC2010 系列、MIT 公司的 MDIN270/275 系列等。

TI 公司是美国著名芯片生产厂商，其推出的 TMS320DM6446 是高集成度视频处理芯片，业界称为达 • 芬奇数字媒体片上系统(Digital Media System-on-Chip，DMSoC)。DMSoC 是一种内涵丰富的技术综合体，是 TI 公司推出的针对数字多媒体应用定制的基于 DSP 的系统解决方案组件的集合，其为多媒体设备开发者简化设计并加速产品创新提供了集成的处理器、软件与工具。TI 公司在 DMSoC 平台上专门为音视频编解码(Codec)多媒体应用精心设计了系统框架，提供了丰富的系统程序接口(SPI)、应用程序接口(API)以及视频、图像、语音和音频等千余种流媒体算法组件。应用系统开发者只需将它们封装成运行包，就能轻松地设计出高可用性和高可靠性的数字视频产品。

Stream Processors 公司(SPI)是一家在美国麻省理工学院和斯坦福大学研究成果的基础上建立起来的无晶圆厂 IC 公司。这家公司通过发布两款与众不同的 DSP，在业界高调亮相。该公司称这两款器件采用了原创性的新架构，并将流处理首次商用在 DSP 中。这些器件锁定的是视频和图像处理等高性能信号处理应用，它们分别是每秒可进行 80 亿次运算的 8 通道 SP8-G80 和每秒可进行 160 亿次运算的 16 通道 SP16-G160。据称，这些器件比传统 DSP 在性价比上有 10 倍以上的提升。

威斯达公司的 WSC2010 芯片是一款综合了隔行扫描、图像缩放和视频增强等专利技术的高质量视频处理芯片。该芯片可接收工业标准的视频信号格式，并且把输入信号格式按不同应用的要求转换成各种输入格式。这种视频处理方法非常有效，能提供极好的视频质量。该芯片将多种功能整合在一个芯片里，内置高速 MCU、位图 OSD、标准 CVBS 编码器、3 个数/模转换电路(DAC)、内存控制器、自检测试器等。这种高水平的集成芯片简单、灵活，能够采用更少的外围器件来提供高性价比的系统解决方案。

Ambarella 公司的中文名为安霸，是低功耗、高清视频压缩和图像处理半导体工业领域的技术领导者，推出了基于最新 H.264 视频压缩标准的高集成 SoC 芯片，集成了各种关键系统功能，提供低成本高清整体解决方案。目前，这家 2004 年才成立的 IC 设计公司已经在 H.264 高清专业广播编码设备市场站稳了脚跟，拥有近 90%的市场。该公司推出的 A5 平台已经实现的先进性能包括人脸检测、自动对焦和局部曝光反差。借助 A5 平台的双重录制性能，HD 和移动视频可在同一时间录制，从而使用户能够以最高的 HD 品质录制视频，在互联网上分享视频，在自己的移动设备上播放视频。Ambarella 公司的芯片架构采用 ARM+ 视频压缩单元的形式。目前 A5s 系列芯片最高支持 1400 万像素输入，H.264/MJPEG 最大支持 3200 万像素的分辨率，可以同时输入/输出 4 路码流(且帧率可调)，可以逐像素调节对比度，使图像达到高动态，功耗不到 1 W，提供网络流输出，百万像素 H.264 压缩码流可达 2 Mb/s。

目前，韩国的 Macro Image Technology 公司的 MDIN270/275 系列产品的图像处理效果在业界最完美，产品系列齐全，分辨率最大支持到 1920 × 1152，内置 SDRAM 或 DDR，具备强大的 OSD 菜单，实现全数字处理，视频接口丰富，封装最小至 8 mm × 8 mm，功耗超低。

8.3.4 多媒体的输入/输出技术

1. 多媒体输入设备

常用的多媒体的输入设备包括：

(1) 文本：键盘、扫描仪等；

(2) 图像：数字化仪、扫描仪、照相机等；

(3) 音频：声卡、录音笔、麦克风等；

(4) 视频：摄像机、视频采集卡等。

2. 多媒体输出设备

常用的多媒体输出设备包括：

(1) 文本：打印机、显示器等；

(2) 图像：打印机、印刷机、投影仪、显示器等；

(3) 音频：音响、扬声器等；

(4) 视频：刻录机、DVD 播放器、投影仪、显示器等。

8.3.5 虚拟现实技术

虚拟现实(简称 VR)技术又称灵境技术，是以沉浸性、交互性和构想性为基本特征的计算机高级人机界面，它综合利用了计算机图形学、仿真技术、多媒体技术、人工智能技术、计算机网络技术、并行处理技术和多传感器技术，模拟人的视觉、听觉、触觉等感觉器官功能，使人能够沉浸在计算机生成的虚拟境界中，并能够通过语言、手势等自然方式使人与虚拟环境进行实时交互，创建了一种适人化的多维信息空间。使用者不仅能够通过虚拟现实系统感受到在客观物理世界中所经历的身临其境的逼真性，而且能够突破空间、时间以及其他客观限制，感受到真实世界中无法亲身经历的体验。

虚拟现实技术具有超越现实的虚拟性。虚拟现实系统的核心设备仍然是计算机。它的一个主要功能是生成虚拟境界的图形，故又称为图形工作站。目前在此领域应用最广泛的是 SGI、SUN 等生产厂商生产的专用工作站。图像显示设备是用于产生立体视觉效果的关键外设。目前常见的产品包括光阀眼镜、三维投影仪和头盔显示器等。其中，高档的头盔显示器在屏蔽现实世界的同时，提供高分辨率、大视场角的虚拟场景，并带有立体声耳机，可以使人产生强烈的浸没感。其他外设主要用于实现与虚拟现实的交互功能，包括数据手套、三维鼠标、运动跟踪器、力反馈装置、语音识别与合成系统等。虚拟现实技术的应用前景十分广阔。它始于军事和航空航天领域的需求，但近年来已大步迈进工业、建筑设计、教育培训、文化娱乐等领域。

虚拟现实的主要特征包括：

(1) 多感知性(Multi-Sensory)。所谓多感知，是指除了一般计算机技术所具有的视觉感知之外，还有听觉感知、力觉感知、触觉感知、运动感知，甚至包括味觉感知、嗅觉感知等。理想的虚拟现实技术应该具有人所具有的一切感知功能。由于相关技术，特别是传感技术的限制，目前虚拟现实技术所具有的感知功能仅限于视觉、听觉、力觉、触觉、运动等几种。

(2) 浸没感(Immersion)。浸没感又称临场感或存在感，指用户感到作为主角存在于模拟环境中的真实程度。理想的模拟环境应该使用户难以分辨真假，使用户全身心地投入计算机创建的三维虚拟环境中，该环境中的一切看上去都是真的，听上去是真的，动起来是真的，甚至闻起来、尝起来等一切感觉都是真的，如同在现实世界中的感觉一样。

(3) 交互性(Interactivity)。交互性指用户对模拟环境内物体的可操作程度和从环境得到反馈的自然程度(包括实时性)。例如，用户可以用手去直接抓取模拟环境中的虚拟物体，这时手有握着东西的感觉，并且可以感觉到物体的重量，视野中被抓的物体也能立刻随着手的移动而移动。

(4) 构想性(Imagination)。构想性又称为自主性。虚拟现实技术具有广阔的想象空间，可拓宽人类的认知范围，不仅可再现真实存在的环境，也可以随意构想客观不存在的甚至不可能发生的环境。

一般来说，一个完整的虚拟现实系统由虚拟环境，以高性能计算机为核心的虚拟环境处理器，以头盔显示器为核心的视觉系统，以语音识别、声音合成与声音定位为核心的听觉系统，以方位跟踪器、数据手套和数据衣为主体的身体方位姿态跟踪设备，以及味觉、嗅觉、触觉与力觉反馈系统等功能单元构成。生成虚拟现实需要解决以下三个主要问题：

(1) 以假乱真的存在技术：指怎样合成对观察者的感官器官来说与实际存在一致的输入信息，也就是如何产生与现实环境一样的视觉、触觉、嗅觉等。

(2) 相互作用：指观察者怎样积极和能动地操作虚拟现实，以实现不同的视点景象和更高层次的感觉信息，也就是如何看得更像、听得更真等。

(3) 自律性现实：指感觉者如何在不意识到自己动作、行为的条件下得到栩栩如生的现实感。在这里，观察者、传感器、计算机仿真系统与显示系统构成了一个相互作用的闭环流程。

任务 8.4　多媒体计算机系统构成

8.4.1　多媒体计算机的技术规格

多媒体计算机系统由硬件系统和软件系统组成。其中，硬件系统主要包括计算机主要配置和各种外部设备以及与各种外部设备的控制接口(其中包括多媒体实时压缩和解压缩电路)；软件系统包括多媒体驱动软件、多媒体操作系统、多媒体数据处理软件、多媒体创作工具软件和多媒体应用软件。一个完整的多媒体计算机系统包括 5 个层次的结构，如图 8-4 所示。

第五层：应用系统	多媒体应用作品，如游戏、数字电影、教育课件、模拟器等
第四层：著作工具	图形处理软件、图像处理软件、音频处理软件、视频处理软件
第三层：接口层	多媒体应用程序接口
第二层：软件系统	多媒体文件系统、多媒体操作系统、多媒体通信系统
第一层：硬件系统	多媒体存储、CPU、图像、图形、视频、音频

图 8-4　多媒体计算机系统的层次结构

第一层为硬件系统。其主要任务是能够实时地综合处理文、图、声、像等信息，实现全动态影像和立体声的处理，同时还需对多媒体信息进行实时的压缩与解压缩。

第二层是软件系统。该层主要包括多媒体操作系统、多媒体通信软件等部分。多媒体操作系统具有实时任务调度、多媒体数据转换和同步控制、多媒体设备驱动和控制以及图形用户界面管理等功能，为支持计算机对文字、音频、视频等多媒体信息的处理，解决多媒体信息的时间同步问题，提供了多任务的环境。目前在计算机上，操作系统主要是

Windows 视窗系统和用于苹果机(Apple)的 Mac OS 系统。多媒体通信软件主要支持网络环境下的多媒体信息的传输、交互与控制。

第三层为接口层(API)。该层为上一层提供软件接口，以便程序员在高层通过软件调用系统功能，并能在应用程序中控制多媒体硬件设备。为了让程序员方便地开发多媒体应用系统，Microsoft 公司推出了 DirectX 设计程序，提供了让程序员直接使用操作系统的多媒体程序库的界面，使 Windows 变为一个集声音、视频、图形和游戏于一体的增强平台。

第四层为著作工具。该层在多媒体操作系统的支持下，利用图形和图像处理软件、视频处理软件、音频处理软件等来编辑与制作多媒体节目素材，并在多媒体著作工具软件中集成。多媒体著作工具的设计目标是缩短多媒体应用软件的制作开发周期，降低对制作人员技术方面的要求。

第五层是应用系统。这一层直接面向用户，是为满足用户的各种需求服务的。应用系统要求有较强的多媒体交互功能、良好的人-机界面。

8.4.2 多媒体计算机的硬件系统

由计算机的传统硬件设备、音频输入/输出和处理设备、视频输入/输出和处理设备、多媒体传输通信设备等选择性组合，就可以构成一个多媒体硬件系统。其中最重要的是根据多媒体技术标准研制生产的多媒体信息处理芯片、板卡和外围设备等，它们主要分为下述几类。

芯片类：音频 / 视频芯片组、视频压缩 / 还原芯片组、数/模转化芯片、网络接口芯片、数字信号处理芯片(DSP)、图形图像控制芯片等。

板卡类：音频处理卡、文-语转换卡、视频采集 / 播放卡、图形显示卡、图形加速卡、光盘接口卡、VGA/TV 转换卡、小型计算机系统接口(SCSI)、光纤连接接口(FDDI)等。

外设类：扫描仪、数码照相机、激光打印机、液晶显示器、光盘驱动器、触摸屏、鼠标 / 传感器、话筒 / 喇叭、传真机等、头盔显示器、显示终端机、光盘盘片制作机、传感器、可视电话机等。

8.4.3 多媒体计算机的软件系统

多媒体计算机的软件按功能划分为三类：驱动程序、操作系统、多媒体数据编辑创作软件。

1. 驱动程序

如果想让操作系统认识多媒体 I/O 设备并使用它，就需要通过驱动程序。当我们安装一个设备时，必须安装相应的驱动程序，才能安全、稳定地使用上述设备的所有功能。驱动程序的安装方式有三种：可执行驱动程序安装方式、手动安装驱动方式、其他方式。

可执行的驱动程序一般有两种：一种是单独的一个驱动程序文件，只需要双击它就会自动安装相应的硬件驱动；另一种是一个现成的目录(或者是压缩文件解压后为一个目录)中的 setup.exe 或者 install.exe 可执行程序，双击这类可执行文件，程序也会自动将驱动装入计算机中。

可执行文件往往有相当复杂的执行指令，体积较大。有些硬件的驱动程序没有一个可执行文件，此时采用 inf 格式手动安装驱动。

除了以上两种驱动安装方式外，还有一些设备，如调制解调器(modem)和打印机，需采用特殊的驱动安装方式。

2. 操作系统

支持多媒体的操作系统或操作环境是整个多媒体系统的核心，它负责多媒体环境下多媒体任务的调度，保证音频、视频的同步控制以及信息的实时处理，提供多媒体信息的各种基本操作和管理，具有对设备的相对独立性和可扩展性。目前还没有专门为多媒体应用设计、符合多媒体标准的多媒体操作系统。现在使用最多的是计算机平台上对 Windows 操作环境、Mac OS 操作环境的多媒体扩充。

3. 多媒体数据编辑创作软件

多媒体数据编辑创作软件包括播放工具、媒体创作软件、用户应用软件等。

播放工具用于实现多媒体信息直接在计算机上播放或在消费类电子产品中播放，如 Video for Windows、暴风影音、风行、腾讯视频、迅雷看看等。

媒体创作软件工具用于建立媒体模型，产生媒体数据，如 2D Animation、3D Studio MAX、Wave Edit、Wave Studio 等。

用户应用软件是根据多媒体系统终端用户要求定制的应用软件，如特定的专业信息管理系统、语音 / Fax / 数据传输调制管理应用系统、多媒体监控系统、多媒体 CAI 软件、多媒体彩印系统等。除上述面向终端用户定制的应用软件外，还有面向某一个领域的用户应用软件系统，这是面向大规模用户的系统产品，如多媒体会议系统、点播电视服务(VOD)等。

项目 9　信息技术前沿

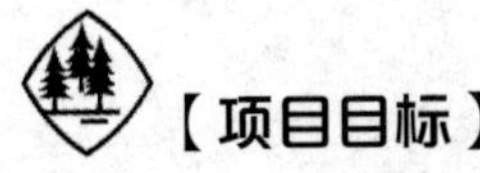

【项目目标】

- 了解信息技术前沿。
- 掌握信息相关前沿的相关概念。

任务 9.1　大　数　据

进入 21 世纪的最初几年，一个词在计算机领域渐渐火了起来，这个词就是大数据(Big data)，大数据技术在几年间迅速火遍全球。其实，早在 20 世纪 70 年代，科学家就提出采用关系数据库技术来处理大量的数据，直到现在关系数据库仍然是我们处理数据的主流技术。后来科学家更是提出了数据仓库、海量数据的概念。

9.1.1　数据挖掘及其与大数据的关系

数据挖掘是通过大量数据集进行分类的自动化过程，它通过数据分析来识别趋势和模式，通过建立关系来解决业务问题。换句话说，数据挖掘是从大量的、不完全的、有噪声的、模糊的、随机的数据中提取隐含在其中的、人们事先不知道的但又是潜在有用的信息和知识的过程。

数据挖掘通常与计算机科学有关，并通过统计、在线分析处理、情报检索、机器学习、专家系统(依靠过去的经验法则)和模式识别等方法来实现上述目标。

数据挖掘分为有指导的数据挖掘和无指导的数据挖掘。有指导的数据挖掘是利用可用的数据建立一个模型，这个模型是对一个特定属性的描述。无指导的数据挖掘是在所有的属性中寻找某种关系。具体而言，分类、估值和预测属于有指导的数据挖掘；关联规则和聚类属于无指导的数据挖掘。

大数据是一个领域，是专门应对大量数据的领域。假如一个系统产生的数据量小，那么开发或者架构的方法就很简单，反之，如果量大的话，那么架构和开发难度就不在同一个量级上，所以大数据自己单独成为一个领域。数据挖掘属于数据分析的一部分，是对于大量数据中包含的信息的探索和分析，目的是提取数据中的价值。数据挖掘的前提是要有数据，这会涉及大数据集成(即把大量的数据收集到一起)。大数据集成也是大数据领域的一部分。

9.1.2　数据挖掘算法

目前，数据挖掘的算法主要包括神经网络法、决策树法、遗传算法、粗糙集法、模糊集法、关联规则法等。

神经网络法是模拟生物神经系统的结构和功能，是一种通过训练来学习的非线性预测模型，它将每一个连接看作一个处理单元，试图模拟人脑神经元的功能，可完成分类、聚类、特征挖掘等多种数据挖掘任务。神经网络的学习方法主要表现在权值的修改上。其优点是具有抗干扰、非线性学习、联想记忆等功能，对复杂情况能得到精确的预测结果；缺点是不适合处理高维变量，不能观察中间的学习过程，具有“黑箱”性，输出结果也难以解释，且需较长的学习时间。神经网络法主要应用于数据挖掘的聚类技术中。

决策树根据对目标变量产生的效用不同而构建分类规则，通过一系列规则对数据进行分类，其表现形式类似于树形结构的流程图。最典型的算法是罗斯·昆兰(Ross Quinlan)于 1986 年提出的 ID3 算法，之后在 ID3 算法的基础上他又提出了极其流行的 C4.5 算法。采用决策树法的优点是制订决策的过程是可见的，不需要长时间构造过程，描述简单，易于理解，分类速度快；缺点是很难基于多个变量组合发现规则。决策树法擅长处理非数值型数据，特别适合大规模的数据处理。决策树法是一种展示在什么条件下会得到什么值这类规则的方法。比如，在贷款申请中，要对申请的风险大小做出判断。

遗传算法模拟了自然选择和遗传中发生的繁殖、交配和基因突变现象，是一种采用遗传结合、遗传交叉变异及自然选择等操作来生成实现规则的、基于进化理论的机器学习方法。它的基本观点是适者生存原理，具有隐含并行性、易于和其他模型结合等性质。遗传算法的主要优点是可以处理许多数据类型，同时可以并行处理各种数据；缺点是需要的参数太多，编码困难，一般计算量比较大。遗传算法常用于优化神经元网络，能够解决其他技术难以解决的问题。

粗糙集法也称粗糙集理论，是由波兰数学家波拉克(Pawlak)在 20 世纪 80 年代初提出的，是一种新的处理含糊、不精确、不完备问题的数学工具，可以处理数据约简、数据相关性发现、数据意义评估等问题。其优点是算法简单，在其处理过程中不需要关于数据的先验知识，可以自动找出问题的内在规律；缺点是难以直接处理连续的属性，必须先进行属性的离散化。因此，连续属性的离散化问题是制约粗糙集理论实用化的难点。粗糙集理论主要应用于近似推理、数字逻辑分析和化简、预测模型建立等问题。

模糊集法是利用模糊集合理论对问题进行模糊评判、模糊决策、模糊模式识别和模糊聚类分析。模糊集合理论是用隶属度来描述模糊事物的属性。系统的复杂性越高，模糊性就越强。

关联规则反映了事物之间的相互依赖性或关联性，最著名的算法是阿格拉瓦尔(Agrawal)等人提出的 Apriori 算法。其算法的思想是：首先找出频繁性至少和预定意义的最小支持度一样的所有频集，然后由频集产生强关联规则。最小支持度和最小可信度是为了发现有意义的关联规则而给定的 2 个阈值。在这个意义上，数据挖掘的目的就是从源数据库中挖掘出满足最小支持度和最小可信度的关联规则。

9.1.3 大数据应用

经过近年的发展，大数据技术已经慢慢地渗透到各个行业。不同行业的大数据应用进程的推进速度，与行业的信息化水平、行业与消费者的距离、行业的数据拥有程度有着密切的关系。

1. 大数据在金融行业的应用

金融行业一直较为重视大数据技术的发展。与常规商业分析手段相比，大数据可以使业务决策具有前瞻性，让企业战略的制订过程更加理性，实现生产资源的优化分配，依据市场变化迅速调整业务策略，提高用户体验以及资金周转率，降低库存积压的风险，从而获取更高的价值和利润。

大数据在金融行业的应用可以总结为三个方面。

(1) 精准营销：依据客户消费习惯、地理位置、消费时间进行推荐。

金融行业一般以用户属性和信用信息为主来构成用户画像，通过用户画像实现精准营销。用户属性如学历、月收入、婚姻状况、职位等，都可以成为描述用户消费能力的特征和信贷能力的维度。而信用信息可以直接证明客户的消费能力，是用户画像中最重要和基础的信息。

精准营销有助于企业了解客户需求，分析客户价值，从而为客户制订相应的策略和资源配置计划，提升产品服务质量。

(2) 风险管控：依据客户消费和现金流提供信用评级或融资支持，利用客户社交行为记录实施信用卡反欺诈。

传统的风控技术多由各机构自己的风控团队以人工的方式进行经验控制。随着互联网技术的不断发展，整个社会大力提速，传统的风险管控方式已不能支撑金融公司的业务扩展。而大数据对多维度、大量数据的智能处理，批量标准化的执行流程，更贴合信息发展时代风险管控业务的发展要求。越来越激烈的行业竞争，也正是现今大数据风控如此火热的重要原因。

与原有人为对借款企业或借款人进行经验式风控不同，通过采集大量借款人或借款企业的各项指标进行数据建模的大数据风险管控更为科学有效。

(3) 决策支持：利用决策树技术进行抵押贷款管理，利用数据分析报告实施产业信贷风险控制。

2. 大数据在医疗行业的应用

医疗行业很早就遇到了海量数据和非结构化数据的挑战。除了较早前就开始利用大数据的互联网公司，医疗行业是让大数据分析最先发扬光大的传统行业之一。我们面对的数目及种类众多的病毒、肿瘤细胞，都处于不断进化的过程中。在发现诊断疾病时，疾病的确诊和治疗方案的确定是最困难的。医疗行业拥有大量的病例、病理报告、治愈方案、药物报告等，如果这些数据可以被整理和应用，将会极大地帮助医生和病人。

我们借助于大数据平台可以收集不同的病例、治疗方案、病人的基本特征，建立针对疾病特点的数据库。如果未来基因技术发展成熟，可以根据病人的基因序列特点进行分类，建立医疗行业的病人分类数据库。在医生诊断疾病时可以参考病人的疾病特征和检测报告，参考疾病数据库来快速帮助病人确诊，明确定位疾病。在制订治疗方案时，医生可以依据病人的基因特点，调取相似基因、年龄、人种、身体情况的病人的有效治疗方案，制订出适合病人的治疗方案，帮助更多人及时进行治疗。同时这些数据也有利于医药行业开发出更加有效的药物和医疗器械。

医疗行业的数据应用一直在进行，但是数据没有打通，都是孤岛数据，没有办法进行大规模应用。未来需要将这些数据统一收集起来，纳入统一的大数据平台，为人类健康造福。

3. 大数据在环保行业的应用

2016年，我国颁布了生态环境大数据建设总体方案，明确我国将通过大数据建设加强环境保护。在这样的背景下，目前环保大数据发展很快。随着环境监管升级，针对性、精确化、智能化的服务需求激增，大数据在环境领域大有用武之地。

同时，环保数据量呈爆发式增长，给计算资源和存储资源的扩展性和高可用性带来了挑战。另外，生态监测网实时数据也给数据平台带来了挑战，而非结构化数据、时间序列数据、关系型数据等多类型数据也增加了数据处理及分析的复杂性。因此大数据在环保行业也有不可或缺的作用。

例如，大数据可以全面地记录污染源全生命周期各个节点的各类数据，并可以精准计算、分析其对环境影响的过程和程度，并建立包括大气、水、土壤在内的环境监测系统。大数据可以通过对各环节的监测数据进行收集、整合和分析，实现对各环境要素及污染因子的全方位、全覆盖、全时段、全天候、全过程监管和预测，通过构建以互联网信息技术与计算机技术为基础的监测网络，实时更新监测数据，为环境监督管理提供坚实的数据支撑，实现环境监管的信息化。

大数据转变了人们的态度与思维，使其从整体上认识和了解环境保护的重要性，进而对环境保护工作产生了积极的监督意识，将环境保护工作从小范围的环境监测转化为大范围的监督管理，并不断进行探究与创新。

任务9.2　云　计　算

近年来，云计算正在成为信息技术产业发展的战略重点，全球的信息技术企业都在纷纷向云计算转型。

9.2.1　云计算概述

云计算是分布式计算的一种，指的是通过网络“云”将巨大的数据计算处理程序分解成无数个小程序，然后，通过多部服务器组成的系统处理和分析这些小程序，并将得到的结果返回给用户。云计算早期就是简单的分布式计算，解决任务分发，并进行计算结果的合并。因而，云计算又称为网格计算。通过这项技术，可以在很短的时间(几秒)内完成对数以万计的数据的处理，从而实现强大的网络服务。

从广义上说，云计算是与信息技术、软件、互联网相关的一种服务，这种计算资源共享池叫作“云”，云计算把许多计算资源集合起来，通过软件实现自动化管理，只需要很少人参与，就能让资源被快速供应。也就是说，计算能力作为一种商品，可以在互联网上流通，就像水、电、煤气一样，可以方便地取用，且价格较为低廉。

云计算不是一种全新的网络技术，而是一种全新的网络应用概念。云计算的核心概念就是以互联网为中心，在网站上提供快速且安全的云计算服务与数据存储，让每一个使用互联网的人都可以使用网络上的庞大的计算资源与数据中心。

云计算是继互联网、计算机后在信息时代又一种新的革新，云计算是信息时代的一个大飞跃，未来的时代可能是云计算的时代。

9.2.2　云计算与大数据的关系

大数据是一种移动互联网和物联网背景下的应用场景，在该场景下，各种应用产生的巨量数据需要处理和分析，以挖掘有价值的信息；云计算是一种技术解决方案，利用云计算可以解决计算、存储、数据库等一系列 IT 基础设施的按需构建的需求。两者并不是同一个层面的东西。

大数据的对数据进行专业化处理的过程离不开云计算的支持。大数据无法用单台计算机进行处理，必须采用分布式架构。它的特色在于对海量数据进行分布式数据挖掘，但它必须依托云计算的分布式处理、分布式数据库和云存储、虚拟化技术。大数据分析常和云计算联系在一起，因为实时的大型数据集分析需要框架来向数十、数百甚至数千台计算机分配工作。

简而言之，云计算作为计算资源的底层，支撑着上层的大数据处理。

9.2.3　云计算的应用

当前，较为简单的云计算技术已经普遍服务于互联网服务中，最为常见的就是网络搜索引擎和网络邮箱。

大家最为熟悉的搜索引擎莫过于谷歌和百度了，在任何时刻，只要用过移动终端就可以在搜索引擎上搜索任何自己想要的资源，通过云端共享数据资源。网络邮箱也是如此。在过去，寄写一封邮件是一件比较麻烦的事情，同时也是很慢的过程，而在云计算技术和网络技术的推动下，电子邮箱成为社会生活中的一部分，只要在网络环境下就可以实现实时的邮件寄收。

常用的 App、搜索引擎、听歌软件，它们的服务器都“跑”在云上，为我们提供服务。除此之外还有存储云和医疗云等。

存储云是在云计算技术上发展起来的一种新的存储技术。存储云是一个以数据存储和管理为核心的云计算系统。用户可以将本地的资源上传至云端上，可以在任何地方连入互联网来获取云上的资源，如图 9-1 所示。大家熟知的谷歌、微软等大型网络公司均有存储云服务。在国内，百度云和微云是市场占有量最大的存储云。存储云向用户提供了存储容器服务、备份服务、归档服务和记录管理服务等，大大方便了使用者对资源的管理。

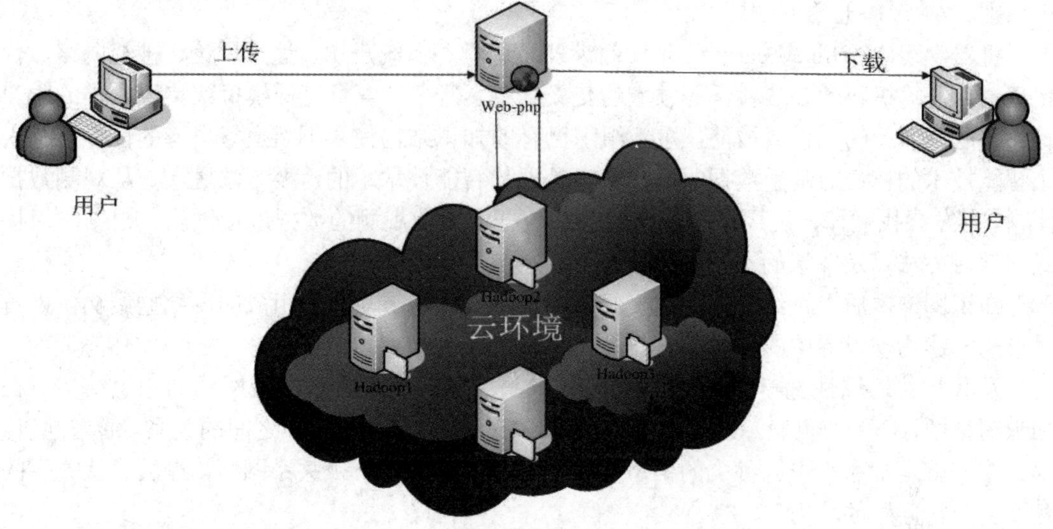

图 9-1　存储云

医疗云是在云计算、移动技术、多媒体、4G 通信、大数据以及物联网等新技术的基础上，结合医疗技术，使用“云计算”创建的医疗健康服务云平台，它实现了医疗资源的共享和医疗范围的扩大。因为云计算技术的运用，医疗云提高了医疗机构的效率，方便居民就医。像现在医院的预约挂号、电子病历、医保等都是云计算与医疗领域结合的产物，医疗云还具有数据安全、信息共享、动态扩展、布局全国等优势。

任务 9.3　人 工 智 能

当前一个大数据的时代，更是一个召唤人工智能的时代。人类对于人工智能的期盼由来已久，在各种科幻小说中常见各种拥有人类智慧的机器人。

9.3.1　人工智能概述

让人工智能程序去下棋似乎是一个传统，通过在棋类游戏上战胜人类顶尖高手成为人工智能程序证明自己的一种方式。早在 1997 年 IBM 的超级计算机“深蓝”就以微弱优势战胜了当时的国际象棋大师卡斯帕罗夫，那算是人工智能的一次预演。不过由于围棋的复杂度远不是国际象棋可以比拟的，所以当时人们普遍认为计算机在围棋上要想胜过人类职业选手是遥遥无期的。然而仅仅不到 20 年，谷歌旗下的 DeepMind 公司研发的人工智能程序 AlphaGo 就战胜了人类顶尖围棋选手之一韩国九段李世石。这个事件是轰动性的，对于人工智能来说可谓一个绝佳的广告，一时间普罗大众都开始关注人工智能的发展。

9.3.2　人工智能技术

人工智能包含机器学习、知识图谱、自然语言处理、人机交互、计算机视觉、生物特征识别、AR/VR 七项关键技术。

机器学习(Machine Learning)是一门涉及统计学、系统辨识、逼近理论、神经网络、优化理论、计算机科学、脑科学等领域的交叉学科。研究计算机怎样模拟或实现人类的学习行为，以获取新的知识或技能，重新组织已有的知识结构使之不断改善自身的性能，是人工智能技术的核心。基于数据的机器学习是现代智能技术中的重要方法之一，从观测数据(样本)出发寻找规律，利用这些规律对未来数据或无法观测的数据进行预测。根据学习模式、学习方法以及算法的不同，机器学习存在不同的分类方法。

知识图谱本质上是结构化的语义知识库，是一种由节点和边组成的图数据结构，以符号形式描述物理世界中的概念及其相互关系，其基本组成单位是实体-关系-实体三元组、实体及其相关的属性-值对。不同实体之间通过关系相互连接，构成网状的知识结构。在知识图谱中，每个节点表示现实世界的实体，每条边为实体与实体之间的关系。通俗地讲，知识图谱就是把所有不同种类的信息连接在一起而得到的一个关系网络，提供了从关系的角度去分析问题的能力。

知识图谱可用于反欺诈、不一致性验证、组团欺诈等公共安全保障领域，需要用到异常分析、静态分析、动态分析等数据挖掘方法。知识图谱在搜索引擎、可视化展示和精准营销方面有很大优势，已成为业界的热门工具。但是，知识图谱的发展还有很大的挑战，如数据的噪声问题(即数据本身有错误或者数据存在冗余)。随着知识图谱应用的不断深入，还有一系列关键技术需要突破。

自然语言处理是计算机科学领域与人工智能领域中的一个重要方向，研制能有效实现自然语言通信的计算机系统。自然语言处理的目的是实现人与计算机之间用自然语言进行有效通信的各种理论和方法。

人机交互主要研究人和计算机之间的信息交换，主要包括人到计算机和计算机到人的信息交换，是人工智能领域的重要的外围技术。人机交互是与认知心理学、人机工程学、多媒体技术、虚拟现实技术等密切相关的综合学科。传统的人与计算机之间的信息交换主要依靠交互设备(如键盘、鼠标、操纵杆、数据服装、眼动跟踪器、位置跟踪器、数据手套、压力笔等输入设备，以及打印机、绘图仪、显示器、头盔式显示器、音箱等输出设备)进行。人机交互技术除了传统的基本交互和图形交互外，还包括语音交互、情感交互、体感交互及脑机交互等技术。

计算机视觉是一门研究如何使机器“看”的科学，就是指用摄影机和计算机代替人眼对目标进行识别、跟踪和测量等机器视觉处理，并进一步做图形处理，使计算机处理成为更适合人眼观察或传送给仪器检测的图像。计算机视觉的主要任务是通过对采集的图片或者视频进行处理以获得相应场景的三维信息。

生物特征识别技术是通过个体生理特征或行为特征对个体身份进行识别认证的技术。从应用流程看，生物特征识别通常分为注册和识别两个阶段。注册阶段通过传感器对人体的生物表征信息进行采集(如利用图像传感器对指纹和人脸等光学信息进行采集，通过话筒对说话声等声学信息进行采集)，利用数据预处理以及特征提取技术对采集的数据进行处理，得到相应的特征进行存储。识别过程采用与注册过程一致的信息采集方式对待识别人进行信息采集、数据预处理和特征提取，然后将提取的特征与存储的特征进行对比分析，完成识别。从应用任务看，生物特征识别一般分为辨认与确认两种任务，辨认是从存储库中确定待识别人身份的过程，是一对多的问题；确认是将待识别人信息与存储库中特定单人信息进行比对以确定身份的过程，是一对一的问题。

生物特征识别技术涉及的内容十分广泛，包括指纹、掌纹、人脸、虹膜、指静脉、声纹、步态等多种生物特征，其识别过程涉及图像处理、计算机视觉、语音识别、机器学习等多项技术。目前生物特征识别作为重要的智能化身份认证技术，在金融、公共安全、教育、交通等领域得到了广泛的应用。

虚拟现实(VR)/增强现实(AR)是以计算机为核心的新型视听技术。它结合相关科学技术，在一定范围内生成与真实环境在视觉、听觉、触感等方面高度近似的数字化环境。用户借助必要的装备与数字化环境中的对象进行交互，相互影响，获得近似真实环境的感受和体验。VR/AR 通过显示设备、跟踪定位设备、触觉交互设备、数据获取设备、专用芯片等来实现。

VR/AR 从技术特征角度，按照不同处理阶段，可以分为获取与建模技术、分析与利用技术、交换与分发技术、展示与交互技术以及技术标准与评价体系五个方面。获取与建模技术研究如何把物理世界或者人类的创意进行数字化和模型化，难点是三维物理世界的数字化和模型化技术；分析与利用技术重点研究对数字内容进行分析、理解、搜索和知识化的方法，其难点在于内容的语义表示和分析；交换与分发技术主要强调各种网络环境下大规模的数字化内容的流通、转换、集成和面向不同终端用户的个性化服务等，其核心是开放的内容交换和版权管理技术；展示与交换技术重点研究符合人类习惯的数字内容的各种显示技术及交互方法，以提高人对复杂信息的认知能力，其难点在于建立自然和谐的人机交互环境；技术标准与评价体系重点研究 VR/AR 基础资源、内容编目、信源编码等的规范标准以及相应的评估技术。目前 VR/AR 面临的挑战主要体现在智能获取、普适设备、自由交互和感知融合四个方面。在硬件平台与装置、核心芯片与器件、软件平台与工具、相关标准与规范等方面存在一系列科学技术问题。总体来说，VR/AR 呈现虚拟现实系统智能化、虚实环境对象无缝融合、自然交互全方位与舒适化的发展趋势。

9.3.3　人工智能的应用

本节介绍人工智能在自然语言处理、计算机视觉、语音识别、专家系统以及交叉领域的应用。

1. 自然语言处理

自然语言处理的一个主要应用就是外文翻译。生活中遇到外文文章，大家想到的第一件事就是寻找翻译网页或者 App，然而机器翻译出来的结果大多不符合语言逻辑，需要我们再次对句子进项二次加工，如图 9-2 所示。至于专业领域的翻译，如法律、医疗领域，机器翻译根本就是不可行的。面对这一困境，自然语言处理正在努力打通翻译的壁垒，旨在实现只要提供海量的数据，机器就能自己学习任何语言。

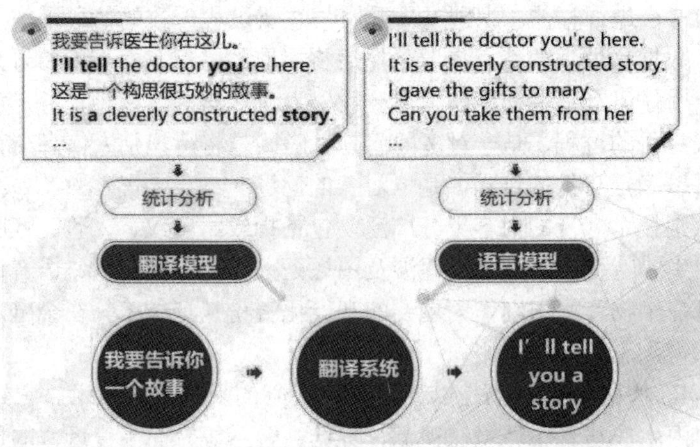

图 9-2　自然语言处理

2. 计算机视觉

计算机视觉有着广泛的应用，其中包括医疗领域成像分析、人脸识别、公关安全、安防监控等。

在各级政府大力推进“平安城市”建设的过程中，监控点位越来越多，产生了海量数据，尤其随着高清监控的普及，整个安防监控领域的数据量呈现爆炸式增长，依靠人工来分析和处理这些信息变得越来越困难，而以计算机视觉为核心的安防技术具有海量的数据源以及丰富的数据层次，同时安防业务的本质诉求与 AI 的技术逻辑高度一致，可以覆盖从事前的预防应用到事后的追查。计算机视觉在安全领域的应用在今后将越来越多地拓展到打击犯罪等方面。

3. 语音识别

语音识别技术最通俗易懂的理解就是将语音转化为文字，并对其进行识别处理，如图 9-3 所示。语音识别的主要应用包括医疗听写、语音书写、计算机系统声控、电话客服等。

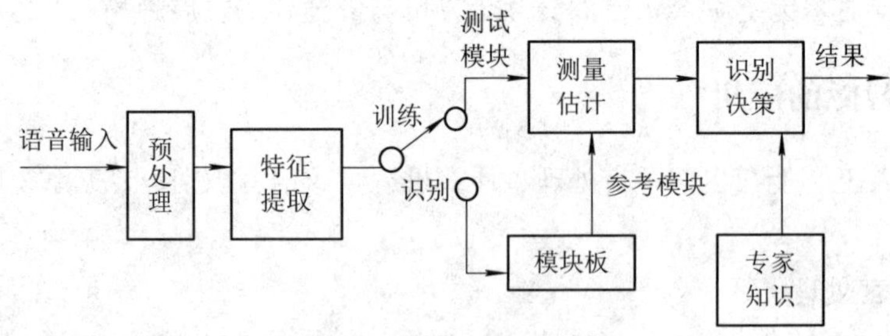

图 9-3　语音识别技术

语音识别技术的主要应用是虚拟个人助理。虚拟个人助理可使使用者通过声控、文字输入的方式来完成一些日常生活的小事。大部分虚拟个人助理都可以搜集简单的生活信息，并在观看有关评论的同时，优化信息，进行智能决策，部分虚拟个人助理还可以直接播放音乐的智能音响或者收取电子邮件。虚拟个人助理应用在我们生活中的方方面面(如智能家居、智能车载、智能客服等多个方面)。一般来说，听到语音指令就可以完成服务，基本上都属于虚拟个人助理。

在语音识别方面还有一个比较有趣的应用——语音测评服务，即利用云计算技术，将自动口语评测服务放在云端，并开放 API 接口供客户远程使用。在语音测评服务中，人机交互式教学，能实现一对一口语辅导。

4. 专家系统

专家系统是人工智能中最重要的也是最活跃的一个应用领域。专家系统通常根据某领域一个或多个专家提供的知识和经验，进行推理和判断，模拟人类专家的决策过程，去解决那些需要人类专家处理的复杂问题。

自 20 世纪 60 年代末，费根鲍姆等人研制成功第一个专家系统 DENDRAL 以来，专家系统已被成功地运用到工业、农业、地质矿产业、科学技术、医疗、教育、军事等众多领域，并已产生了巨大的社会效益和经济效益。它实现了人工智能从理论研究走向实际应用，从一般思维方法探讨转入专业知识运用的重大突破，成为人工智能应用研究中最活跃、也最有成效的一个重要领域。

随着手机的普及，现在越来越多的人已经习惯观看手机中的天气预测，而在天气预测中，专家系统的地位也是决定性的。专家系统可以首先通过手机定位到用户所处的位置，再利用算法，对覆盖全国的雷达图进行数据分析并预测。用户可以随时随地查询自己所在地的天气趋势，天气预测中再无“局部地区有雨”的字眼，取而代之的是“您所在街道 25 分钟后小雨，50 分钟后雨停”，这样就相当于给用户配上了一位专属的天气预报员，让用户收到的天气预报能精准到分钟和所在街道。

无人驾驶汽车也是专家系统的应用成果。无人驾驶汽车是智能汽车的一种，也称为轮式移动机器人，主要依靠车内以计算机系统为主的智能驾驶仪来实现无人驾驶的目标。从 20 世纪 70 年代开始，美国、英国、德国等发达国家开始进行无人驾驶汽车的研究，在可行性和实用化方面都取得了突破性的进展。

我国从 20 世纪 80 年代开始进行无人驾驶汽车的研究。国防科技大学在 1992 年成功研制出我国第一辆真正意义上的无人驾驶汽车。2005 年，首辆城市无人驾驶汽车在上海交通大学研制成功。

5. 交叉领域

其实人工智能的四大方面应用或多或少都涉及了其他领域，然而交叉应用最突出的方面还是智能机器人。机器人是自动执行工作的机器装置。它既可以接受人类指挥，又可以运行预先编排的程序，还可以根据以人工智能技术制订的原则或纲领行动。它的任务是协助或取代人类的工作，广泛应用于服务业、生产业、建筑业。

比较常见的是陪护机器人。陪护机器人应用于养老院或社区服务站环境，具有生理信号检测、语音交互、远程医疗、智能聊天、自主避障漫游等功能。机器人在养老院环境实现自主导航避障功能，能够通过语音和触屏进行交互。配合相关检测设备，机器人具有血压、心跳、血氧等生理信号检测与监控功能，可无线连接社区网络并传输到社区医疗中心，紧急情况下可及时报警或通知亲人。陪护机器人还具有智能聊天功能，可以辅助老人心理康复。陪护机器人为人口老龄化带来的重大社会问题提供了解决方案。

任务 9.4　区　块　链

区块链作为一种新型去中心化协议，能安全地存储信息和数据(信息不可伪造和篡改)，可以自动执行智能合约，无须任何中心化机构的审核。

9.4.1　区块链概述

区块链是一个信息技术领域的术语。从本质上讲，它是一个共享数据库，存储于其中的数据或信息具有不可伪造、全程留痕、可以追溯、公开透明、集体维护等特征。基于这些特征，区块链技术奠定了坚实的“信任”基础，创造了可靠的合作机制，具有广阔的运用前景。

区块链以其可信任性、安全性和不可篡改性，让更多数据被解放出来，推进数据的海量增长。可追溯性使得数据从采集、交易、流通到计算分析的每一步记录都可以留存在区块链上，使得数据的质量获得了前所未有的强信任背书，也保证了数据分析结果的正确性和数据挖掘的效果。

9.4.2　区块链在金融领域的应用

在区块链的创新和应用探索中，金融是最主要的领域，也是最早的应用领域之一，现阶段主要的区块链应用探索和实践也都是围绕金融领域展开的。在金融领域，区块链技术在数字货币、支付清算、智能合约、金融交易、物联网金融等多个方面存在广阔的应用前景，一定程度上解决了此前金融服务中存在的信用校验复杂、成本高、流程长、数据传输有误差等难题。目前，金融服务领域已有一些典型案例，如通过区块链技术改造的跨境直联清算业务系统。以前的跨境支付结算时间长，费用高，且必须通过多重中间环节。每一笔汇款所需的中间环节不但费时，而且需要支付大量的手续费，其成本和效率成为跨境汇款的瓶颈所在。例如，因每个国家的清算程序不同，可能导致一笔汇款需要 2 至 3 天才能到账，效率极低，在途资金占用量极大。区块链可摒弃中转银行的角色，实现点到点快速且成本低廉的跨境支付。通过区块链平台，不但可以绕过中转银行，减少中转费用,还因为区块链安全、透明、低风险的特性，提高了跨境汇款的安全性，加快了结算与清算速度，大大提高了资金利用率。银行与银行之间不再通过第三方，而是通过区块链技术打造点对点的支付方式。省去第三方金融机构的中间环节，不但可以全天候支付，实时到账，提现简便且没有隐性成本，也有助于降低跨境电商的资金风险，满足跨境电商对支付清算服务的及时性、便捷性需求。

在发展特点上，一方面由于金融服务行业注重多方对等合作，并具有强监管和高级别的安全要求，需要对节点准入、权限管理等作出要求，因此更倾向于选择联盟链的技术方向；另一方面该领域的应用更加强调可监管性，从金融监管机构的角度看，区块链为监管机构提供了一致且易于审计的数据，使得金融业务的监管审计更快、更精确。

例如，记载于区块链中的客户信息与交易记录有助于银行识别异常交易，并有效防止欺诈。区块链的技术特性可以改变现有的征信体系，在银行进行“认识你的客户”(KYC)时，将有不良记录的客户的数据存储在区块链中。

客户信息及交易记录不仅可以随时更新，同时，在客户信息保护法规的框架下，如果能实现客户信息和交易记录的自动化加密关联共享，则银行之间能省去许多 KYC 的重复工作。银行也可以通过分析和监测共享的分布式账本内客户交易行为的异常状态，及时发现并消除欺诈行为。

9.4.3　区块链在政务领域的应用

政务领域是区块链技术落地的场景之一。

当前，政府方面对区块链的接受度愈发高涨。在国外，日本开发了基于区块链的国民身份证系统，马来西亚的商业登记处引入了区块链技术，巴西圣保罗市政府计划通过区块链登记公共工程项目。

而在我国，政府部门也积极应用区块链技术。例如，北京市政府部门的数据目录将通过区块链形式进行锁定和共享，形成目录链；2019 年 6 月，重庆上线了区块链政务服务平台，之后，在重庆注册公司的时间可以从过去的十余天缩短到三天；2019 年 10 月，绍兴成功判决全国首例区块链存证刑事案件，在案件办理过程中通过区块链技术对数据进行加密，并通过后期的哈希值比对，确保证据的真实性。

区块链在政府工作中的广泛落地，基于一个简单的技术原理，即区块链能够打破数据壁垒，解决信任问题，极大地提升办事效率。

区块链+电子票据是区块链技术在政务领域的重要应用之一，也是区块链技术在国内的最早落地场景之一。2018 年 8 月，深圳开出了全国首张区块链发票。区块链+电子发票开始逐渐被人们接受。区块链+电子发票的组合大幅降低了税收征管成本，也丰富了税收治理手段，并将有效打击传统电子发票模式下难以根除的偷税漏税问题。

一直以来，我国采取“以票管税”的税收征管模式，需要用繁复的技术手段确保电子发票的唯一性，这在无形中提高了社会成本。而区块链技术在低成本的前提下同时实现了电子发票的不可伪造、按需开票、全程监控、数据可询，有效解决了发票造假的问题，真正实现了交易即开票，开票即报销。

司法也是区块链政务落地的重要领域之一。2018 年 9 月，最高人民法院在最新司法解释中指出：当事人提交的电子数据，通过电子签名、可信时间戳、哈希值校验、区块链等证据收集、固定和防篡改技术手段或者通过电子取证、存证平台认证，能够证明其真实性的，互联网法院应当确认。2018 年 6 月，杭州互联网法院宣告审结区块链电子证据“第一案”。原告将电子证据的哈希值存储在了区块链上，这一证据随后被法院认定为“上链后‘保存完整，未被修改’”。

如今，在司法界，区块链凭着多方见证、不可篡改的属性，已经被视作有效增强电子证据可信度的工具之一。

9.4.4　区块链的溯源应用

区块链具有可追溯性。区块链是一个分散的数据库，记录了区块链数据的输入、输出，从而可以轻松地追踪数据的变化，即产生的任何数据信息都会被区块链所记录，这些数据信息都具有准确性和唯一性，且不可进行篡改，这就是区块链的可追溯性。区块链不可篡改的特点使区块链运用到了很多地方。

比如，应用区块链对产品进行实时监管，防止假冒伪劣产品出现。自买卖市场出现以来，假货问题就一直存在。为此，如何杜绝假冒伪劣产品的出现，就成为大部分人们共同探讨的问题。区块链具有可追溯性特点，恰巧能提供解决方法。

溯源的本质是信息传递，而区块链的本质也是信息传递，它将数据做成区块，然后按照相关的算法生成私钥，以防止篡改，再用时间戳等方式形成链，这恰恰符合商品市场的流程化生产模式。商品流通本身就是流程化的，原料从原产地经过一道道工序生产出来，信息也是从原产地的信息经过一道道加工产生出来的。从原材料到加工，到流通，最后到销售，是一个以时间为顺序的流程化的过程，区块链内的信息同样也是按时间顺序排序并且可实时追溯的，两者刚好完美契合。

因此，将区块链技术运用到市场中，任何数据信息都能够被记录，并且这个数据信息是可以追溯查询的。所以，当有任何假冒伪劣产品出现在市场上后，区块链的可追溯性能够帮助找到产品造假的源头，方便监管部门切断造假源头，防止假货产品流向市场。

另外，对于已经流向市场的假冒伪劣产品，区块链的可追溯性也能够查询到其准确的流向位置，方便监管部门召回，为消费者提供更好的购物环境，如图 9-4 所示。

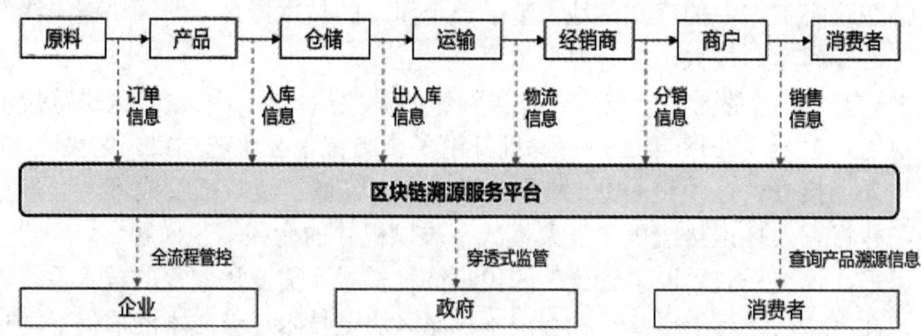

图 9-4　区块链溯源应用

对税务进行实时监督也是区块链溯源的重要应用。

对于税务监管部门来说，如何防止偷税漏税情况的出现，一直都是他们最为关心的话题。因为在当下的市场环境下，即便税务部门在各个流程上进行了监督，但总会有企业通过做假账来实现偷税漏税。将区块链技术运用到税务管理系统当中，区块链的可追溯性能够对发放的每一张发票信息进行追溯查询，这就意味着企业登记的每一笔财务信息都能被区块链数据系统查询到。这便于税务机关实时进行监管，防止偷税漏税情况的出现。

参 考 文 献

[1] 顾刚，程向前，杨忠孝，等. 大学计算机基础[M]. 2 版. 北京：高等教育出版社，2011.
[2] 程向前，吴宁，郭咏虹. 计算机应用基础 2011[M]. 北京：中国人民大学出版社，2010.
[3] 陆汉权. 计算机科学基础[M]. 北京：电子工业出版社，2011.
[4] 谭可久，宋文军.大学计算机实训教程[M]. 长春：吉林大学出版社，2013.
[5] 侯丽萍，王海舰，陈丽娟.计算机基础实训教程[M]. 济南：山东科学技术出版社，2017.
[6] 康华，陈少敏.计算机文化基础实训教程[M]. 北京：北京理工大学出版社，2018.